全国通信专业
技术人员职业水平考试用书

通信专业实务
传输与接入 有线

◎ 工业和信息化部教育与考试中心 组编

◎ 毛京丽 主编

◎ 刘勇 副主编

人民邮电出版社

北 京

图书在版编目（CIP）数据

通信专业实务. 传输与接入：有线 / 工业和信息化部教育与考试中心组编. -- 北京：人民邮电出版社，2018.7（2024.1重印）

全国通信专业技术人员职业水平考试用书

ISBN 978-7-115-48601-1

Ⅰ. ①通… Ⅱ. ①工… Ⅲ. ①通信技术－水平考试－自学参考资料②通信传输系统－水平考试－自学参考资料③接入网－水平考试－自学参考资料 Ⅳ. ①TN91

中国版本图书馆CIP数据核字（2018）第118219号

内 容 提 要

本书依据《全国通信专业技术人员职业水平考试大纲》的要求编写，内容包含相关通信专业技术人员应该掌握的有线传输与接入的基本理论、应用技术和专业技能，力求反映现代通信技术的最新发展。

本书首先介绍了光纤通信的基础知识，然后全面论述了常用的各种光传输网、有线接入网的基本原理和实际应用，最后分析了光网络的测试和维护问题。全书共11章，包括光纤通信概述、SDH传输网、MSTP传输网、DWDM传输网、光传送网、自动交换光网络、分组传送网、IP RAN、有线接入网、光网络的测试与光网络的维护。

本书既可作为全国通信专业技术人员职业水平考试的教材，也可作为高等院校在校学生的学习辅导书，还可供通信行业专业技术人员学习参考。

- ◆ 组　　编　工业和信息化部教育与考试中心
　　主　　编　毛京丽
　　副 主 编　刘　勇
　　责任编辑　刘海溧
　　责任印制　焦志炜
- ◆ 人民邮电出版社出版发行　　北京市丰台区成寿寺路 11 号
　　邮编　100164　　电子邮件　315@ptpress.com.cn
　　网址　http://www.ptpress.com.cn
　　固安县铭成印刷有限公司印刷
- ◆ 开本：787×1092　1/16
　　印张：18.75　　　　　　　　　　2018 年 7 月第 1 版
　　字数：470 千字　　　　　　　　2024 年 1 月河北第 12 次印刷

定价：69.80 元（附小册子）

读者服务热线：(010)81055256　印装质量热线：(010)81055316
反盗版热线：(010)81055315

广告经营许可证：京东市监广登字20170147号

　　本书主要是为"全国通信专业技术人员职业水平考试"（简称"职业水平考试"）应试者编写的，以《全国通信专业技术人员职业水平考试大纲》（简称《考试大纲》）为依据，结合通信行业的技术业务发展和人才需求变化，经过多次集体讨论和修改，最终定稿。

　　随着通信技术的突飞猛进，电信业务向 IP 化、宽带化、综合化和智能化方向迅速发展。传输网与接入网是通信网络的重要组成部分，为业务的灵活接入、可靠高效传送提供有力保障，是通信行业迅速发展的基础，是宽带中国战略的基石。

　　作者根据多年在通信领域从事教学、科研与工程实践的经验和体会，以及对传输网与接入网相关技术的深刻理解，紧扣《考试大纲》的要求，对本书内容精心设计和组织，力争结合有线传输与接入的技术特点，密切联系通信企业相应岗位工作要求，既注重基本理论，又强调实际应用，并能够紧跟新技术的发展。

　　本书介绍了一些成熟、实用且有一定发展前景的光传输网和有线接入网技术。全书共11 章：第 1 章是光纤通信概述，主要介绍了光纤通信的基础知识，以及光网络的定义、分层结构、发展历程和趋势；第 2 章是 SDH 传输网，在介绍了 SDH 基本原理的基础上，论述了与 SDH 传输网的组网和应用相关的内容；第 3 章是 MSTP 传输网，首先介绍了 MSTP 的基本概念，然后重点研究了 MSTP 的级联和封装技术、以太网业务的实现，以及 MSTP 传输网的实际应用问题；第 4 章是 DWDM 传输网，在介绍 DWDM 的概念和技术特点之后，详细阐述了 DWDM 系统的组成和各部分的作用，并分析了 DWDM 传输网的关键设备、组网方案及应用；第 5 章是光传送网，首先介绍了 OTN 的概念和特点，然后围绕 OTN 的分层结构，论述了 OTN 的基本原理、组网和应用的相关问题；第 6 章是自动交换光网络，在介绍 ASON 的概念和特点的基础上，详细论述了 ASON 的体系结构，并对 ASON 的业务提供及组网方案进行了说明；第 7 章是分组传送网，介绍了 PTN 的产生背景、概念和特点，并重点论述了 PTN 的分层结构、关键技术及组网应用；第 8 章是 IP RAN，首先概括介绍了 IP RAN 的产生背景和特点，然后以 IP RAN 的分层结构为基础，分析了 IP RAN 的路由部署、业务承载方案和关键技术，探讨其具体组网方案；第 9 章是有线接入网，在介绍接入网的定义、功能结构、特点和分类之后，对应用较广泛的 3 种有线接入网进行了具体论述；第 10 章是光网络的测试，主要介绍了常用仪表的使用方法，以及光接口指标和多种光传输设备的测试方法；第 11 章是光网络的维护，着重介绍了日常维护的基本操作和注意事项，尤其是故障判断与定位的常用方法和基本处理思路。

本书取材适宜、内容全面、结构合理、难易恰当、条理清晰、阐述明确、文字流畅、通俗易懂、深入浅出、表述规范，符合职业水平考试的要求。

参加职业水平考试的读者使用本书时，应结合《考试大纲》的要求进行阅读，以便更有针对性；高等学校相关专业将本书作为教材使用时，可结合学时安排，对各章节的内容进行取舍。

读者可登录人邮教育社区（www.ryjiaoyu.com），搜索本书书名，下载缩略语表，以辅助学习。

本书由毛京丽任主编，刘勇任副主编。第 1 章、第 7 章由刘勇编写，第 2~6 章、第 8 章、第 9 章由毛京丽编写，第 10 章、第 11 章由张彬编写。

本书在编写过程中得到了北京市通信管理局、湖北省通信管理局、广东省通信管理局、新疆维吾尔自治区通信管理局、中国联合网络通信集团有限公司山西省分公司、中国联合网络通信集团有限公司北京市分公司、中国移动通信集团北京有限公司、中国移动通信集团公司政企客户分公司、中国电信集团有限公司、中国电信股份有限公司北京分公司、中国电信股份有限公司浙江分公司、中国电信湖北公司武汉分公司、中国电信江苏公司南京分公司、中国铁塔股份有限公司、烽火通信科技股份有限公司、中国联通学院、江苏省邮电规划设计院有限责任公司、中国电信股份有限公司北京规划设计院、中讯邮电咨询设计院有限公司、湖北省信产通信服务有限公司、湖北电信培训中心、中关村软件园、北京启明星辰信息安全技术有限公司的大力支持和帮助，在此深表感谢。

由于水平所限，书中不当之处恳请读者批评指正。

编者

2018 年 5 月

目 录

第 **1** 章 光纤通信概述

光纤通信作为现代通信的主要传输手段，在现代通信网中起着重要的作用。自 20 世纪 70 年代初光纤通信问世以来，整个通信领域发生了革命性的变革，使高速率、大容量的通信成为现实。

本章首先介绍了光纤通信的基本概念，然后阐述了光导纤维、通信管线及光通信器件的基础知识，最后对数字光纤通信系统以及光网络的基本概念进行了介绍。

1.1 光纤通信基本概念

1. 光纤通信的概念

利用光导纤维传输光波信号的通信方式称为光纤通信。

光波属于电磁波的范畴。电磁波按照波长（或频率）的不同可分为若干种，其中属于光波范畴的电磁波主要包括紫外线、可见光和红外线。目前，在光波范畴内用于光纤通信的实用工作波长在近红外区，即 $0.8\mu m \sim 1.8\mu m$ 的波长区，对应的频率为 167THz～375THz。

光纤通信中传输光波的介质是光导纤维，简称光纤。目前实用通信光纤为石英光纤，其基础材料是 SiO_2，因此光纤属于介质光波导的范畴。SiO_2 光纤在实用工作波长范围内有 3 个低损耗窗口，分别是 $0.85\mu m$（850nm）、$1.31\mu m$（1 310nm）、$1.55\mu m$（1 550nm）。这 3 个波长是目前光纤通信的实用工作波长。

2. 光纤通信的优点

光纤通信技术之所以能够得到迅速的发展，主要是由其无比优越的特性决定的，具体包括以下几点。

（1）传输频带宽，通信容量大

通信容量和载波频率成正比，通过提高载波频率可以达到扩大通信容量的目的。光纤通信的工作频率为 $10^{12}Hz \sim 10^{16}Hz$，假设一个话路的频带为 4kHz，则在一对光纤上可传输 10 亿路以上的电话。

（2）传输损耗小，中继距离长

传输距离和线路上的传输损耗成反比，即传输损耗越小，中继距离就越长，则中继站的数目就可以越少，这对于提高通信的可靠性和稳定性具有特别重要的意义。

（3）抗电磁干扰的能力强

由于光纤采用介质材料，光信号集中在纤芯中传输，所以光纤通信具有很强的抗干扰能力，并且保密性好。

另外，光纤线径细、重量轻，而且制作光纤的资源丰富。

1.2 光纤

1.2.1 光纤的结构与分类

1. 光纤的结构

光纤有不同的结构形式。目前，通信用的光纤绝大多数是用石英材料做成的横截面很小的双层同心圆柱体，其基本结构如图 1-1 所示。

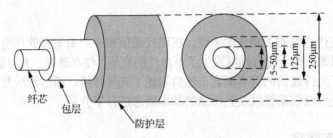

图 1-1 光纤的基本结构

光纤中心部分叫作纤芯，折射率为 n_1，直径为 $2a$；纤芯外面是包层，折射率为 n_2，直径为 $2b$。其中纤芯的折射率 n_1 应高于包层的折射率 n_2。纤芯和包层的主要成分是石英系材料，即高纯度的 SiO_2，如果在石英中掺入折射率高于石英的掺杂剂，如二氧化锗（GeO_2）、五氧化二磷（P_2O_5）等，就可以制作光纤的纤芯；同样，如果在石英中掺入折射率低于石英的掺杂剂，如三氧化二硼（B_2O_3）、氟（F）等，则可以作为包层材料。当纤芯折射率高于包层折射率时，会在光纤中形成一种光波导效应，使大部分光被束缚在纤芯中传输，从而实现光信号的传输。

2. 光纤的分类

光纤的分类方法很多，既可以按照光纤横截面上折射率的分布来划分，也可以按照光纤中传输模式的数量来划分，下面具体阐释。

（1）按照光纤横截面上折射率的分布来划分

按照光纤横截面上折射率的分布不同，光纤一般可以分为阶跃型光纤和渐变型光纤。

① 阶跃型光纤

纤芯折射率 n_1 沿半径方向保持一定，包层折射率 n_2 沿半径方向也保持一定，由于纤芯折射率大于包层折射率，从而在边界处呈阶梯性变化的光纤称为阶跃型光纤，又称为均匀光纤。阶跃型光纤的剖面折射率分布如图 1-2（a）所示。

② 渐变型光纤

纤芯折射率 n_1 随着半径的加大而逐渐减小，包层折射率 n_2 沿半径方向保持一定，这种光纤称为渐变型光纤，又称为非均匀光纤。渐变型光纤的剖面折射率分布如图 1-2（b）所示。

（2）按照光纤中传输模式的数量来划分

传输模式实质上是电磁场的一种场结构分布形式，是电磁场的一种稳态分布，每一种分布对应一种模式。换句话说，模式不同，其场型结构不同。

按照光纤中传输模式的数量来划分，光纤可以分为单模光纤和多模光纤。

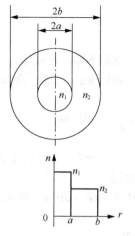

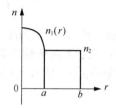

（a）阶跃型光纤的剖面折射率分布　　　　　（b）渐变型光纤的剖面折射率分布

图1-2 光纤的剖面折射率分布

① 单模光纤

光纤中只传输一种模式时，叫作单模光纤。典型单模光纤的纤芯直径一般为 4μm～10μm，其横截面尺寸如图1-3（a）所示。

通常，单模光纤采用阶跃型折射率分布。由于单模光纤只传输基模，完全避免了模式色散，从而使传输带宽大大加宽，所以它适用于大容量、长距离的光纤通信。

② 多模光纤

多模光纤是一种传输多个模式的光纤。典型多模光纤的纤芯直径约为 50μm，其横截面尺寸如图1-3（b）所示。

多模光纤可以采用阶跃型折射率分布，也可以采用渐变型折射率分布。采用渐变型折射率分布的多模光纤的制作工艺复杂，而采用阶跃型折射率分布的多模光纤产生的模间延时较大，传输带宽较窄。

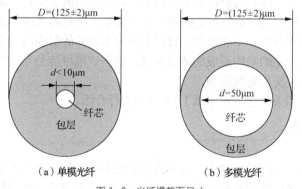

（a）单模光纤　　　　　　　　（b）多模光纤

图1-3 光纤横截面尺寸

1.2.2 光纤的传输特性

光纤的传输特性包括光纤的损耗特性和色散特性。光信号在光纤中传输时幅度会因损耗而减小，波形则会因色散产生越来越大的失真，使得脉宽展宽。因此，光纤的传输特性在光纤通信系统中是一个非常重要的特性，直接影响到传输系统的最大中继传输距离。

1. 光纤的损耗特性

（1）基本概念

光波在光纤中传输时，随着传输距离的增加，光功率逐渐下降，这就是光纤损耗。

光纤损耗通常用损耗系数或衰减系数 α 表示，单位为 dB / km。衰减系数 α 的定义为

$$\alpha = \frac{10}{L}\lg\frac{P(z=0)}{P(z=L)} = \frac{10}{L}\lg\frac{P_i}{P_o} \quad (\text{dB / km}) \tag{1-1}$$

式中，L 为光纤长度，$P(z=0)$ 为注入光纤的光功率 P_i，$P(z=L)$ 为经长度 L 光纤传输后的输出光功率 P_o。可见，光功率随传输距离长度按指数规律衰减。

光功率的单位为毫瓦（mW），但实际工程应用中常用分贝毫（dBm）来表示。光功率分贝毫的定义形式为

$$P(\text{dBm}) = 10\lg\frac{P(\text{mW})}{1\text{mW}}$$

（2）产生机理

光纤材料固有损耗的产生原因大致包括两类：吸收损耗和散射损耗。下面分别进行介绍。

① 吸收损耗

吸收作用是光波通过光纤材料时，有一部分光能变成热能，从而造成光功率的损失。造成吸收损耗的原因有很多，但都与光纤材料有关，主要包括本征吸收和杂质吸收。

本征吸收是光纤基本材料（如纯 SiO_2）固有的吸收，并不是由杂质或者缺陷所引起的。因此，本征吸收基本上确定了任何特定材料的吸收下限。杂质吸收是由材料的不纯净和工艺不完善而造成的附加吸收损耗。

② 散射损耗

由于光纤的材料、形状及折射指数分布等的缺陷或不均匀，光纤中传导的光出现散射而产生的损耗称为散射损耗。根据散射损耗所引起的损耗功率与传播模式的功率是否呈线性关系，散射损耗又分为线性散射损耗和非线性散射损耗。

线性散射损耗主要包括瑞利散射损耗和材料不均匀引起的散射损耗。瑞利散射是由光纤材料的折射率随机性变化而引起的，而材料的折射率变化又是由于材料密度不均匀或内部应力不均匀而产生的。瑞利散射是固有的，不能消除。材料不均匀引起的散射损耗是指光纤结构的不均匀性及在制作光纤的过程中产生的缺陷造成的散射损耗，这些缺陷可能是光纤中的气泡、未发生反应的原材料以及纤芯和包层交界处粗糙等。

非线性散射损耗的相关概念将在本章 1.2.4 节中进行介绍。

2. 光纤的色散特性

（1）基本概念

光信号在光纤中是由不同的频率成分和不同模式成分携带的。这些不同频率成分和模式成分有不同的传播速度，导致信号波形在时间上发生了展宽，这种现象就是色散。光纤的色散会使光脉冲在传输过程中展宽，致使前后脉冲相互重叠，引起数字信号的码间串扰，增加误码率，限制了光纤的最高信息传输速率，进而限制了通信容量。

实际光源发出的不是单色光（或单频的），而是具有一定波长范围的。一般将光功率降到峰值一半时所对应的波长范围称为光源的谱线宽度，用 $\Delta\lambda$ 表示，如图 1-4 所示。图中，$\Delta\lambda$ 越大，表示光信号中包含的频率成分越多。

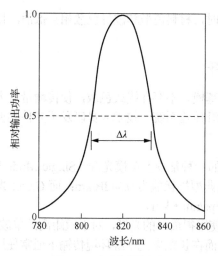

图1-4 光源的谱线宽度

当一个理想光源发出单色光时，谱线宽度应为零，然而实用的光源总是具有一定的谱宽。另一方面，光纤中传输的光信号是经过调制以后的信号，而调制信号都具有一定的带宽，送入光纤后就会产生色散。

色散的大小用色散系数表示，单位是 ps/nm·km，即单位波长间隔内各波长成分通过单位长度光纤时产生的延时。

（2）产生机理

在光纤传输理论中将色散分为模式色散和频率色散。由于电磁波的频率与波长一一对应，所以频率色散也称为波长色散。

① 模式色散

若光信号耦合进光纤并激励起多个导波模式传输时，这些模式有不同的相位常数和不同的传播速度，从而导致光脉冲的展宽，引起的色散称为模式色散，也称为模间色散。模式色散与光源谱宽无关。

在多模光纤中，与频率色散相比，模式色散占主要地位。在渐变型折射率分布的多模光纤中，当纤芯采用平方律型折射率分布时产生的模式色散最小，因此，将平方律型折射率分布称为多模渐变型光纤的最佳折射指数分布。如果与阶跃型折射率分布的多模光纤相比，在相同条件下，渐变型光纤的色散更小。

严格来讲，模式色散只出现在多模光纤中，但实际上在单模光纤中传输的单一基模有两种正交的偏振态模式，由于光纤的形状、折射率及应力等分布不均匀，将使这两个正交的偏振态模式在传输过程中产生附加的相位差，这种特殊的色散称为偏振模色散，它对于高速大容量的光纤通信系统的带宽容量以及中继距离会产生一定影响。

② 频率色散

由于光源发出的光脉冲不是单色光（而且光波上调制的信号存在一定的带宽），这些不同波长或频率成分的光信号在光纤中传播时由于速度不同引起的光脉冲的展宽现象称为频率色散。

根据频率色散的产生机理，又可以将频率色散分为材料色散和波导色散。由于构成光纤纤芯和包层的材料的折射率（是波长的函数）随波长的变化而变化，这样引起的色散称为材料色散。光纤中同一模式在不同频率下传输时，其相位常数不同，这样引起的色散称为波导色散。波导色散不仅与光源的谱宽有关，还与光纤的结构参数有关。

当波长约在 1.31μm 附近时，材料色散和波导色散相互抵消，使光纤中总色散为零，因此将 1.31μm 称为零色散波长。

1.2.3 常用的单模光纤

由于单模光纤只传输单一基模，不存在模式色散，使传输带宽大大增加，所以单模光纤的应用非常广泛。为适应不同的光纤传输系统，技术人员研发了多种类型的单模光纤。

1. G.652 光纤

G.652 光纤是 ITU-T 规范的一种常规型单模光纤（Single Mode Fiber，SMF），其零色散波长在 1 310nm 附近，该波长处的典型损耗值为 0.34dB/km；而 G.652 光纤的最低损耗在 1 550nm 附近，该波长处的正色散值为 17ps/nm·km。

G.652 光纤是目前城域网使用得最多的光纤，对于短距离的单波长 SDH/MSTP 系统，设备光接口一般使用 1 310nm 波长，而在长距离无中继环境传输下通常使用 1 550nm 波长。

G.652 光纤还可实现 2 波长（1 310nm 和 1 550nm）波分复用（Wavelength Division Multiplexing，WDM）系统用于无源光网络（Passive Optical Network，PON）系统，解决城域网的接入层应用，从而减少对配线及以上层光纤资源的消耗。在短距离并适当运用色散补偿技术的情况下，G.652 光纤也可用于波长数不多的稀疏（粗）波分复用（Coarse Wavelength Division Multiplexing，CWDM）系统。

2. G.653 光纤

G.653 光纤又称为色散位移单模光纤（Dispersion-Shifted Single-mode Fiber，DSF）。DSF 通过改变光纤的结构参数，加大波导色散值，使得在常规光纤中的 1 310nm 附近的零色散点位移到 1 550nm 附近，即在 1 550nm 处，光纤的材料色散和波导色散相互抵消。

G.653 光纤在 1 550nm 处获得了最低损耗和最小色散，使得这类光纤非常适合单波长远距离传输的光纤通信系统。然而，随着密集波分复用（Dense Wavelength Division Multiplexing，DWDM）系统的应用，当在一根 G.653 光纤中同时传输多个波长的光信号时，四波混频效应会非常显著，将产生严重的干扰，因此，G.653 光纤不适合于 DWDM 系统。

3. G.655 光纤

G.655 光纤称为非零色散位移单模光纤（No-Zero Dispersion Shifted Fiber，NZDSF），又称非零色散光纤。G.655 光纤并不是在 1 550nm 窗口处为零色散，而是在 1 530nm～1 565nm 范围内保留了较小的色散值，约为 1.0ps/nm·km～6.0ps/nm·km，且在这一范围内的衰减也较小，衰减系数 $\alpha<0.25$dB/km。

与一般单模光纤相比，在这一范围内，非零色散光纤的损耗和色散都比较小，当应用于 WDM 系统时，能够避免四波混频的影响，因此，G.655 光纤适用于 DWDM 系统环境。

4. 色散平坦型单模光纤

为了挖掘光纤的潜力，充分利用光纤的有效带宽，开发者研制了色散平坦型单模光纤（Dispersion Flattened Fiber，DFF）。色散平坦光纤的折射率分布有多种，如图 1-5 所示，这些结构的共同特点是包层的层数多。

当折射率分布为 W 型时，可以在 1.305μm 和 1.620μm 两个波长上达到零色散，而且在这两个零色散点之间，各波长的色散都很小，色散斜率也很小，从而获得这一范围内色散值比较小的色散平坦性。

（a）下凹型双包层（W型）折射率分布　　（b）三角型折射率分布　　（c）三包层型折射率分布

图 1-5　色散平坦光纤的折射率分布

5. 色散补偿光纤

色散补偿又称为光均衡，它主要利用一段光纤来消除光纤中由于色散的存在使得光脉冲信号发生的展宽和畸变，能够起到这种均衡作用的光纤称为色散补偿光纤（Dispersion Compensating Fiber，DCF）。

如果常规光纤的色散在 1.55μm 波长区为正色散值，那么 DCF 应具有负的色散系数，使得经均衡后的光脉冲信号在此工作窗口处波形不产生畸变。DCF 的这一特性使得光纤通信系统能够达到高速率、长距离的信号传输。

1.2.4　光纤的非线性效应

光纤的非线性效应是指在强光场的作用下，光波信号和光纤介质相互作用的一种物理效应。通常在光场较弱的情况下，光纤的各种特征参数随光场强弱变化很小，这时光纤对光场来讲是一种线性介质。但是在很强的光场作用下，光纤的各种特征参数会随光场强度而显著变化，从而引起光纤的非线性效应。

单模光纤的非线性效应主要包括两类：受激散射效应和非线性折射率效应。下面分别进行介绍。

1. 受激散射效应

受激散射效应是由于散射作用而产生的非线性效应，主要包括受激拉曼散射（Stimulated Raman Scattering，SRS）和受激布里渊散射（Stimulated Brillouin Scattering，SBS）。

（1）受激拉曼散射

当一个强光信号进入光纤后，在光纤中会引发分子共振。这些分子振动使入射光调制后产生新的光频，从而对入射光产生散射作用，称为受激拉曼散射。

设入射光的频率为 f_0，介质分子振动频率为 f_v，则受激拉曼散射光的频率为 $f_s = f_0 \pm f_v$，将频率为 f_s 的散射光称为斯托克斯波（Stokes）。受激拉曼散射产生的斯托克斯波与泵浦波的方向相同，属于光频范畴。在室温下，大部分新产生光波的频率都处于光载波的低频区。对于 SiO_2 介质，产生的新峰值频率比光载频低 13THz，换言之，当信号波长为 1.55μm 时，将在 1.65μm 处产生新的波长。

斯托克斯波的光强与泵浦功率及光纤长度有关，利用这一特征，可以制成激光器波长可调的可调式光纤拉曼激光器。

（2）受激布里渊散射

当光信号强度达到受激布里渊散射的阈值时，就会产生大量的与泵浦波方向相反的后向传输的斯托克斯波。受激布里渊散射产生的斯托克斯波属于声频范围，且以声速传输。

由于 SBS 使得在光纤中注入一个较强的光波时，会在其反方向上产生大量的斯托克斯波，这会使得信号功率减小，且后向传输的斯托克斯波也会使激光器的工作不稳定，从而对系统产生不良影响。

然而，当有一个与入射泵浦光方向相反、频率为泵浦光频率与斯托克斯波频率之差的小信号注入光纤时，此信号将因 SBS 被放大，构成光纤布里渊放大器。

2. 非线性折射率效应

非线性折射率效应是由于光纤的折射率随光强度变化而引起的非线性效应，主要包括自相位调制（Self-Phase Modulation，SPM）、交叉相位调制（Cross Phase Modulation，XPM）和四波混频（Four Wave Mixing，FWM）。

（1）SPM

在折射率与光强相关的介质中，时变的信号强度将产生时变的折射率，时变的折射率产生了时变的相位和频率。这种光脉冲在传输过程中，由于自身信号强度的变化引起其相位变化，也就是说，其相位在传输过程中受到一个与自身光强相关的调制，这种现象称为 SPM。

SPM 使得光纤中所传光脉冲的前、后沿的相位相对漂移，由信号分析理论可知，这种相位的变化必然使波形出现变化，从而使传输脉冲在波形上被压缩或展宽。

（2）XPM

当光纤中有两个或两个以上不同波长的光波同时传输时，由于光纤的非线性效应存在，光波之间相互作用，一个波长光波的强度变化将会引起其他波长光波的相位变化。这种由光纤中某一波长的光波信号强度对同时传输的另一不同波长的光波所引起的非线性相移的现象称为XPM。

当光纤中有多个波长的光波同时传输时，XPM 和 SPM 总是相伴而生，即一个波长光波的相位调制不仅与自身的光强强度有关，还与其他波长光波的光强强度有关。

（3）FWM

当光纤中有多个波长的光波以较大功率同时传输时，由于光纤的非线性效应，光波之间会产生能量交换。假设有 3 个不同波长的光波同时注入光纤，由于三者的相互作用，将产生一个新的波长，即第 4 个波。新波长的频率可以是 3 个入射光波频率的各种组合，这种现象称为 FWM。

FWM 是将原来各个波长信号的光功率转移到新产生的波长上，从而对传输系统性能造成破坏，特别是在 WDM 系统中，当信道间隔非常小时，产生的 FWM 不仅导致原波长信道的功率衰减，而且会引起信道之间的干扰，降低系统的传输性能。

1.3 通信管线

1.3.1 光缆线路

由纤芯和包层组成的光纤称为裸光纤。在实际应用时，还需把裸光纤和其他保护元件组合起来构成光缆，以保护光纤不受水蒸气的侵蚀和机械擦伤，增加光纤的柔韧性，并缓冲外界的压力，增加光纤的抗拉、抗压强度，以及改善光纤的温度特性和防潮性能等。

1. 光缆的基本结构

光缆的结构可分为缆芯、加强元件和外护层三大部分。

缆芯由光纤芯线组成，可分为单芯和多芯，分别由单根和多根经二次涂覆处理后的光纤组成。多芯光缆还要求对光纤进行着色以便于识别。为防止气体和水分子浸入，芯线应包裹各种防潮层或置于填充油膏的管子内。

加强元件有两种结构方式，一种是放在光缆中心的中心加强件方式，另一种是放在四周的外层加强件方式。加强元件能够使光缆便于承受敷设安装时所加的外力。

外护层主要是对已经成缆的光纤芯线起保护作用，避免由于外部机械力和环境影响造成对光纤的损坏。因此，要求护层具有耐压力、防潮、湿度特性好、重量轻、耐化学腐蚀、阻燃等特点。

2. 光缆的分类

光缆的分类方法很多，按照光缆结构可分为层绞式、骨架式、束管式、带状式等，下面分别进行说明。

（1）层绞式

层绞式也称为绞合式，如图 1-6（a）所示，它是将若干光纤芯线以强度元件为中心绞合在一起的一种结构。层绞式光缆的优点是结构简单、性能稳定、制造容易，因此被广泛采用。

（2）骨架式

骨架式光缆如图 1-6（b）所示，它是将单根或多根光纤放入骨架的螺旋槽内，骨架的中心是加强元件，槽的横截面形状可以是 V 型、U 型或凹型。骨架式光缆的优点是耐压、抗弯、外径小。

（3）束管式

束管式光缆如图 1-6（c）所示，它将光纤放在光缆中心一个大的松套管内，加强元件不在中心，而是置于松套管外，这样既能作加强用，又可作为机械保护层。束管式光缆的优点是改善了光纤在光缆内受压、受拉、弯曲时的受力状态，且加强件元件位于光纤外部，使光纤抗冲击的能力强，并且缆芯细、尺寸小、制造容易、成本低。

（4）带状式

带状式光缆如图 1-6（d）所示，将多根光纤排列成行构成带状光纤单元，再将这个带状单元叠合在一起放入光缆中心的束管内，外面再加上加强构件、外护层等。带状式光缆的优点是结构紧凑、光纤密度高，可以一次接续多根光纤。

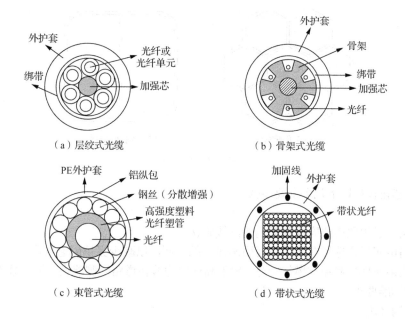

（a）层绞式光缆　　　　　　　　（b）骨架式光缆

（c）束管式光缆　　　　　　　　（d）带状式光缆

图 1-6　光缆

1.3.2 通信管道

1. 通信管道的基本概念

通信管道，简称管道，是光缆线路建设基础设施。通信管道主要分为红线外管道、红线内管道。所谓红线是指城市道路规划所给各类地下管线的断面位置。按照敷设地点和用途，红线外管道又分为市政道路管道（市政引接管道、出局管道）、局间中继（长途）管道；红线内管道又分为住宅区管道、商务楼宇/写字楼管道等。

（1）红线外管道

① 市政道路管道：沿城镇市政道路建设的管道，主要满足城域传送网光缆在市区内的敷设需要，以及骨干光缆进出城部分敷设需要。按照道路属性又分为主/次干道路管道和分支道路管道。

- 市政引接管道：属于红线外市政道路通信管道的一部分，是市政道路管道的延伸，主要满足基站、家庭小区、集团客户等接入光缆的敷设需求。
- 出局管道：骨干、汇聚、光交接间等各类传输机房光缆出局用管道。

② 局间中继（长途）管道：主要满足城镇间骨干、汇聚光缆敷设的需要。

（2）红线内管道

红线内管道包括住宅区管道、商务楼宇/写字楼管道，以满足无线覆盖和有线接入需要为主。

2. 通信管道建设

通信管道的管材主要有两大类：塑管和钢管。其中，塑管包括：硬塑管、波纹管、栅格管和蜂窝管。应根据不同的道路、规模选用不同的管材，如主次干/支线、巷道宜选用7孔蜂窝管，如图1-7（a）所示；当管群组合为1孔时，宜选用4孔栅格管，如图1-7（b）所示；当管群组合大于1孔时，建议其中1孔选用4孔栅格管，其余管材选用7孔蜂窝管。

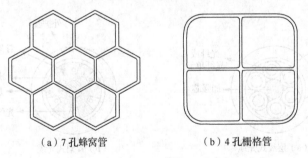

（a）7孔蜂窝管　　　　　　　（b）4孔栅格管

图1-7　管材

通信管道建设包括以下几个主要步骤。

（1）测量

- 管道路由必须取得政府规划部门的红线确认。
- 管道路由应尽量选择在线缆需要引出较多的一侧，以减少穿越街道数量。
- 管道路由应尽量避免与燃气管道、地下高压电力线在道路同侧建设，不可避免时，应符合建设部颁发的标准要求。

（2）挖掘沟（坑）

管道沟开挖时，与其他管线的隔距应符合设计要求。同时注意地下原有管线安全，如煤气管道、自来水管、电力线等。

（3）沟底清理和基础

管道沟必须夯实抄平，地基表面高程（用水平仪测得的两点标高的差值）应符合设计要求（主干 1.2 m，小区 1 m），管道（基础）垫层 8cm～10cm（混凝土 1：2 碎石），小区管道根据土质情况可以不做基础，但严禁沟内有尖石或硬物，以保证管道的安全。

（4）敷设管道

- 管道必须呈直线敷设，在水平面上不能出现 S 形弯曲，U 形弯曲的曲率半径不应小于 30m。
- 管材接续时管内及接口处应保持清洁，无尘砂、水迹及油污。

（5）砌人（手）孔

人（手）孔作为引入光缆之用，设置人孔是为了施工和维护方便。人孔按建材可分为钢筋混凝土和砖砌人孔两种。砖砌人孔防水性能较差，一般用在无地下水的地区。在直线管道上，两个人孔的距离在 150m 以内。

（6）管孔试通及工程验收

工程人员对管孔进行试通，成功后进行工程验收。

1.4 光通信器件

光纤通信中的光通信器件是构成光纤通信系统的重要组成部分，光通信器件可以分为有源光器件和无源光器件。有源光器件包括发送端的光源、接收端的光检测器等，无源光器件包括光耦合器、光隔离器等。

1.4.1 光源

光源用在光发射机中，其主要作用是将电信号转换为光信号（E/O）。目前用于光纤通信的光源包括半导体激光器（Laser Diode，LD）和半导体发光二极管（Light Emitting Diode，LED）。

1. 光子

光具有波、粒二象性。光的本质是电磁波，但同时又表现出粒子的特征，因此可以把光看成是由大量具有能量的粒子组成。将这些具有能量的粒子称为光量子，简称光子。下面将从光子的角度解释光器件的工作原理。

2. 半导体激光器

半导体激光器具有体积小、重量轻、效率高、寿命长、较高的稳定性、调制方便、调制速率高、频带宽等优点，在光纤通信中得到广泛使用。

（1）工作原理

半导体激光器的工作物质是半导体材料。把 N 型半导体和 P 型半导体通过一定的工艺处理结合在一起时，在这两种半导体的交界面附近形成的过渡区称为 P-N 结。

当给 P-N 结外加正向偏压（即 P 接正，N 接负）时，P-N 结会被激活，形成有源区，此时在外来光子激发下，在有源区将实现光的放大，放大的光波在由 P-N 结构成的光学谐振腔中来回反射，此时光强不断增加，最终发射出激光。

（2）半导体激光器的结构

目前常用的激光器大多采用图 1-8 所示的 InGaAsP 双异质结条形激光器。由剖面图可以看出，它是由 5 层半导体材料构成的。其中（N）InGaAsP 是发光的作用区，作用区的上下两层称为限制层，它们和作用区构成光学谐振腔。限制层和作用区之间形成异质结。最下面一层 N 型 InP 是衬底，顶层（P$^+$）InGaAsP 是接触层，作用是为了改善和金属电极的接触。顶层上面几微米宽的窗口是条形电极。这种激光器的优点是减小了注入电流，增加了发光强度。

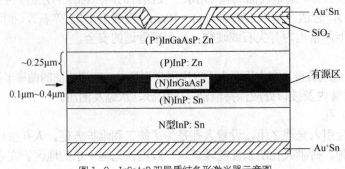

图 1-8 InGaAsP 双异质结条形激光器示意图

3. 半导体发光二极管

与半导体激光器相比，半导体发光二极管没有光学谐振腔，因此它的发光只限于自发辐射，发出的是荧光。

4. 光源的工作特性

（1）半导体激光器的工作特性

① 阈值特性

对于半导体激光器，当外加正向电流达到某一值时，输出光功率将急剧增加，这时将产生激光振荡，这个电流值称为阈值电流，用 I_t 表示，如图 1-9（a）所示，即曲线中"拐点"处对应的电流，这个曲线即半导体激光器的 P-I 特性曲线。

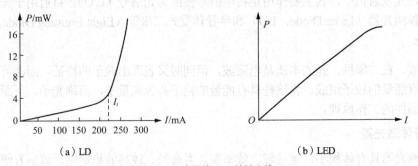

图 1-9 光源的 P-I 特性曲线

图 1-9（a）中，当 $I<I_t$ 时，激光器发出的是荧光；当 $I>I_t$ 时，激光器发出的是激光。荧光谱线很宽，激光谱线较窄，且光强更强。

② 光谱特性

激光器产生的激光有单纵模和多纵模。单纵模激光器简称单模激光器，是指激光器发出的激光是单纵模，它对应的光谱只有一根谱线。当谱线有很多时，即为多纵模激光器，简称多模激光器。采用 GaAlAs/GaAs 材料的半导体激光器的典型输出光谱如图 1-10 所示，图 1-10（a）和图 1-10（b）分别表示单纵模输出光谱和多纵模输出光谱。

③ 温度特性

激光器的阈值电流和光输出功率随温度变化的特性为温度特性。阈值电流随温度的升高而增大，其变化情况如图 1-11 所示。

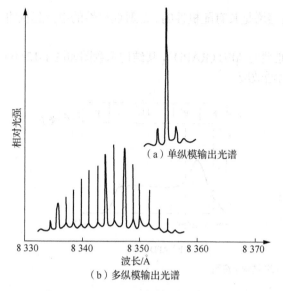

（a）单纵模输出光谱

（b）多纵模输出光谱

图 1-10　GaA1As/GaAs 激光器的典型输出光谱

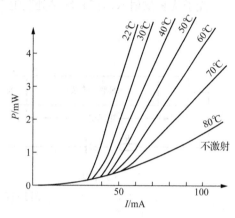

图 1-11　激光器阈值电流随温度的变化曲线

由图可知，温度对激光器的阈值电流影响很大，所以为了使光纤通信系统稳定、可靠地工作，一般都要采用自动温度控制电路，来稳定激光器的阈值电流和输出光功率。

此外，激光器的阈值电流也和使用时间有关，随着使用时间的增加，阈值电流也会逐渐增大。

（2）半导体发光二极管的工作特性

半导体发光二极管没有光学谐振腔，因此是无阈值器件，其 $P\text{-}I$ 特性曲线如图 1-9（b）所示。

半导体发光二极管发出的是荧光，温度特性较好，寿命长，但是荧光的光谱较宽，与光纤的耦合效率较低，因此，现有光纤通信系统主要采用半导体激光器作为光源。

1.4.2　光检测器

光检测器用在光接收机中，其主要作用是将光信号转换为电信号（O/E）。目前用于光纤通信的光检测器包括 PIN 光电二极管和 APD 雪崩光电二极管。

1. 光电效应

光检测器仍然采用半导体材料，并利用半导体材料的光电效应实现光电转换。半导体材料的光电效应是指通过给半导体的 P-N 结外加反向偏压（即 P 接负，N 接正），当光照射到 P-N 结上时，若光子能量足够大，则会在外电路中出现光电流。

2. PIN 光电二极管

在 P 型半导体和 N 型半导体之间加入一种轻掺杂的本征材料，称为 I（Intrinsic，本征的）层，这样的光电二极管称为 PIN 光电二极管，其结构示意图如图 1-12（a）所示。

3. APD 雪崩光电二极管

PIN 光电二极管的输出光电流只有几纳安，为了使数字光接收机的判决电路正常工作，就需要采用多级放大，但放大器会同时引入噪声，从而使光接收机的信噪比降低，接收机的灵敏度也随之降低，为此引入 APD 雪崩光电二极管，它能使电信号在二极管内部进行放大，其内部放大作用完全依靠 APD 雪崩倍增效应。

雪崩倍增效应是在二极管的 P-N 结上加高反向偏压（一般为几十伏或几百伏）形成的，能够使光电流在二极管内部获得倍增。然而，APD 的倍增是具有随机性的。这种随机性的电流起伏将带来附加噪声，称为倍增噪声。

具有低倍增噪声的常用 APD 结构形式有拉通型的 APD（RAPD），其结构示意图如图 1-12（b）所示。光子从 P⁺层射入，在 P-N 结处发生雪崩倍增效应。

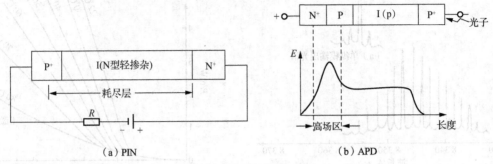

图 1-12　PIN、APD 结构示意图

4. 光检测器的工作特性

（1）响应度和量子效率

响应度和量子效率都是描述光检测器光电转换能力的物理量，只是分析的角度不同。

响应度定义为光检测器的平均输出电流（mA）与入射到光检测器的平均输入光功率（mW）之比。

量子效率定义为产生的电流的电子数与入射光功率的光子数之比。

（2）响应时间

响应时间定义为光脉冲幅度从 10%上升到 90%所经历的时间（称为上升时间）和从 90%下降到 10%所经历的时间（称为下降时间）。

一个快速响应的光检测器，它的响应时间一定是很短的。响应时间是从时域角度考虑的，若从频域角度看，短的响应时间意味着这个器件的带宽较宽。

（3）暗电流

在理想条件下，当没有光照时，光检测器应无光电流输出，然而实际上由于热激励、宇宙射线或放射性物质的激励，在没有光信号的情况下，光检测器仍有电流输出，这种电流称为暗电流。

据理论研究，暗电流将引起光接收机噪声增大，因此暗电流越小越好。

1.4.3　无源光器件

光纤通信中使用的无源光器件有很多，本书主要介绍以下几种无源光器件。

1. 光纤连接器

光纤连接器是一个实现两根光纤之间的永久性或活动性连接的器件。

用于永久性连接的接头通常称为固定接头或固定光纤连接器，它的作用是使一对或几对光纤之间形成永久的接续或拼接。在工程中，光纤永久连接常用的方法是采用光纤熔接机的熔接法。

活动性光纤连接器也称光纤活动接头，它的作用是把两根光纤的端面结合在一起，实现光纤与光纤之间可拆卸的连接，并且可以重复装拆。这一类光纤连接器常采用螺丝卡口、卡销固定、推拉式的结构。

另外，光纤连接器的尾纤就是一端带有活动性光纤连接器的一段光纤，用于和光源或光检测器的耦合，也可以用于光缆线路或各种无源光器件两端的接口。两端都有活动性光纤连接器的一段光纤称为光纤连接器跳线，主要用于系统的终端设备与光缆线路及各种无源光器件之间的互连。

2. 光耦合器

光耦合器是对光信号实现分路与合路的无源光器件，又称为分路器、双工器、光定向耦合器。从端口数目来看，光耦合器是具有多个输入端和多个输出端的光纤汇接器件，用 $M×N$ 表示输入端口数和输出端口数。最简单的光耦合器为 2×2 型（或称为 X 型）和 1×2 型（或称为 Y 型）。

目前较常使用的一种光耦合器是光纤式光耦合器，其体积较小，工作稳定、可靠，与光纤连接也比较方便。光纤式光耦合器是由两根紧密耦合的光纤通过光纤界面的衰减场相互重叠而实现光的耦合的一种器件，如图 1-13 所示。

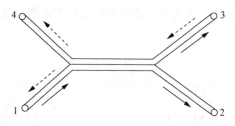

图 1-13 光纤式光耦合器

图中所示光耦合器是 2×2 型，从端口 1 输入光信号（图中实线所示）向端口 2 方向传输，可由端口 3 耦合出一部分光信号，端口 4 无光信号输出。从端口 3 输入的光信号（图中虚线所示）向端口 4 方向传输，可由端口 1 耦合出一部分光信号，而端口 2 无光信号输出。另外，由端口 1 和端口 4 输入的光信号，可合并为一路光信号，由端口 2 或端口 3 输出，或反之。

3. 光隔离器和光环形器

（1）光隔离器

光隔离器是保证光信号只能正向传输，避免线路中由于各种因素而产生的反射光再次进入激光器而影响激光器工作稳定性的器件。

光隔离器由法拉第旋转器和一对偏振器构成，其基本原理是法拉第旋转效应，如图 1-14 所示。

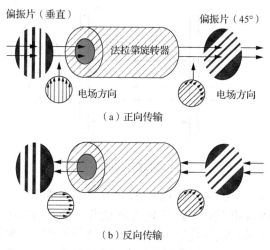

（a）正向传输

（b）反向传输

图 1-14 光隔离器的工作原理图

图中的一对偏振器的偏振面互成 45° 角，中间的法拉第旋转器使得偏振光的偏振面顺时针旋转 45° 角。当光正向传输时，如图 1-14（a）所示，入射光通过左侧偏振器后得到偏振光，再通过法拉第旋转器使其偏振面顺时针旋转 45° 角，正好与右侧的偏振器的偏振方向一致，因此入射光刚好全部通过。图 1-14（b）表示反向传输的情况，当反向光从右侧偏振器射入后，通过法拉第旋转器，其偏振面再被顺时针旋转 45° 角，结果正好和左侧的偏振器偏振方向垂直，因此被全部隔离。

（2）光环形器

光环形器和光隔离器的工作原理基本相同，都是利用法拉第旋转效应来实现光的单向传输，只是光隔离器一般为两端口器件，而光环形器则为多端口器件。此外，光隔离器只能起到对反向光的隔离作用，而光环形器却允许反向光通行，而且能够实现分路，利用这一特点，光环形器可以用于单纤双向传输系统，如图 1-15 所示。光环形器若与波长选择器结合使用，还能够构成光分插复用器这种重要的光器件。

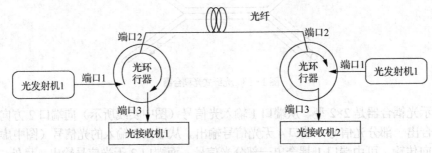

图 1-15 光环形器用于单纤双向传输系统的示例

4. 光滤波器

在光纤通信系统中，只允许一定波长的光信号通过的器件称为光滤波器。如果所通过的光波长可以改变，则称为波长可调谐光滤波器。

光滤波器有多种不同的类型，其中 F-P 腔光滤波器结构简单、应用广泛，其结构示意图如图 1-16 所示。

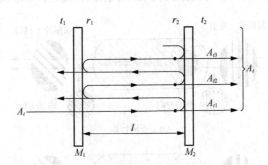

图 1-16 F-P 腔光滤波器结构示意图

图中 M_1 和 M_2 为两个具有高反射率的反射镜，反射系数分别为 r_1 和 r_2，两个反射镜之间的距离为腔长。当光束 A_i 入射到 F-P 腔时，会在 M_1 左侧输出反射波，在 M_2 右侧输出透射波，反射波和透射波都是由无穷多束光波的线性叠加而成。当入射光波的波长为腔长的整数倍时，光波可形成稳定振荡，即达到谐振，此时输出的透射光波之间会产生多光束干涉，最后有选择性地滤出等间隔波长的光波。

5．光开关

能够控制传输通路中光信号通断或进行光路切换作用的器件，称为光开关。光开关在光网络中可实现波长选择、路由选择以及光交叉连接等功能，是光网络中的关键器件。根据工作原理，光开关可分为机械式光开关和非机械式光开关。

机械式光开关是通过机械方式驱动光纤和光学元件完成光路切换的，这类开关的优点是插入损耗小（一般为 0.5dB～1.2dB），隔离度高（可达 80dB），缺点是开关时间比较长（约为 15ms），体积较大。

非机械式光开关是利用电光效应、声光效应和磁光效应而实现光路切换的，这类开关的优点是开关速度快，易于集成化；缺点是插入损耗比较大（可达几个 dB）。

1.5 数字光纤通信系统

1.5.1 数字光纤通信系统构成

由于光纤能够提供很宽的传输带宽，为数字信号的传输提供了理想的传输通道，所以目前使用的光纤通信系统均为数字光纤通信系统。根据不同用户的要求、不同的业务种类以及不同阶段的技术水平，数字光纤通信系统的形式多种多样，然而其基本结构都采用点对点的强度调制/直接检波（IM/DD）的形式，主要由光纤、光发射机、光接收机以及长途干线上必须设置的光中继器组成，如图 1-17 所示。

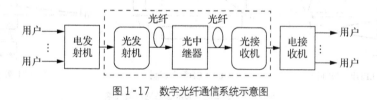

图 1-17 数字光纤通信系统示意图

在点到点的光纤通信系统中，各部分功能如下。

1．发送部分

由电发射机输出的数字信号送入光发射机，光发射机的主要作用是将电发射机送过来的电信号转换成光信号并耦合进光纤。光发射机中的重要器件是能够完成电—光转换功能的半导体光源，通常是采用直接调制来实现电—光转换功能。

2．接收部分

光接收机的主要作用是将通过光纤传送过来的光信号转换成电信号，然后经过对电信号的处理，使其恢复为原来的数字信号并送入电接收机。光接收机中的重要器件是能够完成光—电转换功能的光检测器。

3．传输部分

传输部分主要包括光纤（或光缆）和光中继器。

由单模光纤制成的不同结构形式的光缆因具有较好的传输特性而被广泛采用。当光缆的传输距离超过所允许的最大中继距离时，为了保证通信质量，需在收发端机之间适当距离处增设光中继器，其主要形式有以下两种。

（1）采用光—电—光转换形式的中继器，可提供电层面上的信号放大、整形和定时提取功能。

（2）只在光层面上直接进行光信号放大的光放大器，其并不具备波形整形和定时信号提取功能。

1.5.2 光信号的调制

光信号的调制方法分为直接调制和间接调制。

1. 直接调制

直接调制是光纤通信中简单、经济而又容易实现的调制方式，可用于半导体激光器或半导体发光二极管这类光源，由前面分析可知，这两种光源的 *P-I* 曲线如图 1-9 所示。

直接调制又称内调制，是将调制信号直接作用在光源上，此时输出光功率的变化能够响应注入电流信号的高速变化，只需通过改变注入电流就可实现光强度调制。根据调制信号的性质不同，直接调制又分为模拟信号的直接调制和数字信号的直接调制。

以 LED 为例，模拟信号的直接调制就是使 LED 的注入电流直接跟随语音或图像等模拟量变化，从而使 LED 管输出的光功率跟随模拟信号变化，如图 1-18（a）所示。数字信号的直接调制就是根据数字编码后的 "1" "0" 码直接调制光信号输出的有、无。数字信号的 LED 和 LD 调制原理图分别如图 1-18（b）和图 1-18（c）所示。由图可知，为了使已调制的光波信号减少非线性失真，应适当选择偏置注入电流的位置。

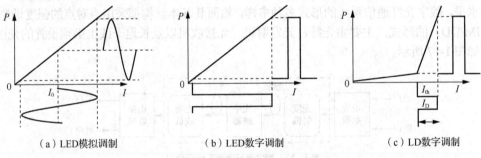

（a）LED模拟调制　　　　　　（b）LED数字调制　　　　　　（c）LD数字调制

图 1-18　半导体光源的直接调制原理图

由于 LED 属于无阈值的器件，所以在调制时，动态范围大，信号失真小。但 LED 属于自发辐射发光，其谱线宽度要比 LD 宽得多，对高速信号的传输非常不利，因此在高速光纤通信系统中通常使用 LD 作为通信光源。

2. 间接调制

随着传输速率的不断提高，直接调制带来了输出光脉冲的相位抖动，即啁啾效应，使得光纤的色散增加，光纤中所传光脉冲波形展宽，限制了光纤的传输容量。为减小啁啾，需采用间接调制方式。

间接调制也称外调制，它的特点是光源本身不被调制，而是当光从光源射出以后在其传输通道上被一个调制器调制，如图 1-19 所示。该调制器是利用物质的电光、声光、磁光等效应对光波进行调制的。下面介绍两种常用的外调制器。

（1）电折射调制器

电折射调制器的基本工作原理是晶体的线性电光效应。电光效应是指电场引起晶体折射率变化的现象，即当外加电场变化时，将引起晶体折射率 *n* 随之变化的现象。能够产生电光效应的晶体称为电光晶体，如 $LiNbO_3$。

最基本的电折射调制器是电光相位调制器，它是构成其他类型的调制器如电光幅度、电光强度、电光频率、电光偏振等的基础。电光相位调制器的基本原理如图 1-20 所示。

图 1-19 外调制激光器的结构　　　　　　图 1-20 电光相位调制器

电光相位调制的基本原理是利用电光晶体的电光效应，使晶体的折射率随着调制电信号的变化而变化，由物理学知识可知，折射率的变化将引起光波相位的变化，从而达到电光调相的结果。图 1-20 中，电信号以电压的形式施加在电极处，使电光晶体 LiNbO$_3$ 产生电光效应。由恒定光源发出的光从左端输入调制器，经电光相位调制后得到已调光信号并由右端输出。

（2）M-Z 型调制器

M-Z 型调制器是由一个 Y 型分路器、两个电光相位调制器和 Y 型合路器组成，其结构如图 1-21 所示。

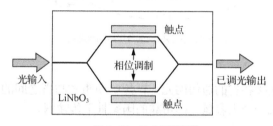

图 1-21 M-Z 型调制器

恒定光源发出的光被 Y 型分路器分成完全相同的两部分光，分别送入两个电光相位调制器。调制电信号控制这两个调制器，按照电光相位调制原理分别进行相位调制并得到各自的已调光，再将这两部分已调光通过 Y 型合路器耦合起来。当这两部分已调光存在适当相位差时，在 Y 型合路器的输出会产生相长或相消干涉，输出就得到了"通"或"断"的信号。

1.6　光网络的基本概念

1.6.1　光网络的定义

光网络是光纤通信网络的简称，是指以光纤为基础传输链路所组成的一种通信体系结构。换句话说，光网络就是一种基于光纤的电信网，它兼顾"光"和"网络"两层含义：即可通过光纤提供大容量、长距离、高可靠的链路传输手段，同时在上述介质基础上，可利用先进的电子或光子交换技术，并引入控制和管理机制，实现多节点间的联网，以及基于资源和业务需求的灵活配置功能。

一般来说，光网络是由光传输系统和在光域内进行交换/选路的光节点构成，并且光传输系统的传输容量和光节点的处理能力非常大，电层面的处理通常是在边缘网络中进行的，边缘节点是通过光通道实现与光网络的直接连通。

1.6.2　光网络的分层结构

在我国，光网络作为传输网络，根据网络的运营、管理和地理区域等因素分为 3 层：省际骨干传输网（也称为一级干线网）、省内骨干传输网（也称为二级干线网）和本地传输网。一般把传输网中非干线部分的网络划归为本地传输网，本地网在内涵上包含了城域网。我国光传输网的分层结构如图1-22所示。

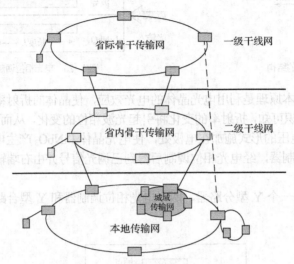

图1-22 光传输网的分层结构示意图

（1）省际骨干传输网

省际骨干传输网用于连接各省的通信网元（节点），负责省与省之间的业务传输。其网络结构采用网孔形或网状网，组成一个大容量、高可靠的国家骨干传输网。

（2）省内骨干传输网

省内骨干传输网完成省内各地市间通信网元（节点）的连接，传输各地市间业务及出省业务。省内骨干传输网一般采用网孔形或网状网结构，也可以采用环形网结构。

（3）本地传输网

考虑到对现有主要业务网络的兼容性和可预见的运营商业务的综合化，以及企业发展战略的连续性，本地传输网一般进一步分为核心层、汇聚层和接入层（对于业务量较小的地区，核心层和汇聚层可以合并为一个层面），本地传输网的分层结构如图1-23所示。

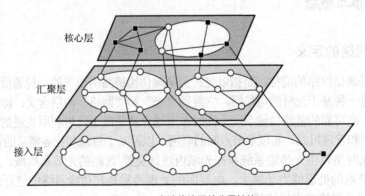

图1-23 本地传输网的分层结构

① 核心层

核心层作为多种业务的传输平台，负责本地网范围内核心节点的信息传送，并上联省内干线网。核心层传输容量大，电路需求量大，节点数比较少，节点的重要性高（电路安全性要求较高）。

核心层拓扑结构采用环形、网孔形，随着业务的增加，最终建设为网状网结构。

② 汇聚层

汇聚层介于核心层与接入层之间，主要由本地传输网中的业务重要节点和通路重要节点组成，对接入层上传的业务进行收容、整合，并向核心层节点进行转接传送。

汇聚层拓扑结构一般采用环形。

③ 接入层

接入层的节点就是所有业务的接入点，负责用户业务的接入。接入层位于网络末端，网络结构易变，发展迅速，一般要求其具有多业务传输能力及灵活的组网能力。

接入层拓扑结构通常采用环形，并配以一定的链形。

1.6.3 光网络的发展历程和发展趋势

1. 光网络的发展历程

（1）在通信网中利用高速大容量光纤传输技术和智能网络技术的新体制，最先诞生的是美国的光同步传输网（Synchronous Optical Network，SONET）。SONET 于 1988 年被 ITU-T 接受，完善后重新命名为同步数字体系（Synchronous Digital Hierarchy，SDH）。20 世纪 90 年代中期，SDH 成为光传输网的主力，其主要用于传输 TDM 业务。

（2）随着 IP 网的发展，全球宽带业务迅速增长，为了扩大光纤通信的容量，提出了 WDM 技术，使光传输技术产生了历史性变革，20 世纪 90 年代末我国开始建设 DWDM 传输网。

（3）随着 IP 网应用的普及，对多业务（特别是数据业务）需求的呼声越来越高，为了能够承载 IP、以太网等业务，2002 年提出了基于 SDH 的多业务传送平台（Multi Service Transport Platform，MSTP），2005 年 MSTP 设备开始大规模应用。MSTP 显著提升了光通信网络的多业务承载能力，光传输网进入了以 TDM 业务为主、同时支持多种分组业务传送的发展阶段。

（4）随着全业务运营时代的到来，网络业务对传送带宽的需求剧增，因此，需要一种能够提供大颗粒业务传送和交叉调度的新型光网络。ITU-T 于 1998 年提出了基于大颗粒业务带宽进行组网、调度和传送的新型技术——光传送网（Optical Transport Network，OTN）的概念，2008 年以后 OTN 标准已经完善，我国开始大规模建设 OTN。

OTN 继承了 SDH 和 DWDM 技术的主要优势，采用大带宽颗粒调度，具有丰富的开销，提供类似 SDH 的 OAM 能力和更多的新型功能，满足目前及今后高带宽、高质量业务传送等需求，是传送网的主流可选技术。

（5）伴随着网络智能化需求的日益增加，传输技术也在从以往静态配置和应用的基础上逐步向动态发展，ITU-T 在 2000 年 3 月正式提出了自动交换光网络（Automatic Switched Optical Network，ASON）的概念。ASON 在光传送网络中引入了智能的控制平面，是光通信技术发展史上的又一次重大突破。从 2005 年左右开始，基于 SDH 的 ASON 技术逐渐在我国干线传送网和城域传送核心层得到一定规模应用，2010 年左右基于 OTN 的 ASON 逐渐兴起，极大地提升了光通信网络组网的智能性、可靠性和灵活性。

（6）随着移动互联网技术的不断发展，通信业务加速 IP 化、宽带化、综合化，分组传送网（Packet Transport Network，PTN）和 IP RAN（IP Radio Access Network，IP 化的无线接入网）技术应运而生。PTN/IP RAN 凭借丰富的业务承载类型、强大的带宽扩展能力、完备的服务质量保障能力，成为本地传输网的一种最佳选择。

中国三大通信运营商分别采用分组传送技术构建本地传输网，以满足移动网络基站的分组数据业务以及集团客户业务等的承载需求。中国移动选择 PTN 技术，而中国电信选择 IP RAN 技术，中国联通则大规模建设 IP RAN，同时部分引入 PTN。

2. 光网络的发展趋势

未来光传输技术的发展不仅需要提升传输容量、增加传输距离，而且需要满足业务的动态特性、资源利用率和网络架构等多方面需求。未来光传输技术的主要发展方向如下。

（1）网络结构逐步扁平化：随着用户在线比提高，收敛比降低，汇聚级数在减少，汇聚层将逐渐淡出。

（2）接口以太化：目前电信网中以 GE/10GE、2.5Gbit/s/10Gbit/s/40Gbit/s POS 接口为代表的大颗粒宽带业务大量涌现，且价格低，因此接口的以太化势在必行，特别是基站接口的以太化。

（3）传送内核分组化：MSTP 层将逐渐缩小，让位于增强型以太网、PTN、IP RAN 等分组化技术。

（4）融合化：接入网关融合化，实现针对如基站回传和大客户等需要的综合、统一承载。

（5）双平面：一平面用于承载宽带接入业务，二平面用于承载高质量业务。

未来的高速通信网将是全光网络。全光网络是以光节点代替电节点，节点之间也是全光化，即信息始终以光的形式进行传输与交换。全光网络具有良好的透明性、开放性、兼容性及可靠性，并且能够提供巨大的带宽，网络结构简单，组网非常灵活。光层的动态化和智能化功能，能够使全光网络技术向着低功耗、高容量、高动态的方向演进。

第2章 SDH 传输网

20 世纪 80 年代，为了克服 PDH 的弱点，产生了利用高速大容量光纤传输技术和智能网络技术的新传输体制——SDH。20 世纪 90 年代中期，SDH 成为光传输网的主力，其主要用于传输 TDM 业务。

虽然随着通信技术的发展和业务需求的增长，后来逐步建设了更具优势的各种光传输网络，如 MSTP 传输网、DWDM 传输网以及 OTN 等，但是设施完善、遍及各地的 SDH 传输网还会持续应用一段时间，而且 SDH 传输网的相关内容是各种光网络的基础，所以本章内容至关重要。

本章首先介绍 SDH 的基本概念、SDH 的帧结构，然后论述 SDH 的复用映射结构和 SDH 传输网结构，接着分析 SDH 传输网的网络保护和网同步，最后研究 SDH 传输网的网络管理问题及 SDH 传输网的应用。

2.1 SDH 的基本概念

在通信网中利用高速大容量光纤传输技术和智能网络技术的新体制，最先诞生的是美国的 SONET。这一概念是 1984 年由贝尔通信研究所提出的，1988 年被 ITU-T 接受，并加以完善，重新命名为同步数字体系。SDH 技术的采用使通信网的发展进入了一个崭新的阶段。

2.1.1 SDH 传输网的概念和优缺点

1. SDH 传输网的概念

SDH 传输网是由一些 SDH 的基本网络单元（Net Element，NE）组成的，在光纤上进行同步信息传输、复用、分插和交叉连接的网络。SDH 传输网中不含交换设备，只是交换机或路由器之间的传输手段。

SDH 传输网的概念中包含以下几个要点。

（1）SDH 网有全世界统一的网络节点接口（Network to Network Interface，NNI），从而简化了信号的互通以及信号的传输、复用、交叉连接等过程。

（2）SDH 网有一套标准化的信息结构等级，称为同步传递模块，并具有一种块状帧结构，允许安排丰富的开销比特用于网络的运行、管理和维护（Operation Administration Maintenance，OAM）。

（3）SDH 网有一套特殊的复用映射结构，允许现存准同步数字体系（Plesiochronous Digital Hierarchy，PDH）、同步数字体系和 B-ISDN 的信号都纳入其帧结构中传输，即具有兼容性和广泛的适应性。

（4）SDH 网采用大量软件进行网络配置和控制，增加新功能和新特性非常方便，适合将来不断发展的需要。

（5）SDH 网有标准的光接口，允许不同厂商的设备在光路上互通。

（6）SDH 网的基本网络单元（简称网元）有终端复用器（Terminal Multiplexer，TM）、分插复用器（Add-Drop Multiplexer，ADM）、再生中继器（Regnerative Repeater，REG）和数字交叉连接（Digital Cross Connect，DXC）设备等。

2. SDH 的优缺点

（1）SDH 的优点

SDH 与 PDH 相比，其优点主要体现在如下几个方面。

① 有全世界统一的数字信号速率和帧结构标准。SDH 把北美、日本和欧洲、中国流行的两大准同步数字体系（3 个地区性标准）在 STM-1 等级上获得统一，第一次实现了数字传输体制上的世界性标准。

② 采用同步复用方式和灵活的复用映射结构，净负荷与网络是同步的，因而只需利用软件控制即可使高速信号一次分接出支路信号，即所谓一步复用特性。这样既不影响别的支路信号，又避免了对整个高速复用信号都分解，省去了全套背靠背复用设备，使上下业务十分容易，也使 DXC 设备的实现大大简化。

③ SDH 帧结构中安排了丰富的开销比特（约占信号的 5%），因而使得网络的 OAM 能力大大加强。许多网络单元的智能化，通过嵌入在段开销（Section OverHead，SOH）中的控制通路可以使部分网络管理功能分配到网络单元，实现分布式管理。

④ 将标准的光接口综合进各种不同的网络单元，使光接口成为开放型的接口，可以在光路上实现横向兼容，各厂商产品都可在光路上互通。

⑤ SDH 与现有的 PDH 网络完全兼容。SDH 可兼容 PDH 的各种速率，同时还能方便地容纳各种新业务信号，并且它具有信息净负荷的透明性，即网络可以传送各种净负荷及其混合体而不管其具体信息结构如何。

⑥ SDH 以字节为单位复用，其信号结构的设计考虑了网络传输和交换的最佳性能。在电信网的各个部分（长途、市话和用户网）都能提供简单、经济和灵活的信号互连与管理。

上述 SDH 的优点中最核心的有 3 条，即同步复用、标准的光接口和强大的网络管理能力。

（2）SDH 的缺点

SDH 的主要缺点如下。

① 频带利用率不如传统的 PDH 系统（这一点可从第 2 章 2.3 中介绍的复用映射结构中看出）。

② 大规模使用软件控制和将业务量集中在少数几个高速链路与交叉节点上。这些关键部位如果出现问题，可能导致重大的网络故障，甚至造成全网瘫痪。

③ 由于指针调整等因素，会使数字信号及时钟产生抖动和漂移、质量下降。抖动指的是数字信号的特定时刻（如最佳抽样时刻）相对理想位置的短时间偏离。所谓短时间偏离是指变化频率高于 10Hz 的相位变化，而将低于 10Hz 的相位变化称为漂移。

尽管 SDH 有这些不足，但它比传统的 PDH 有着明显的优越性，所以最终取代了 PDH。

2.1.2 SDH 的速率体系

同步数字体系（SDH）最基本的模块信号（即同步传递模块）是 STM-1，其速率为155.520Mbit/s。更高等级的 STM-N 信号是将基本模块信号 STM-1 同步复用、按字节间插的结果（这是产生 STM-N 信号的方法之一）。其中 N 是正整数，目前 SDH 只能支持一定的 N 值，即 N 为 1、4、16、64、256。

ITU-T G.707 标准规范的 SDH 速率体系如表 2-1 所示。

表 2-1   SDH 速率体系

等级	STM-1	STM-4	STM-16	STM-64	STM-256
速率/（Mbit/s）	155.520	622.080	2 488.320	9 953.280	39 813.12

2.1.3　SDH 的基本网络单元

SDH 传输网有 4 种基本网络单元，下面分别进行介绍。

1. TM

TM 如图 2-1 所示（图中速率是以 STM-1 等级为例）。

TM 位于 SDH 传输网的终端（网络末端），主要任务是将低速支路信号纳入 STM-N 帧结构，并经电/光转换成为 STM-N 光线路信号，其逆过程正好相反。TM 的具体功能如下。

（1）在发送端能将各 PDH 支路信号等复用进 STM-N 帧结构，在接收端进行分接。

（2）在发送端将若干个 STM-N 信号复用为一个 STM-M（$M>N$）信号（如将 4 个 STM-1 复用成一个 STM-4），在接收端将一个 STM-M 信号分成若干个 STM-N（$M>N$）信号。

（3）TM 还具备电/光（光/电）转换功能。

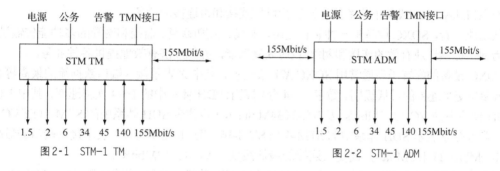

图 2-1　STM-1 TM　　　　　　　　图 2-2　STM-1 ADM

2. ADM

ADM 如图 2-2 所示（图中速率同样是以 STM-1 等级为例）。

ADM 位于 SDH 传输网的沿途，它将同步复用和数字交叉连接功能综合于一体，具有灵活地分插任意支路信号的能力。ADM 的具体功能如下。

（1）ADM 具有支路—群路（即上/下支路）能力。该功能可分为部分连接和全连接。部分连接是上/下支路仅能取自 STM-N 内指定的某一个（或几个）STM-1；而全连接是可以从所有 STM-N 内选择 STM-1 实现任意组合。

ADM 可上下的支路，既可以是 PDH 支路信号，也可以是较低等级的 STM-N 信号。ADM 同 TM 一样也具有光/电（电/光）转换功能。

（2）ADM 具有群路—群路（即直通）的连接能力。

（3）ADM 具有数字交叉连接功能，即将 DXC 功能融于 ADM 中。

3. REG

REG 如图 2-3（a）所示。

REG 的作用是将光纤长距离传输后受到较大衰减及色散畸变的光脉冲信号转换成电信号后进行放大整形、再定时，再生为规划的电脉冲信号，再调制光源变换为光脉冲信号送入光纤继续传输，以延长传输距离。

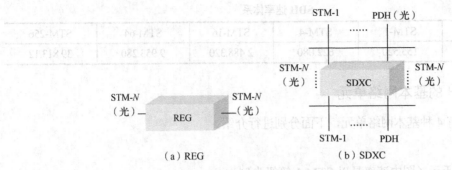

图2-3 再生中继器和同步数字交叉连接设备

4. DXC

（1）基本概念

DXC 设备的作用是实现支路之间的交叉连接。SDH 网络中的 DXC 设备称为同步数字交叉连接（Synchronous Digital Cross Connect，SDXC）设备，如图2-3（b）所示，它是一种具有一个或多个 PDH（G.702）或 SDH（G.707）信号端口并至少可以对任何端口速率（和/或其子速率信号）与其他端口速率（和/或其子速率信号）进行可控连接和再连接的设备。

从功能上看，SDXC 设备是一种兼有复用、配线、保护/恢复、监控和网管的多功能传输设备，可以为网络提供迅速有效的连接和网络保护/恢复功能，并能经济有效地提供各种业务。

SDXC 设备的配置类型通常用 SDXC X/Y 来表示。其中 X 表示接入端口数据流的最高等级，Y 表示参与交叉连接的最低级别。数字 1～4 分别表示 PDH 体系中的 1～4 次群速率，其中 1 也代表 SDH 体系中的 VC-12（2Mbit/s）及 VC-3（34Mbit/s），4 也代表 SDH 体系中的 STM-1（或 VC-4），数字 5 和 6 分别表示 SDH 体系中的 STM-4 和 STM-16。例如，SDXC 4/1 表示接入端口的最高速率为 140Mbit/s 或 155Mbit/s，而交叉连接的最低级别为 VC-12（2Mbit/s）。

目前实际应用的 SDXC 设备主要有 3 种基本的配置类型：类型 1 提供高阶 VC（VC-4）的交叉连接（SDXC 4/4 属于此类设备）；类型 2 提供低阶 VC（VC-12、VC-3）的交叉连接（SDXC 4/1 属于此类设备）；类型 3 提供低阶和高阶两种交叉连接（SDXC 4/3/1 和 SDXC 4/4/1 属于此类设备）。（有关 VC-12、VC-3 和 VC-4 等概念详见后述。）

（2）SDXC 设备的主要功能

SDXC 设备与相应的网管系统配合，可支持如下功能。

① 复用功能：将若干个 2Mbit/s 信号复用至 155Mbit/s 信号中，或从 155Mbit/s 和（或）从 140Mbit/s 中解复用出 2Mbit/s 信号。

② 业务汇集：将不同传输方向上传送的业务填充入同一传输方向的通道中，最大限度地利用传输通道资源。

③ 业务疏导：将不同的业务加以分类，归入不同的传输通道中。

④ 保护倒换：当传输通道出现故障时，可对复用段、通道等进行保护倒换。由于这种保护倒换不需要知道网络的全面情况，所以一旦需要倒换，倒换时间很短。

⑤ 网络恢复：当网络中某通道发生故障后，需要迅速在全网范围内寻找替代路由，恢复被中断的业务。网络恢复由网管系统控制，而恢复算法（也就是路由算法）主要包括集中控制和分布控制两种算法，它们各有千秋，可互相补充，配合应用。

⑥ 通道监视：通过 SDXC 的高阶通道开销（Higher order Path OverHead，HPOH）监视功能，采用非介入方式对通道进行监视，并进行故障定位。

⑦ 测试接入：通过 SDXC 的测试接入口（空闲端口），将测试仪表接入被测通道中进行测试。测试接入有两种类型：中断业务测试和不中断业务测试。

⑧ 广播业务：可支持一些新的业务（如 HDTV）并以广播的形式输出。

5. 基本网络单元的应用

以上介绍了 SDH 网的几种基本网络单元，它们在 SDH 传输网中的使用（连接）方法之一如图 2-4 所示。

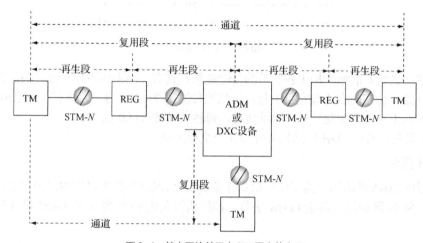

图 2-4　基本网络单元在 SDH 网中的应用

图 2-4 中标出了实际系统组成中的通道、复用段和再生段。

（1）通道——TM 之间称为通道。

（2）复用段——TM 与 ADM（或 DXC 设备）之间称为复用段，两个 ADM/DXC 设备之间也称为复用段。

（3）再生段——REG 与 TM 之间、REG 与 ADM/DXC 设备之间、两个 REG 之间均称为再生段。

2.2　SDH 的帧结构

2.2.1　SDH 的帧结构

SDH 的帧结构必须适应同步数字复用、交叉连接等功能，同时也希望支路信号在一帧中均匀分布、有规律，以便接入和取出。ITU-T 最终采纳了一种以字节为单位的矩形块状（或称页状）帧结构，如图 2-5 所示。

STM-N 帧由 270×N 列 9 行组成，帧长度为 270×N×9 个字节或 270×N×9×8 个比特（bit），帧周期为 125μs（即一帧的时间）。

对于 STM-1 而言，帧长度为 270×9=2 430（字节），相当于 19 440bit，帧周期为 125μs，由此可算出其比特速率为 270×9×8/（125×10⁻⁶）=155.520（Mbit/s）。

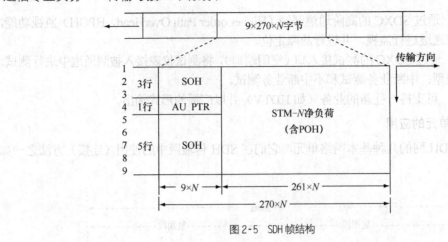

图 2-5　SDH 帧结构

这种块状（页状）的帧结构中各字节的传输是从左到右、由上而下按行进行的，即从第 1 行最左边字节开始，从左向右传输完第 1 行，再依次传输第 2、3 行等，直至整个 $9×270×N$ 个字节都传送完再转入下一帧，如此一帧一帧地传送，每秒共传送 8 000 帧。

由图 2-5 可见，整个 SDH 帧结构可分为 3 个主要区域。

1. SOH 区域

SOH 是指 STM-N 帧结构中为了保证信息净负荷正常、灵活传送所必需的附加字节，即供 OAM 使用的字节。SOH 区域用于传送 OAM 字节，帧结构的左边 $9×N$ 列 8 行（除去第 4 行）分配给 SOH 用。

2. 净负荷区域

信息净负荷（Payload）区域是帧结构中存放各种信息负载的地方（其中信息净负荷第 1 个字节在此区域中的位置不固定）。图 2-5 中横向第 $10×N～270×N$ 列，纵向第 1 行到第 9 行的 $2 349×N$ 个字节都属于此区域。其中含有少量的通道开销（Path OverHead，POH）字节，用于监视、管理和控制通道性能，其余负载业务信息。

3. 管理单元指针区域

管理单元指针（Administration Unit PoinTeR，AU PTR）用来指示信息净负荷的第 1 个字节在 STM-N 帧中的准确位置，以便在接收端能正确地分解。在图 2-5 中第 4 行左边的 $9×N$ 列分配给管理单元指针用。

2.2.2　SOH 字节

SDH 帧结构中安排有两大类开销：SOH 和通道开销（Path OverHead，POH），它们分别用于段层和通道层的维护。本小节介绍 SOH。

1. STM-1 帧的 SOH

SOH 中包含定帧信息，用于维护与性能监视相关的信息以及其他操作功能。SOH 可以进一步划分为再生段开销（Regenerator Section OverHead，RSOH，占第 1～3 行）和复用段开销（Multiplex Section OverHead，MSOH，占第 5～9 行）。每经过一个再生段更换一次 RSOH，每经过一个复用段更换一次 MSOH。

STM-1 帧的 SOH 字节安排如图 2-6 所示。

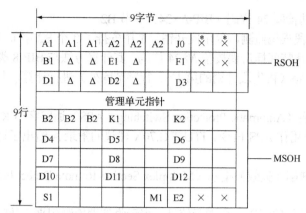

注："△"为与传输介质有关的特征字节（暂用）；
　　"×"为国内使用保留字节；
　　"*"为不扰码字节；
所有未标记字节待将来国际标准确定（与介质有关的应用，
附加国内使用和其他用途）。

图 2-6　STM-1 帧的 SOH 字节安排

各字节的功能如下。

（1）帧定位字节 A1 和 A2

SOH 中的 A1 和 A2 字节可用来识别帧的起始位置。A1 为 11110110，A2 为 00101000。STM-1 帧内集中安排有 6 个帧定位字节，占帧长的大约 0.25%。选择这种帧定位长度主要是考虑使伪同步产生的概率低及同步建立时间短。

（2）再生段踪迹字节 J0

J0 字节被用来重复地发送"段接入点标识符"，以便使段接收机能据此确认其是否与指定的发射机处于持续连接状态。

（3）数据通信通路（DCC）D1～D12

SOH 中的数据通信通路（Data Communication Channel，DCC）用来构成 SDH 管理网（SDH Management Network，SMN）的传送链路。其中 D1～D3 字节称为再生段 DCC，用于再生段终端之间交流 OAM 信息，速率为 192kbit/s（3×64kbit/s）；D4～D12 字节称为复用段 DCC，用于复用段终端之间交流 OAM 信息，速率为 576kbit/s（9×64kbit/s）。这总共 768kbit/s 的数据通路为 SDH 网的管理和控制提供了强大的通信基础结构。

（4）公务字节 E1 和 E2

E1 和 E2 两个字节用来提供公务联络语声通路。E1 属于 RSOH，用于本地公务通路，可以在再生器接入。而 E2 属于 MSOH，用于直达公务通路，可以在复用段终端接入。公务通路的速率为 64kbit/s。

（5）使用者通路 F1

该字节保留给使用者（通常指网络提供者）专用，主要为特定维护目的而提供临时的数据/语声通路连接。

（6）比特间插奇偶检验 8 位码（BIP-8）B1

B1 字节用作再生段误码监测，使用的是偶校验的比特间插奇偶校验码。BIP-8 是对扰码后的上一个 STM-N 帧的所有比特（再生段开销的第一行是不扰码字节）进行计算，其结果置于扰码前的本帧的 B1 字节位置（在网络节点处，为了便于定时恢复，要求 STM-N 信号有足够的比特定时含量，为此采用扰码器对数字信号序列进行扰乱，以防止长连"0"和长连"1"序列的出现）。

（7）比特间插奇偶检验 24 位码（BIP-N×24）字节 B2

B2 字节用作复用段误码监测，复用段开销字节中安排了 3 个 B2 字节（共 24bit）作此用途。B2 字节使用偶校验的比特间插奇偶校验 N×24 位码，其计算方法与 BIP-8 类似。BIP-24 是对前一个 STM-N 帧的所有比特（再生段开销的第 1～3 行字节除外）进行计算，其结果置于扰码前的本帧的 B2 字节。

（8）自动保护倒换（Automatic Protection Switching，APS）通路字节 K1、K2（b_1～b_5）

K1、K2 两个字节用作 APS 信令。ITU-T G.70X 建议的附录 A 给出了这两个字节的比特分配和面向比特的规约。

（9）复用段远端缺陷（失效）指示（Multiplex Section-Remote Defect Indication，MS-RDI）字节 K2（b_6～b_8）

MS-RDI 用于向发信端回送一个指示信号，表示收信端检测到来话故障或正接收复用段告警指示信号（Multiplex Section-Alarm Indication Signal，MS-AIS）。解扰码后 K2 字节的第 6～8 位构成"110"码即为 MS-RDI 信号。

（10）同步状态字节 S1（b_5～b_8）

S1 字节的第 5～8 位用于传送同步状态信息（Synchronization Status Message，SSM），可表示 16 种不同的同步质量等级。其中一种表示同步的质量是未知的，另一种表示信号在段内不用同步，余下的码留作各独立管理机构定义质量等级用，如表 2-2 所示。

表 2-2　　　　　　　　　　　　　　同步状态信息编码

S1（b_5～b_8）	SDH 同步质量等级描述	S1（b_5～b_8）	SDH 同步质量等级描述
0000	同步质量不知道（现存同步网）	1000	G.812 本地时钟信号
0001	保留	1001	保留
0010	G.811 时钟信号	1010	保留
0011	保留	1011	同步设备定时源（Synchronous Equipment Timing Source，SETS）信号
0100	G.812 转接局时钟信号	1100	保留
0101	保留	1101	保留
0110	保留	1110	保留
0111	保留	1111	不应用作同步（时钟质量不可用）

（11）复用段远端差错指示（Multiplex Section-Remote Error Indication，MS-REI）M1

该字节用作复用段远端差错指示。对 STM-N 信号，它用来传送 BIP-N×24（B2）所检出的误块数。

（12）与传输介质有关的字节 Δ

Δ 字节专用于具体传输介质的特殊功能，例如用单根光纤作双向传输时，可用此字节来实现辨明信号方向的功能。

（13）备用字节 Z0

Z0 字节（包含用"×"标记的字节及所有未标记的字节）的功能尚待定义。

用"×"标记的字节是为国内使用保留的字节。

所有未标记的字节的用途将来国际标准确定（与介质有关的应用，附加国内使用和其他用途）。

有关备用字节，需要说明以下几点。

① 再生器中不使用这些备用字节。

② 为便于从线路码流中提取定时，STM-N 信号要经扰码、减少连续同码概率后方可在线路

上传送，但是为不破坏 A1 和 A2 组成的定帧图案，STM-N 信号中 RSOH 第一行的 9×N 个开销字节不应扰码，因此，其中带"*"号的备用字节的内容应予以精心安排，通常可在这些字节上传送"0""1"交替码。

③ 收信机对备用开销字节的内容不予解读。

2. STM-N 帧 SOH 字节的安排

STM-N 帧中 SOH 所占空间与 N 成正比，N 不同，SOH 字节在空间中的位置也不同，但 SOH 字节的种类和功能是相同或相近的。

以字节交错间插方式构成高阶 STM-N（N>1）SOH 时，第一个 STM-1 的 SOH 被完整保留，其余 N-1 个 STM-1 的 SOH 仅保留定帧字节 A1、A2 和比特间插奇偶校验 24 位码字节 B2，其他已安排的字节（即 B1、E1、E2、F1、K1、K2 和 D1～D12）均应略去。

SOH 字节在 STM-4 帧内的安排如图 2-7 所示（SOH 字节在 STM-16、STM-64 和 STM-256 帧内的安排类似）。

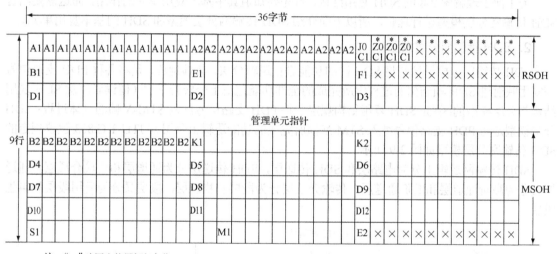

注："×"为国内使用保留字节；
"*"为不扰码字节；
所有未标记字节待将来国际标准确定（与介质有关的应用，附加国内使用和其他用途）；
Z0为备用字节，待将来国际标准确定；C1为老版本（老设备）；J0为新版本（新设备）。

图 2-7 STM-4 SOH 字节安排

3. 简化的 SOH 功能接口

在某些应用场合（如局内接口），仅仅 A1、A2、B2 和 K2 字节是必不可少的，很多其他开销字节可以选用或不用，从而使接口得以简化，设备成本可以降低。

2.3 SDH 的复用映射结构

2.3.1 SDH 的一般复用映射结构

1. SDH 的一般复用结构

ITU-T G.709 建议的 SDH 的一般复用映射结构（简称复用结构）如图 2-8 所示，它是由一些基本复用单元组成的有若干中间复用步骤的复用结构。具体地说，SDH 复用结构规定如何将 PDH 支路信号纳入（复用进）STM-N 帧，即将 PDH 支路信号纳入 STM-N 帧的具体过程。

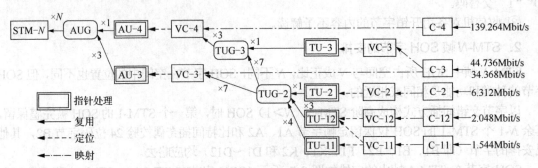

图 2-8 G.709 建议的 SDH 复用结构

为了便于理解图 2-8 的 SDH 复用结构，首先要知道其中基本复用单元的作用，而这需要结合 SDH 传输网分层模型进行理解，所以下面介绍 SDH 传输网分层模型和 SDH 的基本复用单元。

2. SDH 传输网分层模型

SDH 传输网分层模型是将 SDH 网的功能进行逻辑分层，具体地说，是将各种 PDH 支路信号等复用映射进 SDH 帧结构的过程中所完成的全部功能逻辑上分成若干层（请读者注意 SDH 复用结构与分层模型的区别：SDH 复用结构规定了将 PDH 支路信号纳入 STM-N 帧的具体过程；SDH 分层模型是将 PDH 支路信号纳入 STM-N 帧所完成的功能逻辑上分层）。ITU-T G.803 建议规定的 SDH 传输网分层模型如图 2-9 所示。

SDH 传输网逻辑上分为电路层和 SDH 传送层，SDH 传送层分为通道层和传输介质层，通道层又分为高阶通道层和低阶通道层；传输介质层分为段层和物理层，段层又分为复用段层和再生段层。

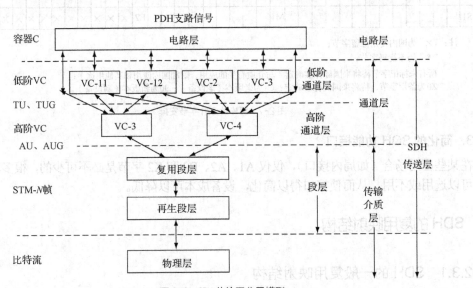

图 2-9 SDH 传输网分层模型

图 2-9 中标出了各层的信息结构及在两层之间提供适配的信息结构。其中，电路层的信息结构为容器 C；低阶通道层的信息结构为低阶虚容器（低阶 VC），高阶通道层的信息结构为高阶虚

容器（高阶 VC）；低阶通道层和高阶通道层之间提供适配的信息结构为支路单元（Tributary Unit，TU）和支路单元组（Tributary Unit Group，TUG）；高阶通道层和复用段层之间提供适配的信息结构为管理单元（Administration Unit，AU）和管理单元组（Administration Unit Group，AUG）；段层的信息结构即为 STM-N 帧。

上面的信息结构除 STM-N 帧以外，其他均为 SDH 的基本复用单元（详情后述）。

从各层信息结构的变换过程角度考虑，SDH 传输网各分层模型的简单功能如下。

（1）各种业务装进容器 C 的过程在电路层完成。

（2）容器 C 装进低阶 VC 的过程在低阶通道层完成，容器装进高阶 VC 的过程或低阶 VC（通过 TU、TUG）装进高阶 VC 的过程在高阶通道层完成。

（3）高阶 VC（通过 AU、AUG）加上复用段开销和再生段开销装进 STM-N 帧的过程在段层完成，即在 N 个 AUG 的基础上再附加段开销便可形成最终的 STM-N 帧。

（4）信息在物理层以比特流的形式出现，物理层负责定时、同步传输、完成电/光转换等。

3. SDH 的复用单元

SDH 的复用单元包括标准容器（Container，C）、虚容器（Virtual Container，VC）、支路单元（TU）、TUG、AU 和 AUG（见图 2-8），如上所述，它们也是 SDH 传输网分层模型中各层或在两层之间提供适配的信息结构（见图 2-9），下面分别加以介绍（请读者结合图 2-8 和图 2-9 理解各种复用单元的作用）。

（1）标准容器

容器是一种用来装载各种速率的业务信号的信息结构（属于电路层信息结构，如图 2-9 所示），主要完成适配功能（如速率调整），以便让那些最常使用的准同步数字体系信号能够进入有限数目的标准容器。目前，针对常用的准同步数字体系信号速率，ITU-T 建议 G.707 规定了 C-11、C-12、C-2、C-3 和 C-4 这 5 种标准容器，其标准输入比特率如图 2-8 所示，分别为 1.544Mbit/s、2.048Mbit/s、6.312Mbit/s、34.368Mbit/s（或 44.736Mbit/s）和 139.264Mbit/s。

参与 SDH 复用的各种速率的业务信号都应首先通过码速调整等适配技术装进一个恰当的标准容器。已装载的标准容器又作为虚容器的信息净负荷。

（2）虚容器

虚容器是用来支持 SDH 的通道层连接的信息结构（如图 2-9 所示），它由容器输出的信息净负荷加上通道开销（POH）组成，即：

$$VC\text{-}n = C\text{-}n + VC\text{-}n\ POH$$

VC 的输出将作为其后接基本单元（TU 或 AU）的信息净负荷。

除在 VC 的组合点和分解点（即 PDH/SDH 网的边界处）外，VC 在 SDH 网中传输时总是保持完整不变，因而可以作为一个独立的实体十分方便和灵活地在通道中任一点插入或取出，进行同步复用和交叉连接处理。

虚容器可分成低阶虚容器和高阶虚容器两类。VC-11、VC-12 和 VC-2 为低阶虚容器；VC-4 和 AU-3 中的 VC-3 为高阶虚容器，若通过 TU-3 把 VC-3 复用进 VC-4，则该 VC-3 应归于低阶虚容器类。

（3）支路单元和支路单元组

TU 是提供低阶通道层和高阶通道层之间适配的信息结构（见图 2-9）。有 4 种支路单元，即 TU-n（n 为 11、12、2、3）。TU-n 由一个相应的低阶 VC-n 和一个相应的支路单元指针（TU-n PTR）组成，即：

$$TU\text{-}n = VC\text{-}n + TU\text{-}n\ PTR$$

TU-*n* PTR 指示 VC-*n* 净负荷起点在 TU 内的位置。

在高阶 VC 净负荷中固定地占有规定位置的一个或多个 TU 的集合称为 TUG。把一些不同规模的 TU 组合成一个 TUG 的信息净负荷可增加传送网络的灵活性。VC-4/3 中有 TUG-3 和 TUG-2 两种支路单元组。一个 TUG-2 由一个 TU-2 或 3 个 TU-12 或 4 个 TU-11 按字节交错间插组合而成；一个 TUG-3 由一个 TU-3 或 7 个 TUG-2 按字节交错间插组合而成。一个 VC-4 可容纳 3 个 TUG-3；一个 VC-3 可容纳 7 个 TUG-2。

（4）管理单元和管理单元组

管理单元（AU）是提供高阶通道层和复用段层之间适配的信息结构（见图 2-9），有 AU-3 和 AU-4 两种管理单元。AU-*n*（*n* 为 3、4）由一个相应的高阶 VC-*n* 和一个相应的管理单元指针（AU-*n* PTR）组成，即：

$$AU\text{-}n = VC\text{-}n + AU\text{-}n\ PTR\ (n\ 为\ 3、4)$$

AU-*n* PTR 指示 VC-*n* 净负荷起点在 AU 内的位置。

在 STM-*N* 帧的净负荷中固定地占有规定位置的一个或多个 AU 的集合称为 AUG。一个 AUG 由一个 AU-4 或 3 个 AU-3 按字节交错间插组合而成。

需要强调指出的是，在 AU 和 TU 中要进行速率调整，因而低一级数字流在高一级数字流中的起始点是浮动的。为了准确地确定起始点的位置，设置两种指针（AU PTR 和 TU PTR）分别对高阶 VC 在相应 AU 内的位置以及低阶 VC 在相应 TU 内的位置进行灵活动态的定位。

4. 支路信号复用进 STM-*N* 帧的步骤

我们了解了 SDH 的基本复用单元后，再回来看图 2-8 所示的复用结构，可归纳出各种业务信号纳入（复用进）STM-*N* 帧的过程都要经历映射、定位和复用 3 个步骤。

映射是将各种速率的 G.703 支路信号先分别经过码速调整装入相应的标准容器，然后再装进虚容器的过程。即图 2-8 中将 2.048Mbit/s 信号装进 VC-12、将 34.368Mbit/s 信号装进 VC-3、将 139.264Mbit/s 信号装进 VC-4 等的过程（此处只列举了我国常用的情况）。

定位是一种以附加于 VC 上的支路单元指针指示和确定低阶 VC 的起点在 TU 净负荷中的位置或管理单元指针指示和确定高阶 VC 的起点在 AU 净负荷中的位置的过程。即图 2-8 中以附加于 VC-12 上的 TU-12 PTR 指示和确定 VC-12 的起点在 TU-12 净负荷中位置的过程，以附加于 VC-3 上的 TU-3 PTR 指示和确定 VC-3 的起点在 TU-3 净负荷中的位置的过程，以附加于 VC-4 上的 AU-4 PTR 指示和确定 VC-4 的起点在 AU-4 净负荷中的位置的过程等（此处只列举了我国常用的情况）。

复用是一种把 TU 组织进高阶 VC 或把 AU 组织进 STM-*N* 帧的过程。即图 2-8 中将 TU-12 经 TUG-2 装进 TUG-3 再装进 VC-4、将 TU-3 装进 TUG-3 再装进 VC-4 及将 AU-4 经 AUG 装进 STM-*N* 帧的过程（此处只列举了我国常用的情况）。下面具体介绍我国的 SDH 复用映射结构。

2.3.2　我国的 SDH 复用映射结构

在 G.709 建议的复用映射结构中（见图 2-8），从一个有效负荷到 STM-*N* 帧的复用路线不是唯一的，对于一个国家或地区则必须使复用路线唯一化。

我国的光同步传输网技术体制规定以 2Mbit/s 为基础的 PDH 系列作为 SDH 的有效负荷，并选用 AU-4 复用路线，其复用映射结构如图 2-10 所示。（注：在干线上采用 34.368Mbit/s 时，应经上级主管部门批准）

由图 2-10 可见，我国的 SDH 复用映射结构规范有 3 个 PDH 支路信号输入口。一个 139.264Mbit/s 可被复用成一个 STM-1（155.520Mbit/s）；63 个 2.048Mbit/s 可被复用成一个 STM-1；

3 个 34.368Mbit/s 也能被复用成一个 STM-1，因后者信道利用率太低，所以在规范中加"注"（即较少采用）。

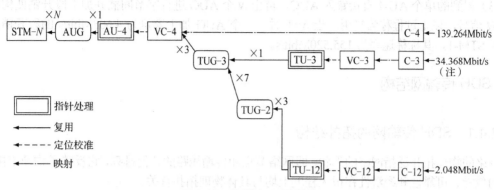

图 2-10　我国的复用映射结构

为了对 SDH 的复用映射过程有一个较全面的认识，现以 139.264Mbit/s 支路信号复用映射成 STM-N 帧为例详细说明整个复用映射过程，如图 2-11 所示（注：无阴影区之间是相位对准定位的。阴影区与无阴影区间的相位对准定位由指针规定并由箭头指示）。

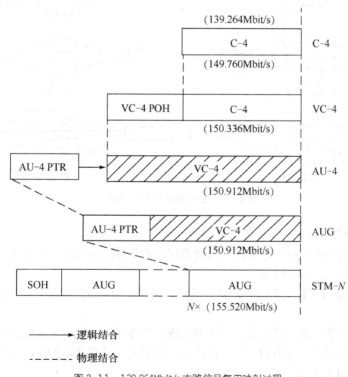

图 2-11　139.264Mbit/s 支路信号复用映射过程

（1）将标称速率为 139.264Mbit/s 的支路信号装进 C-4，经适配处理后 C-4 的输出速率为 149.760Mbit/s，然后加上每帧 9 个字节的 POH（相当于 576kbit/s）后，便构成了 VC-4（150.336Mbit/s），以上过程称为映射。

（2）VC-4 与 AU-4 的净负荷容量一样，但速率可能不一致，需要进行调整。AU-4 PTR 的作用就是指明VC-4相对AU-4的相位,它占有9个字节,相当于容量为576kbit/s。于是经过AU-4 PTR指针处理后的AU-4的速率为150.912Mbit/s,这个过程称为定位。

（3）得到的单个AU-4直接置入AUG,再由N个AUG进行字节间插并加上段开销便构成了STM-N信号,以上过程称为复用。当N=1时,一个AUG加上容量为4.608Mbit/s的段开销后就构成了STM-1,其标称速率为155.520Mbit/s。

2.4 SDH 传输网结构

2.4.1 SDH 传输网的拓扑结构

网络的物理拓扑泛指网络的形状,即网络节点和传输线路的几何排列,它反映了物理连接性。网络的效能、可靠性和经济性在很大程度上均与具体物理拓扑有关。

SDH 传输网主要有线形、星形、树形、环形、网孔形及网状网 5 种基本拓扑结构,如图 2-12 所示。

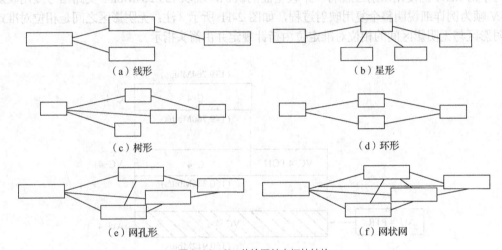

（a）线形 （b）星形 （c）树形 （d）环形 （e）网孔形 （f）网状网

图 2-12 SDH 传输网基本拓扑结构

1. 线形拓扑结构

将通信网络中的所有节点一一串联,而使首尾两点开放,便形成了线形拓扑结构（也称为链形拓扑结构）,如图 2-12 （a）所示。

在线形拓扑结构的两端节点上配备 TM,而在中间节点上配备 ADM,为了延长距离,节点间可以加 REG。

这种网络结构简单,便于采用线路保护方式进行业务保护,但当光缆完全中断时,此种保护功能失效。另外,线形结构网络的一次性投资小,容量大,具有良好的经济效益,因此很多地区采用此种结构建设 SDH 传输网。

2. 星形拓扑结构

星形拓扑结构是通信网络中某一特殊节点（即枢纽节点）与其他各节点直接相连,而其他各节点间不能直接连接,如图 2-12 （b）所示。

在这种拓扑结构中,特殊节点之外的其他节点都必须通过此枢纽节点才能进行通信,特殊节点为经过的信息流进行路由选择并完成连接功能。一般在特殊节点配置 DXC 设备以提供多方向的连接，而在其他节点上配置 TM。

星形拓扑结构的优点是利于分配带宽，节约投资和运营成本。但在枢纽节点上业务过分集中，存在着枢纽节点的安全保障问题和潜在瓶颈问题，系统的可靠性不高。因此，星形拓扑结构仅在初期的 SDH 传输网建设中采用，目前多使用在业务集中的接入网中。

3. 树形拓扑结构

树形拓扑结构可以看成是线形拓扑和星形拓扑的结合，即将通信网络的末端节点连接到几个特殊节点，如图 2-12（c）所示。

通常在这种网络结构中，连接 3 个以上方向的节点应配置 DXC 设备，其他节点可配置 TM 或 ADM。

树形拓扑结构可用于广播式业务，但它不利于提供双向通信业务，同时还存在瓶颈问题和光功率限制问题。这种网络结构一般在长途网中使用。

4. 环形拓扑结构

环形拓扑结构实际上就是将线形拓扑的首尾节点之间再相互连接，从而任何一点都不对外开放，构成一个封闭环路的网络结构，如图 2-12（d）所示。

在环形网络中，只有任意两网络节点之间的所有节点全部完成连接之后，任意两个非相邻网络节点才能进行通信。一般在环形拓扑结构的各节点上配置 ADM，也可以选用 DXC 设备。但 DXC 设备成本较高，故通常使用在线路交汇处。

环形拓扑结构的一次性投资要比线形拓扑结构大，但其结构简单，而且在系统出现故障时，具有自愈功能，生存性强，因而环形网络结构在实际中得到广泛应用。

5. 网孔形及网状网拓扑结构

当涉及通信的许多节点直接互相连接时就形成了网孔形拓扑结构，如图 2-12（e）所示；若所有的节点都彼此连接则称为理想的网孔形拓扑（即网状网），如图 2-12（f）所示。

网孔形及网状网拓扑结构的节点配置为 DXC 设备，可为任意两节点间提供两条以上的路由。这样，一旦网络出现某种故障，则可通过 DXC 设备的交叉连接功能，对受故障影响的业务进行迂回处理，以保证通信的正常进行。

由此可见，网孔形及网状网拓扑结构的可靠性高，但由于目前 DXC 设备价格昂贵，如果网络中采用此设备进行高度互连，还会使光缆线路的投资成本增大，从而一次性投资大大增加，因而这种网络结构一般在业务量大且密度相对集中时采用。

综上所述，几种拓扑结构各有其优缺点。在具体选择时，应综合考虑网络的生存性、网络配置的容易性，网络结构是否适于新业务的引进等多种实际因素和具体情况。

2.4.2　我国 SDH 传输网的分层结构

我国的 SDH 传输网根据网络的运营、管理和地理区域等因素分为 4 个层面，如图 2-13 所示。

1. 一级干线网

最高层面为长途一级干线网，主要省会城市及业务量较大的汇接节点城市装有 DXC4/4，其间由高速光纤链路 STM-16 或 STM-64 组成，形成了一个大容量、高可靠的网状网或网孔形国家骨干网结构，并辅以少量其他拓扑结构。层面采用 DXC 选路加系统保护的恢复方式。

2. 二级干线网

第二层面为二级干线网，主要汇接节点装有 DXC4/4 或 DXC4/1，其间由 STM-4 或 STM-16 组成，形成省内网状或环形骨干网结构，并辅以少量线形网结构。该层面采用 DXC 选路、自愈环及系统保护的恢复方式。

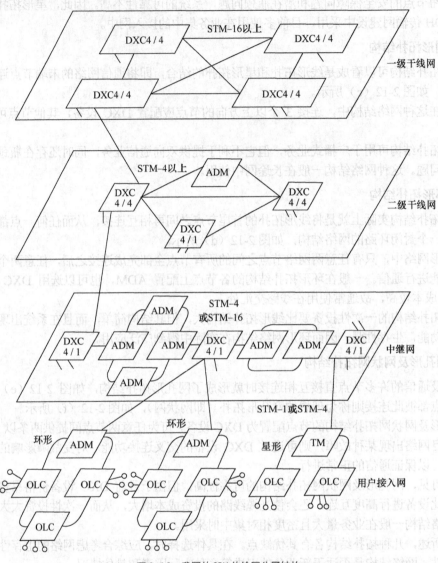

图 2-13　我国的 SDH 传输网分层结构

3. 中继网

第三层面为中继网（即长途端局与市局之间以及市话局之间的部分），可以按区域划分为若干个环，由 ADM 组成速率为 STM-4 或 STM-16 的自愈环，也可以是路由备用方式的两节点环。环间由 DXC4/1 沟通，完成业务量疏导和其他管理功能。该层面采用自愈环或 DXC 选路（必要时）的恢复方式。

4. 用户接入网

最低层面为用户接入网。由于处于网络的边界处，业务容量要求低，且大部分业务量汇集于一个节点（端局）上，因而环形网和星形网（或链形）都十分适合于该应用环境，所需设备除 ADM 外，还有光用户环路载波系统（Optical subscriber Loop Carrier system，OLC）。速率为 STM-1 或

STM-4。该层面一般采用通道保护环的自愈方式或无保护方式（为了节省投资，许多地方的链形网不采用保护方式，详见后面的线路保护倒换）。

需要说明的是，目前我国的 SDH 传输网结构将中继网和接入网融为一体，组成本地传输网。

2.5　SDH 传输网的网络保护

SDH 传输网的一个突出优势是具有自愈功能，可以用来进行网络保护。所谓自愈就是无须人为干预，网络就能在极短时间内从失效故障中自动恢复所携带的业务，使用户感觉不到网络出了故障。其基本原理是使网络具备备用（替代）路由，并重新确立通信的能力。自愈的概念只涉及重新确立通信，而不管具体失效元部件或光缆的修复与更换，而后者仍需人工干预才能完成。

SDH 传输网目前主要采用的网络保护方式有线路保护倒换、环形网保护和子网连接保护等，下面分别加以介绍。

2.5.1　线路保护倒换

线路保护倒换是最简单的网络保护方式，一般用于链形网。

1. 线路保护倒换方式

（1）1+1 保护方式

1+1 保护方式采用并发优收，即主用光纤（工作段）和备用光纤（保护段）在发送端永久地连在一起（桥接），信号同时发往主用光纤和备用光纤，在接收端优先选择接收性能良好的信号（一般接收主用光纤信号）；当主用光纤出故障时，再改为接收备用光纤的信号。

（2）1：n 保护方式

所谓 1：n 保护方式是 1 根备用光纤（保护段）由 n 根主用光纤（工作段）共用，正常情况下，信号只发往工作段，保护段空闲，当其中任意一个工作段出现故障时，信号均可倒换至保护段（一般 n 的取值范围为 1～14）。

1：1 保护方式是 1：n 保护方式的一个特例。1 根主用光纤（工作段）配备 1 根备用光纤（保护段），正常情况下，信号只发往主用光纤，备用光纤空闲；当主用光纤出现故障，信号可倒换至备用光纤。

2. 线路保护倒换的特点

线路保护倒换具有以下主要特点。

（1）业务恢复时间很快，可短于 50ms。

（2）若工作段和保护段属于同缆复用（即主用和备用光纤在同一缆芯内），则有可能导致工作段（主用）和保护段（备用）同时因意外故障而被切断，此时这种保护方式就失去作用了。解决的办法是采用地理上的路由备用，当主用光缆被切断时，备用路由上的光缆不受影响，仍能将信号安全地传输到对端。但该方案至少需要双份的光缆和设备，成本较高，所以为了节省投资，许多地方的链形网不采用保护方式（无保护方式）。

2.5.2　环形网保护

采用环形网实现自愈的方式称为自愈环。环形网的节点一般采用 ADM（个别节点也可以用 DXC 设备），利用 ADM 的分插能力和智能构成的自愈环是 SDH 的特色之一。

1. SDH 自愈环的分类

自愈环的分类方法（也称为结构种类）包括以下几种。

（1）按环中每个节点插入支路信号在环中流动的方向来分，可以分为单向环和双向环。单向环是指所有业务信号按同一方向在环中传输；双向环是指入环的支路信号按一个方向传输，而由该支路信号分路节点返回的支路信号按相反的方向传输。

（2）按保换倒换的层次来分，可以分为通道保护环和复用段保护环。前者业务量的保护是以通道为基础的，它是利用通道告警指示信号（Alarm Indication Signal，AIS）决定是否应进行倒换；后者业务量的保护是以复用段为基础的，当复用段出现故障时，复用段的业务信号都转向保护环。

（3）按环中每一对节点间所用光纤的最小数量来分，可以分为二纤环和四纤环。

综合考虑，SDH 自愈环分为以下几种。

① 二纤单向通道保护（倒换）环。
② 二纤双向通道保护（倒换）环。
③ 二纤单向复用段保护（倒换）环。
④ 二纤双向复用段保护（倒换）环。
⑤ 四纤双向复用段保护（倒换）环。

2. 几种典型的自愈环

SDH 自愈环中应用最广泛的是二纤单向通道保护环、二纤单向复用段保护环和二纤双向复用段保护环，下面重点分析这三种自愈环。

（1）二纤单向通道保护环

二纤单向通道保护环如图 2-14（a）所示。

二纤单向通道保护环由两根光纤实现，其中一根用于传业务信号，称 S1 光纤（主用光纤）；另一根用于保护，称 P1 光纤（备用光纤）。它采用 1+1 保护方式，即利用 S1 光纤和 P1 光纤同时携带业务信号并分别沿两个方向传输，但接收端只优先选择其中的一路信号。

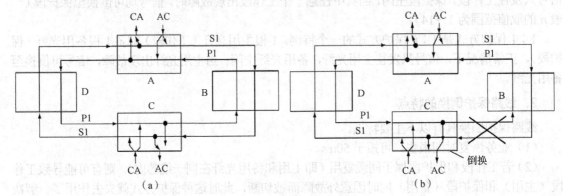

图 2-14 二纤单向通道保护环

例如，节点 A 至节点 C 进行通信（AC），将业务信号同时馈入 S1 光纤和 P1 光纤，S1 光纤沿顺时针将信号传送到节点 C，而 P1 光纤则沿逆时针将信号也传送到节点 C。接收端分路节点 C 同时收到两个方向来的支路信号，按照分路通道信号的优劣决定选哪一路作为分路信号。正常情况下，以 S1 光纤送来信号为主信号，因此节点 C 接收来自 S1 光纤的信号。节点 C 至节点 A 的通信（CA）同理。

当 BC 节点间光缆被切断时，两根光纤同时被切断，如图 2-14（b）所示。

在节点 C，由于 S1 光纤传输的信号 AC 丢失，则按通道选优准则，倒换开关由 S1 光纤转至 P1 光纤，改为接收 P1 光纤的信号，使通信得以维持。一旦排除故障，开关再返回原来位置，而节点 C 到节点 A 的信号 CA 仍经主用光纤到达，不受影响。

（2）二纤单向复用段保护环

二纤单向复用段保护环如图 2-15（a）所示。

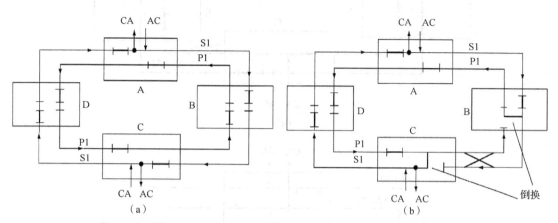

图 2-15 二纤单向复用段保护环

它采用 1：1 保护方式，所有节点在支路信号分插功能前的每一条高速线路上都有一个保护倒换开关。正常情况下，信号仅仅在 S1 光纤中传输，而 P1 光纤是空闲的。例如，从节点 A 至节点 C 的信号（AC）经 S1 过 B 到节点 C，而从节点 C 至节点 A 的信号（CA）也经 S1 过 D 到达节点 A。

当 BC 节点间光缆被切断时，如图 2-15（b）所示，则与光缆切断点相连的 B、C 两个节点利用 APS 协议执行环回功能（将 S1 光纤与 P1 光纤连通）。此时，从节点 A 至节点 C 的信号（AC）则先经 S1 光纤到节点 B，在节点 B 经倒换开关倒换到 P1 光纤，再经 P1 光纤过节点 A、D 到达节点 C，并经节点 C 倒换开关环回到 S1 光纤后落地分路。而业务信号 CA 则仍经 S1 传输。

这种环回倒换功能可保证在故障情况下，仍维持环的连续性，使传输的业务信号不会中断。故障排除后，倒换开关再返回原来位置。

（3）二纤双向复用段保护环

二纤双向复用段保护环是在四纤双向复用段保护环基础上改进得来的。节点 A 至节点 C 的主用光纤 S1 是顺时针传输业务信号，备用光纤 P1 是逆时针传输信号；节点 C 至节点 A 的主用光纤 S2 是逆时针传输业务信号，备用光纤 P2 是顺时针传输信号。

二纤双向复用段保护环采用了时隙交换（Time Slot Interchange，TSI）技术，使 S1 光纤和 P2 光纤上的信号都置于一根光纤（称 S1/P2 光纤），利用 S1/P2 光纤的一半时隙（如时隙 1 到 M）传 S1 光纤的业务信号，另一半时隙（时隙 $M+1$ 到 N，其中 $M \leqslant N/2$）传 P2 光纤的保护信号。同样，S2 光纤和 P1 光纤上的信号也利用时隙交换技术置于一根光纤（称 S2/P1 光纤）上。由此，四纤环可以简化为二纤环。二纤双向复用段保护环如图 2-16（a）所示。

正常情况下，节点 A 至节点 C 的通信（AC）：在节点 A，将业务信号发往主用光纤 S1（即占用 S1/P2 光纤的业务时隙），备用光纤 P1 空闲。业务信号 AC 占用 S1 沿顺时针方向经过节点 B 到达节点 C，落地分路（接收）。节点 C 至节点 A 的通信（CA）：在节点 C，将业务信号发往主用光纤 S2（即占用 S2/P1 光纤的业务时隙），备用光纤 P2 空闲。业务信号 CA 占用 S2 沿逆时针方向经过节点 B 到达节点 A，落地分路（接收）。

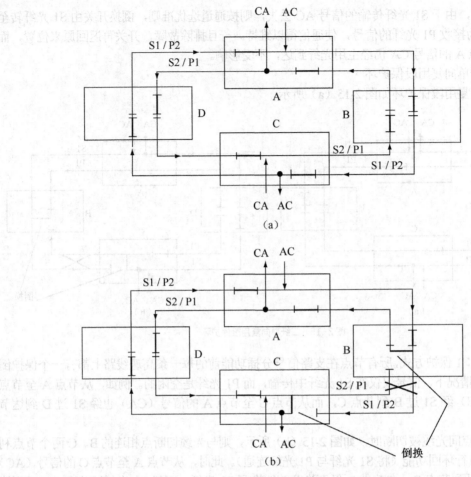

图 2-16　二纤双向复用段保护环

当 BC 节点间光缆被切断时，与切断点相邻的节点 B 和节点 C 遵循 APS 协议执行环回功能，利用倒换开关将 S1/P2 光纤与 S2/P1 光纤连通，如图 2-16（b）所示。

节点 A 至节点 C 的通信（AC）：在节点 A，将业务信号发往主用光纤（业务光纤）S1，即占用 S1/P2 光纤的业务时隙，沿顺时针方向到达节点 B；在节点 B，利用倒换开关将业务信号倒换到备用光纤 P1，即占用 S2/P1 光纤的保护时隙，沿逆时针方向经过节点 A、D 到达节点 C；在节点 C，利用倒换开关将业务信号倒换到主用光纤 S1，即占用 S1/P2 光纤的业务时隙，达到正确接收的目的。

节点 C 至节点 A 的通信（CA）：在节点 C，将业务信号发往主用光纤（业务光纤）S2，即占用 S2/P1 光纤的业务时隙，然后利用倒换开关将业务信号倒换到备用光纤（保护光纤）P2，即占用 S1/P2 光纤的保护时隙，沿顺时针方向经过节点 D 和 A 到达节点 B；在节点 B，利用倒换开关将业务信号倒换到主用光纤 S2，即占用 S2/P1 光纤的业务时隙，沿逆时针方向到达节点 A，被节点 A 正确接收。

当故障排除后，倒换开关将返回到原来的位置。

2.5.3　子网连接保护

子网连接保护（Sub-network Connection Protection，SNCP）倒换机理类似于通道倒换，如图

2-17 所示。SNCP 采用"并发选收"的保护倒换规则，业务在工作和保护子网连接上同时传送。当工作子网连接失效或性能劣化到某一规定的水平时，子网连接的接收端依据优选准则选择保护子网连接上的信号。倒换时一般采取单向倒换方式，因此不需要 APS 协议。

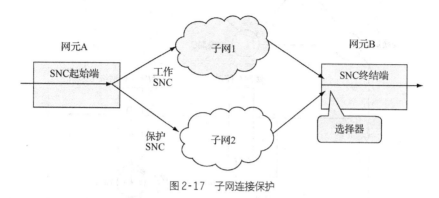

图 2-17　子网连接保护

SNCP 具有以下特点。

（1）可适用于各种网络拓扑，倒换速度快。

（2）在配置方面具有很大的灵活性，特别适用于不断变化、对未来传输需求不能预测的、根据需要可以灵活增加连接的网络。

（3）能支持不同厂商的设备混合组网。

（4）需要判断整个工作通道的故障与否，对设备的性能要求很高。

2.6　SDH 传输网的网同步

2.6.1　网同步概述

1. 网同步的概念

所有数字网都要实现网同步。所谓网同步是使网中所有交换节点（及数字设备）的时钟频率和相位保持一致（或者说所有交换节点的时钟频率和相位都控制在预先确定的容差范围内），以便使网内各交换节点（及数字设备）的全部数字流实现正确有效的交换和处理。

实际上，同步包括频率同步和时间同步两个概念。

（1）频率同步也称为时钟同步，是指信号之间的频率或相位保持某种严格的特定关系，信号在其相对应的有效瞬间以同一速率出现，以维持通信网络中所有的设备以相同的速率运行，即信号之间保持恒定的相位差。

（2）时间同步也称为相位同步，是指信号之间的频率或相位都保持一致，即在理想的状态下使得信号之间相位差恒定为零。

可见，时间同步既要求频率同步，又要求相位同步。

2. 网同步的必要性

下面以频率同步为例，说明网同步的必要性，数字网示意图如图 2-18 所示。

各交换局都装有数字交换机。图 2-18 所示的是将其中一个加以放大来说明其内部简要结构的。每个数字交换机都以等间隔数字比特流将信号送入传输系统，通过传输链路传入另一个数字交换机（经转接后再送给被叫用户）。

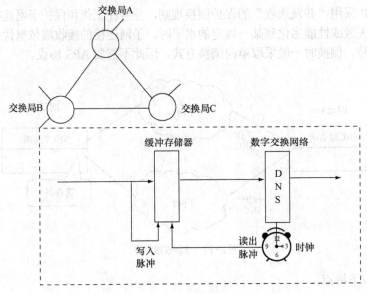

图 2-18 数字网示意图

以交换局 C 为例，其输入数字流的速率与上一节点（假设为 A 局）的时钟频率一致，输入数字流在写入脉冲（从输入数字流中提取）的控制下逐比特写入（即输入）到缓冲存储器中，而在读出脉冲（本局时钟）控制下从缓冲存储器中读出（即输出）。显然，缓冲存储器的写入速率（等于上一节点的时钟频率）与读出速率（等于本节点的时钟频率）必须相同，否则将会发生以下两种信息差错的情况。

（1）写入速率大于读出速率，将会造成存储器溢出，致使输入信息比特丢失（即漏读）。

（2）写入速率小于读出速率，可能会造成某些比特被读出两次，即重复读出（重读）。

产生以上两种情况都会造成帧错位，这种帧错位的产生会使接收的信息流出现滑动。滑动将使所传输的信号受到损伤，影响通信质量，若速率相差过大，还可能使信号产生严重误码，直至通信中断。

由此可见，在数字网中为了防止滑动，必须使全网各节点的时钟频率保持一致。

3. 网同步的方式

网同步的方式有主从同步方式、准同步方式和互同步方式等，目前各国公用网中交换节点时钟的同步主要采用主从同步方式。

主从同步方式是在网内某一主交换局设置高精度、高稳定度的时钟源（称为基准主时钟或基准时钟），并以其为基准时钟通过树状结构的时钟分配网传送到（分配给）网内其他各交换局，各交换局采用锁相技术将本局时钟频率和相位锁定在基准主时钟上，使全网各交换节点时钟都与基准主时钟同步。

主从同步方式如图 2-19 所示。

主从同步方式一般采用等级制，目前 ITU-T 将时钟划分为 4 级。

（1）一级时钟——基准主时钟，由 G.811 建议规范。目前我国同步网内的基准时钟有两种，一种是含铯或铷原子钟的基准参考时钟（Primary Reference Clock，PRC）；另一种是在同步供给单元上配置全球定位系统（Global Positioning System，GPS）组成的区域基准时钟（Local Primary Reference，LPR），它也可以接受 PRC 的同步。

（2）二级时钟——转接局从时钟，由 G.812 建议规范。

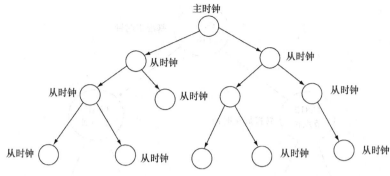

图 2-19 主从同步方式示意图

（3）三级时钟——端局从时钟，也由 G.812 建议规范。

（4）四级时钟——数字小交换机（PBX）、远端模块或 SDH 网络单元从时钟，由 G.813 建议规范。

主从同步方式的主要优点是网络稳定性较好，组网灵活，适用于树形结构和星形结构，对从节点时钟的频率精度要求较低，控制简单，网络的滑动性能也较好。主要缺点是对基准主时钟和同步分配链路的故障很敏感，一旦基准主时钟发生故障，会造成全网的问题。为此，基准主时钟应采用多重备份以提高可靠性，同步分配链路也应尽可能有备用。

4. 从时钟工作模式

在主从同步方式中，节点从时钟有 3 种工作模式。

（1）正常工作模式

正常工作模式指在实际业务条件下的工作模式，此时，时钟同步于输入的基准时钟信号。影响时钟精度的主要因素有基准时钟信号的固有相位噪声和从时钟锁相环的相位噪声。

（2）保持模式

当所有定时基准丢失后，从时钟可以进入保持模式。此时，从时钟利用定时基准信号丢失之前所存储的频率信息（定时基准记忆）作为其定时基准而工作。这种方式可以应对长达数天的外定时中断故障。

（3）自由运行模式

当从时钟不仅丢失所有外部定时基准，而且也失去了定时基准记忆或者根本没有保持模式，从时钟内部振荡器工作于自由振荡方式，这种方式称为自由运行模式。

2.6.2　SDH 的网同步

1. SDH 网同步的特点

SDH 传输网只要求频率同步，不要求时间同步。如果数字网交换节点之间采用 SDH 网作为传输手段，此时不仅是各交换节点的时钟频率要同基准主时钟保持同步，而且 SDH 网内各网元时钟频率也应与基准主时钟保持同步。

2. SDH 网同步结构

SDH 网同步通常采用主从同步方式，包括局间同步和局内同步。

（1）局间同步

局间同步时钟分配采用树形结构，使 SDH 网内所有节点都能同步，各级时钟间关系如图 2-20 所示。

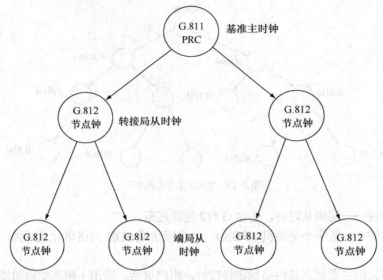

图2-20　局间分配的同步网结构

局间同步需要注意以下几点。

① 低等级的时钟只能接收更高等级或同一等级时钟的定时，这样做的目的是防止形成定时环路，造成同步不稳定。所谓定时环路是指传送时钟的路径（包括主用和备用路径）形成一个首尾相连的环路，其后果是使环中各节点的时钟一个个互相控制以脱离基准时钟，而且容易产生自激。

② 不宜采用从 STM-N 信号中分解（解复用）出 2.048Mbit/s 信号作为基准定时信号，因为在分解的过程中要进行指针调整，而指针调整会引起相位抖动，继而影响时钟的定时性能。所以一般采用频率综合的办法直接从 STM-N 信号中提取 2.048Mbit/s 信号作为基准定时信号。

③ 为了能够自动进行捕捉并锁定于输入基准定时信号，设计较低等级时钟时还应有足够宽的捕捉范围。

（2）局内同步

局内同步分配一般采用逻辑上的星形拓扑，所有网元时钟都直接从本局内最高质量的时钟——大楼综合定时供给（Building Integrated Timing Supply，BITS）系统获取。

BITS 系统也称通信楼综合定时供给系统，属于受控时钟源。在重要的同步节点或通信设备较多以及通信网的重要枢纽都需要设置综合定时供给系统，以起到承上启下、沟通整个同步网的作用。BITS 系统是整个通信楼内或通信区域内的专用定时钟供给系统，它从来自别的交换节点的同步分配链路中提取定时，并能一直跟踪至全网的基准时钟，向楼内或区域内所有被同步的数字设备提供各种定时时钟信号。

SDH 网中采用 BITS 可以减少外部定时链路的数量，允许局内不同业务的通信共享定时设备。这里有以下几点需要说明。

① 带有 BITS 的节点时钟一般至少为三级或二级时钟。

② 局内通过 BITS 分配定时时，应采用 2Mbit/s 或 2MHz 专线。由于 2Mbit/s 信号具有传输距离长等优点，因而应优选 2Mbit/s 信号。

③ 定时信号再由该局内的 SDH 网元经 SDH 传输链路送往其他局的 SDH 网元。

局内时钟间关系如图 2-21 所示。

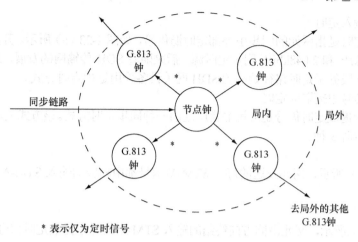

* 表示仅为定时信号

图 2-21　局内分配的同步网结构

3. 对 SDH 同步网的要求

（1）同步网定时基准传输链

SDH 同步网定时基准传输链（同步链）如图 2-22 所示。

基准主时钟（G.811 时钟）下面接 K 个转接局从时钟（G.812 时钟）或端局从时钟（G.812 时钟），各节点（转接局或端局）时钟要经过 N 个 SDH 网元互连，其中每个网元都配备有一个符合 ITU-T G.813 建议要求的时钟，从而形成一个同步网定时基准传输链。

（2）对 SDH 同步网的要求

对 SDH 同步网的要求主要体现在以下几个方面。

① 同步网定时基准传输链（同步链）尽量短。随着同步链路数的增加，同步分配过程的噪声和温度变化所引起的漂移都会使定时基准信号的质量逐渐恶化。实际系统测试结果也表明，当网元数较多时，指针调整事件的数目会迅速上升。因此，同步网定时基准传输链的长度要受限，节点间允许的 SDH 网元数最终受限于定时基准传输链最后一个网元的定时质量。

一般规定，最长的基准传输链所包含的 G.812 从时钟数不超过 K 个。通常可大致认为最大值为 $K=10$，$N=20$，G.813 时钟的数目最多不超过 60 个。

② 所有节点时钟的 NE 时钟都至少可以从两条同步路径获取定时（即应配置传送时钟的备用路径）。这样，原有路径出故障时，从时钟可重新配置从备用路径获取定时。

③ 不同的同步路径最好由不同的路由提供。

④ 一定要避免形成定时环路。

4. SDH 网元时钟的定时方法

SDH 传输网的 4 种网元：TM、ADM、DXC 设备和 REG，其中 TM 和 REG 比较简单，而 DXC 设备和 ADM 比较复杂。这些不同的网元在 SDH 网中的地位、数量和应用有很大差别，因而其同步配置和时钟要求也不尽相同。

SDH 网元时钟（SDH Element Clock，SEC）的定时方法有 3 种。

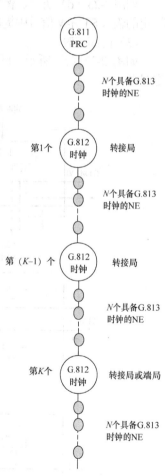

图 2-22　同步网定时基准传输链

（1）外同步输入定时

外同步输入定时是指网元的同步由外部定时源供给，如图 2-23（a）所示。开始常用的是 PDH 网同步中的 2 048kHz 和 2 048kbit/s 同步定时源，后来随着 SDH 传输网的发展，逐渐增多 STM-N 定时源的使用。一般处于定时路径始端的 SDH 网关设备采用这种定时方式。

（2）从接收信号中提取的定时

从接收信号中提取定时信号是应用非常广泛的一种同步定时方式。该方式又可分为环路定时、通过定时和线路定时 3 种。

① 环路定时

如图 2-23（b）所示，网元发送的每个 STM-N 信号都由相应的输入 STM-N 信号中提取的定时来同步。

② 通过定时

如图 2-23（c）所示，网元由同方向终结的输入 STM-N 信号中提取定时信号，并由此再对网元的发送信号以及同方向来的分路信号进行同步。

③ 线路定时

如图 2-23（d）所示，像 ADM 这样的网元中，所有发送 STM-N 信号的定时信号都是由某一特定的输入 STM-N 信号中提取的。

（3）内部定时

如图 2-23（e）所示，网元都具备内部定时源，以便在外同步源丢失时可以使用内部自身的定时源。

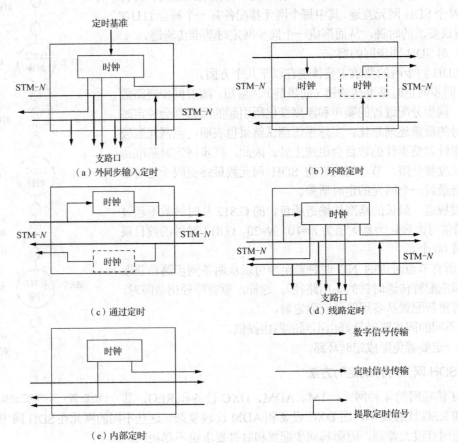

图 2-23 SDH 网元的定时方式

5．SDH 定时的保护

当 SDH 网关设备从外同步接口或 STM-*N* 信号中获得定时基准后，它会将自己的 SEC 与之同步，并将该定时基准作为全网的同步信号承载于 STM-*N* 信号向需要的方向发送。为了保证定时基准能够可靠地送达每个网元，在网络内设置主用和备用两条定时基准传送链路，而且在为网络配置定时基准的时候要注意避免定时路径构成环路，如图 2-24 所示。

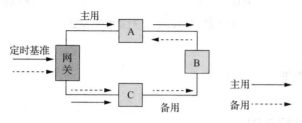

图 2-24　定时信号传送示意图

当一个网元所跟踪的某路定时基准发生丢失时，要求它能自动地倒换到另一路定时基准上，而这一路定时基准可能与网元丢失的定时基准来自于同一个时钟源，也可能是跟踪另一个时钟源，这就是同步的自动保护倒换。通过 SSM 字节功能和保护倒换协议，可以实现同步的自动倒换。如图 2-25 所示，举例说明如下：假设网关网元和网元 A 之间的光纤被切断，网元 A 最先检测到从西向接口接收的主用定时基准失效。根据同步保护倒换协议，此时网元 A 的时钟源状态如下。

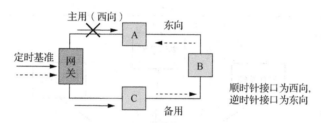

图 2-25　SDH 网络同步的保护倒换

（1）西向线路时钟源失效。

（2）东向线路时钟源不可用（因为网元 B 回传 SSM 为 1111——参见表 2-2）。

（3）内部时钟源可用。

网元 A 将按照时钟优先级配置表选择内部时钟作为定时基准，并下传内部时钟质量 1111，即符合 G.813 的 SEC。

网元 B 从西向线路接口接收到网元 A 的定时信号，发现主用定时基准质量已经下降。而此时因为网元 C 没有受到故障影响，它发送过来的时钟质量和网元 B 的主用定时基准质量相同。网元 B 则根据自己的时钟优先级设置，选择目前质量最好的、从东向线路接口接收的网元 C 发来的备用定时基准与之同步。并且，根据同步保护倒换协议，网元 B 改向网元 C 传送时钟质量不可用（SSM 为 1111），而向网元 A 传送备用定时基准。

网元 A 从东向线路接口接收到的 STM-*N* 信号中发现网元 B 发送的时钟质量变成可用，而且质量较高，于是网元 A 再度从内部时钟倒换为跟踪东向线路接口的备用定时基准。至此便完成了同步的保护倒换。

发生故障前的定时基准传送链路和发生故障后重新建立的定时基准传送链路如图 2-26 所示。

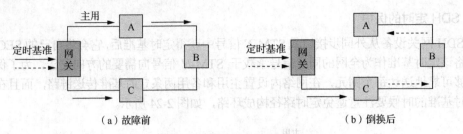

图2-26　SDH网络的定时基准传送链路

2.7　SDH的网络管理

2.7.1　电信管理网基础

1.　电信管理网的基本概念

（1）电信管理网的概念

ITU-T 在 M.3010 建议中指出：电信管理网（Telecommunication Management Network，TMN）是提供一个有组织的网络结构，以取得各种类型的操作系统之间、操作系统与电信设备之间的互连，其目的是通过一致的具有标准协议和信息的接口来交换管理信息，如图2-27所示。

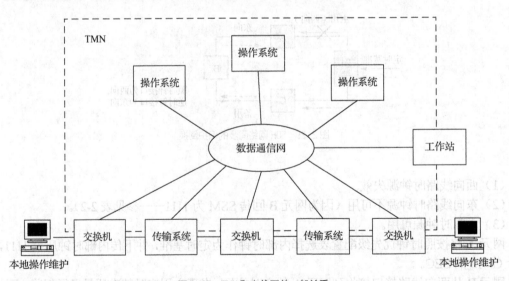

图2-27　TMN和电信网的一般关系

TMN 由操作系统（Operation System，OS）、工作站（Work Station，WS）、数据通信网（Data Communication Network，DCN）和网元（Network Element，NE）组成。其中，操作系统和工作站构成网络管理中心；数据通信网提供传输网络管理数据的通道，例如我国通过 DDN 实现电信管理网的 DCN；网元则是指 TMN 要管理的网络中的各种通信设备。

TMN 的应用可以涉及电信网及电信业务管理的许多方面，从业务预测到网络规划；从电信工程、系统安装到运行维护、网络组织；从业务控制和质量保证到电信企业的事务管理等，都是其应用范围。

TMN 可进行管理的比较典型的电信业务和电信设备如下：

① 公用网和专用网（包括固定电话网、移动通信网、数据通信网、传输网、接入网、虚拟专用网以及智能网等）；

② TMN 本身；

③ 各种传输设备（复用器、交叉连接设备等）；

④ 数字和模拟传输系统（电缆、光纤、无线、卫星等）；

⑤ 各种交换设备；

⑥ 承载业务及电信业务；

⑦ 各种用户终端；

⑧ 相关的电信支撑网（No.7 信令网、数字同步网）；

⑨ 相关的支持系统（测试模块、动力系统、空调、大楼告警系统等）。

TMN 除了通过监测、测试和控制这些实体，还可用于管理下一级的分散实体和业务，如电路和由网元组提供的业务。

（2）TMN 与电信网的关系

TMN 在概念上是一个独立的网络，它与电信网有若干不同的接口，可以接收来自电信网的信息并控制电信网的运行。但是 TMN 也常常利用电信网的部分设施来提供通信联络，因而二者可以有部分重叠。

2. TMN 的逻辑分层体系结构

TMN 主要从 3 个方面界定电信网络的管理：管理层次、管理功能和管理业务。这一界定方式也称为 TMN 的逻辑分层体系结构，如图 2-28 所示。

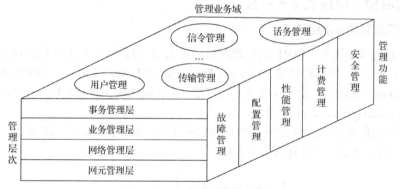

图 2-28　TMN 的逻辑分层体系结构

（1）TMN 的管理层次

TMN 采用分层管理的概念，将电信网络的管理应用功能划分为 4 个管理层次：事务（商务）管理层、业务（服务）管理层、网络管理层、网元管理层。后面要具体介绍 SDH 管理网分层结构的各层功能，这里对 TMN 的 4 个管理层次的功能不再赘述。

（2）TMN 的管理功能

TMN 同时采用 OSI 系统管理功能定义，提出电信网络管理的基本功能有性能管理、故障管理、配置管理、计费管理和安全管理。后面同样要具体介绍 SDH 管理网的管理功能，这里对 TMN 的管理功能不再赘述。

（3）TMN 的管理业务

从网络经营和管理角度出发，为支持电信网络的操作维护和业务管理，TMN 定义了多种管理业务，包括：用户管理、用户接入管理、交换网管理、传输网管理、信令网管理等。

2.7.2　SDH 管理网

1．SDH 管理网的基本概念

（1）SDH 管理网的概念

SDH 管理网（SDH Management Network，SMN）实际就是管理 SDH 网元的 TMN 的子集。它可以细分为一系列的 SDH 管理子网（SDH Management Subnet，SMS），这些 SMS 由一系列分离的嵌入控制通路（Embedded Control Channel，ECC）及有关站内数据通信链路组成，并构成整个 TMN 的有机部分。SMS 通过 Q 接口与 TMN 通信，所用 Q 接口应符合 ITU-T Q.811 和 Q.812 建议中相关协议栈的规定。

ECC 指的是 SDH 帧结构中属于 SOH 字节的数据通信通路（Data Communication Channel，DCC）D1～D12。

（2）SDH 管理网的特点

具有智能的网元和采用嵌入的 ECC 是 SMN 的重要特点，这二者的结合使 TMN 信息的传送和响应时间大大缩短，而且可以将网管功能经 ECC 下载给网元，从而实现分布式管理。

（3）SMN、SMS 和 TMN 的关系

SMN、SMS 和 TMN 的关系可以用图 2-29 来表示。

TMN 是最一般的管理网范畴；SMN 是其子集，专门负责管理 SDH NE；SMN 由多个 SMS 组成。

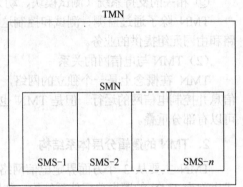

图 2-29　SMN、SMS 和 TMN 的关系

2．SDH 管理网的分层结构

若从服务和商务角度看，SDH 的管理网可以分为 5 层，从下至上分别为网元层（Network Element Layer，NEL）、网元管理层（Element Management Layer，EML）、网络管理层（Network Management Layer，NML）、业务（服务）管理层（Service Management Layer，SML）和商务管理层（Business Management Layer，BML）。

若仅仅从网络角度看，SDH 的管理网只包括低 3 层，即 NEL、EML 和 NML。图 2-30 给出了 SDH 管理网的分层结构（只列出了下 3 层）。

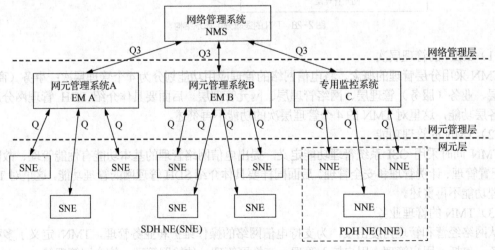

图 2-30　SDH 管理网的分层结构

（1）网元层

网元本身一般也具备一些管理功能，如单个网元的配置、故障、性能等，所以网元层是最基本的管理层。此时有两种情况：在分布式管理系统中，单个网元具有很强的管理功能，从而对网络响应各种事件的速度极为有利，尤其是为了达到保护目的而进行的通路恢复情况更是如此。另一种情况是网元只具有极其有限的功能，而将大部分管理功能集中在网元管理层上。

（2）网元管理层

网元管理层提供配置管理、性能管理、安全管理和计费管理等功能，另外，还应提供一些附加的管理软件包以支持进行财政、资源及维护分析功能。

（3）网络管理层

网络管理层负责对所辖管理区域进行监视和控制，应具备 TMN 所要求的主要管理应用功能，并能对多数不同厂商的单元管理器进行协调和通信。

（4）业务管理层

业务管理层负责处理合同事项，在提供和终止服务、计费、业务质量、故障报告方面提供与用户基本的联系点，并与网络管理层、商务管理层和业务提供者进行交互式联络。另外，还应保持所统计的数据。

（5）商务管理层

商务管理层负责总的计划和运营者之间达成的协议。

3. SDH 管理功能

为了支持不同厂商设备之间或不同网络运营者之间的通信，也为了能支持同一 SMS 内或跨越网络接口的不同 NE 之间的单端维护能力，ITU-T G.784 建议的附件 A 规定了 SDH 管理网需要具有的一套最起码的管理功能，即性能管理、故障管理、配置管理、计费管理和安全管理（与 TMN 的 5 个管理功能相同）。SDH 的管理功能具体如下。

（1）性能管理

SDH 的性能管理主要是收集网元和网络状况的各种数据，进行监视和控制。包括数据采集、门限管理、性能监视历史、实行性能监视（业务量状态监视和性能监视）、性能控制（业务量控制和管理，如网管数据库的建立和更新等）和性能分析、性能管理（包括利用与 SDH 结构有关的性能基元采集误码性能、缺陷和各监视项目数据）等功能。

（2）故障管理

SDH 的故障管理功能主要如下。

① 故障原因持续性过滤

故障原因持续性过滤指的是对故障原因进行持续性检查。如果故障原因连续持续（2.5±0.5）s，就宣布为传输失效；如果故障原因连续（10±0.5）s 都不出现，就宣布失效清除。

② 告警监视

告警监视涉及网络中发生的有关事件/条件的检出和报告。告警指的是作为一定事件和条件的结果由 NE 自动产生的一种指示。操作系统应能规定什么样的事件和条件将产生自动告警报告，其余的将按请求报告。在网络中，除了设备内和输入信号中检出的事件与条件可以报告给网管系统外（内告警监视），很多设备外的事件也可以报告。

③ 告警历史管理

告警历史管理涉及告警记录的处理。通常，告警历史数据都存在 NE 的寄存器内，并能周期性地读出或按请求读出。所有寄存器都填满后，操作系统决定是停止记录，还是删去最早的记录（称上卷），或者干脆将寄存器置零（称清洗）或停止记录。

（3）配置管理

SDH 的配置管理包括指配功能以及 NE 的状态控制两项基本功能，主要实施对网元的控制、识别和数据交换。

配置管理主要涉及保护倒换的指配、保护倒换的状态和控制、安装功能、踪迹识别符处理的指配和报告、净负荷结构的指配和报告、交叉矩阵连接的指配、EXC/DEG 门限的指配、CRC4 方式的指配、端口方式和终端点方式的指配，以及缺陷和失效相关的指配等。

（4）计费管理

SDH 的计费管理主要是收集和提供计费管理的基础信息等。

（5）安全管理

SDH 的安全管理涉及注册、口令和安全等级等。关键是要防止未经许可的与 SDH 网元的通信和接入 SDH 网元的数据库，确保可靠地授权接入。

2.8　SDH 传输网的应用

早期电话网交换机之间的传输手段采用的是 PDH 系统。从 20 世纪 90 年代中期开始，由于 SDH 的优势，许多城市（地区）电话网交换机之间的传输网基本上都采用了 SDH 传输网，这是 SDH 传输网最早、最广泛的应用。

除此之外，SDH 传输网在光纤接入网、ATM 网及 IP 网中均得到普遍应用。下面重点介绍 SDH 传输网在光纤接入网及 IP 网中的应用。

2.8.1　SDH 技术在光纤接入网中的应用

光纤接入网根据传输设施中是否采用有源器件分为有源光网络（Active Optical Network，AON）和无源光网络（Passive Optical Network，PON）。AON 的传输设施中采用有源器件，它属于点到多点光通信系统，通常用于电话接入网，其传输体制有 PDH 和 SDH，目前一般采用 SDH，网络结构大多为环形。

1. 光纤接入网中的 SDH 技术特点

在 AON 中采用的 SDH 技术具有以下特点。

（1）SDH 标准简化

在接入网中采用 G.707 的简化帧结构或者非 G.709 标准的映射复用方法。采用非 G.709 标准的映射复用方法的目的：一是在目前的 STM-1 帧结构中多装数据，提高它的利用率，如在 STM-1 中可装入 4 个 34.368Mbit/s 的信号；二是简化 SDH 映射复用结构。

（2）设立子速率

由于在接入网中，所需传输的数据量比较小，所以在 ITU-T 的 G.707 的附件中，规范了低于 STM-1 的子速率，分别为 51.840Mbit/s 和 7.488Mbit/s。

（3）SDH 设备简化

由于在接入网中对 SDH 低速率接口的需求及一些功能的简化，因而可以对 SDH 设备简化。通常是省去电源盘、交叉盘和连接盘，简化时钟盘等。

（4）组网方式简化

基于 SDH 的 AON 网络拓扑结构一般采用环形网，并配以一定的链形（线形）结构，可以把几个大的节点组成环，不能进入环的节点则采用链形或星形。

（5）网管系统简化

SDH 是分布式管理和远端管理。接入网范围小，无远端管理，管理功能不全，可在每种功能内部进行简化。

（6）其他方面的简化

① 保护方式：采用最简单、最便宜的二纤单向通道保护方式。

② 指标方面：由于接入网信号传送范围小，故各种传输指标要求低于核心网。

③ IP 业务的支持：SDH 设备配备 LAN 接口，提供灵活带宽。

2. 在接入网中应用 SDH 技术的主要优势

（1）具有标准的速率接口

在 SDH 体系中，对各种速率等级的光接口都有详细的规范，这样使 SDH 网络具有统一的网络节点接口（Network to Network Interface，NNI），从而简化了信号互通以及信号传输、复用、交叉连接等过程，使各厂商的设备都可以实现互连。

（2）极大地增加了 OAM 功能

在 SDH 帧结构中定义了丰富的开销字节，这些开销为维护与管理提供了巨大的便利条件，出现故障时能够及时地判断出故障性质和位置，从而降低了维护成本。

（3）完善的自愈功能增加了网络的可靠性

SDH 可以组成完备的自愈保护环，当某处光缆出现断线故障时，具有高度智能化的网元（TM、ADM、DXC 设备）能够迅速地找到代替路由，并恢复业务。

（4）具有网络扩展与升级能力

目前一般接入网最多采用 155Mbit/s 的传输速率，随着人们对电话、数据、图像各种业务需求的不断增加，对接入速率的要求也将随之提高。由于采用 SDH 标准体系结构，所以可以很方便地实现从 155Mbit/s 到 622Mbit/s（甚至是 2.5Gbit/s）的升级。

2.8.2 SDH 传输网在宽带 IP 网络中的应用

宽带 IP 网络核心部分的路由器之间传输 IP 数据报的方式称为宽带 IP 网络的骨干传输技术，目前常用的有 IP over SDH/MSTP、IP over DWDM/OTN 等。其中 IP over SDH 主要应用于宽带 IP 城域网的各个层面（有关宽带 IP 城域网的内容参见第 3 章 3.7.1 节）。

1. IP over SDH 的概念

IP over SDH（POS）是 IP 技术与 SDH 技术的结合，在 IP 网路由器之间采用 SDH 网传输 IP 数据报。具体地说，IP over SDH 是将 IP 数据报通过点到点协议（Point to Point Protocol，PPP）映射到 SDH 帧结构中，然后在 SDH 网中传输。其网络结构如图 2-31 所示。

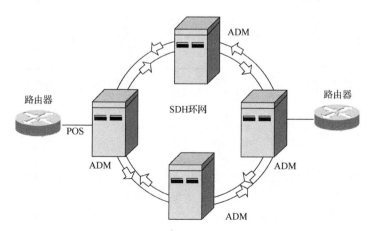

图 2-31 IP over SDH 的网络结构示意图

SDH 网为 IP 数据包提供点到点的链路连接，而 IP 数据包的寻址由路由器来完成。

2. IP over SDH 的优缺点

（1）IP over SDH 的优点

① IP 与 SDH 技术的结合是将 IP 数据报通过点到点协议直接映射到 SDH 帧，其中省掉了中间的 ATM 层，从而简化了 IP 网络体系结构，减少了开销，提供更高的带宽利用率，提高了数据传输效率，降低了成本。

② 该技术保留了 IP 网络的无连接特征，易于兼容各种不同的技术体系和实现网络互连，更适合于组建专门承载 IP 业务的数据网络。

③ 该技术可以充分利用 SDH 技术的各种优点，如自动保护倒换，以防止链路故障而造成的网络停顿，保证网络的可靠性。

（2）IP over SDH 的缺点

① 网络流量和拥塞控制能力差。

② 该技术不能提供良好的服务质量（Quality of Service，QoS）保障。在 IP over SDH 中，由于 SDH 是以链路方式支持 IP 网络的，所以无法从根本上提高 IP 网络的性能，但近来通过改进其硬件结构，使高性能的线速路由器的吞吐量有了很大的突破，并可以达到基本服务质量保证，同时转发分组延时也已降到几十微秒，可以满足系统要求。

③ 该技术仅对 IP 业务提供良好的支持，不适用于多业务平台，可扩展性不理想，只有业务分级，而无业务质量分级，尚不支持 VPN 和电路仿真。

为了改进 IP over SDH 的缺点，发展了基于 SDH 的多业务传送平台（Multi-Service Transfer Platform，MSTP）技术。

第 **3** 章 **MSTP 传输网**

SDH 传输网主要用于传输 TDM 业务，然而随着 IP 网的迅猛发展，对多业务需求（特别是数据业务）的呼声越来越高，为了能够承载 IP、以太网等业务，多业务传送平台（Multi-Service Transport Platform，MSTP）应运而生。

本章首先介绍 MSTP 的概念、功能模型和特点，然后分析 MSTP 的级联技术、以太网业务的封装技术，进而研究以太网业务在 MSTP 中的实现、RPR 技术在 MSTP 中的应用及 MPLS 技术在 MSTP 中的应用，最后讨论 MSTP 传输网的应用。

3.1 MSTP 的基本概念

3.1.1 MSTP 的概念

MSTP 是指基于 SDH，同时实现 TDM、ATM、以太网等业务接入、处理和传送，提供统一网管的多业务传送平台。它将 SDH 的高可靠性、ATM 严格的 QoS 和统计时分复用以及 IP 网络的带宽共享等特征集于一身，可以针对不同 QoS 业务提供最佳传送方式。

以 SDH 为基础的 MSTP 方案的出发点是充分利用大家所熟悉和信任的 SDH 技术，特别是其保护恢复能力和确保的延时性能，加以改造以适应多业务应用。具体实现方法为：在传统的 SDH 传输平台上集成二层以太网、ATM 等处理能力，将 SDH 对实时业务的有效承载能力和网络二层（如以太网、ATM、弹性分组环等）乃至三层技术所具有的数据业务处理能力有机结合起来，以增强传送节点对多类型业务的综合承载能力。

3.1.2 MSTP 的功能模型

MSTP 的功能模型如图 3-1 所示。

MSTP 的功能模型包含了 MSTP 全部的功能模块。在实际网络中，根据需要对若干功能模块进行组合，可以配置成与 SDH 的任何一种网元作用类似的 MSTP 设备。

1. MSTP 的接口类型

基于 SDH 技术的 MSTP 所能提供的接口类型如下。

（1）电接口类型

包括 PDH 的 2Mbit/s、34Mbit/s、140Mbit/s 等速率类型；155Mbit/s 的 STM-1 电接口；ATM 电接口；10/100Mbit/s 以太网电接口等。

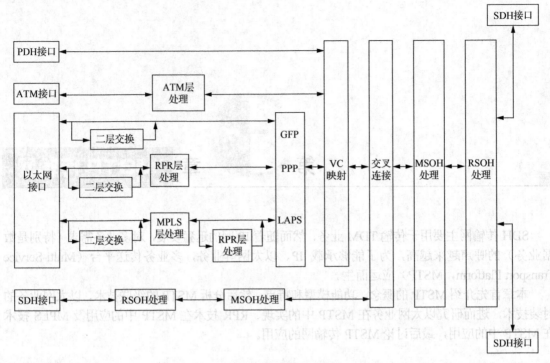

图 3-1　MSTP 的功能模型

（2）光接口类型

主要有 STM-*N* 速率光接口、吉比特以太网光接口等。

2．MSTP 支持的业务

基于 SDH 的 MSTP 设备具有标准的 SDH 功能、ATM 处理功能、IP/以太网处理功能等，支持的业务有以下几种。

（1）TDM 业务

MSTP 节点应能够满足 SDH 节点的基本功能，可实现 SDH 与 PDH 信号（TDM 业务）的映射、复用，同时又能够满足级联、虚级联的业务要求，并提供级联条件下的 VC 通道的交叉处理能力。

（2）ATM 业务

MSTP 设备中具有 ATM 的用户接口，增加了 ATM 层处理模块。ATM 层处理模块的作用有两个。

① 由于数据业务具有突发性的特点，所以业务流量是不确定的，如果为其固定分配一定的带宽，势必会造成网络带宽的巨大浪费。ATM 层处理模块用于对接入业务进行汇聚和收敛，汇聚和收敛后的业务再利用 SDH 网络进行传送。

② ATM 层处理功能模块可以利用 ATM 业务共享带宽（如 155Mbit/s）特性，通过 SDH 交叉连接模块，将共享 ATM 业务的带宽调度到 ATM 模块进行处理，将本地的 ATM 信元与 SDH 交叉连接模块送来的来自其他站点的 ATM 信元进行汇聚，共享 155Mbit/s 的带宽，其输出送往下一个站点。

（3）以太网业务

MSTP 设备中存在两种以太网业务的适配方式，即透传方式和采用二层交换功能的以太网业务适配方式。

① 透传方式。以太网业务透传方式是指以太网接口的数据帧不经过二层交换，直接进行协议封装，映射到相应的 VC 中，然后通过 SDH 网络实现点到点的信息传输。

② 采用二层交换功能。采用二层交换功能是指在将以太网业务映射进 VC 之前，先进行以太网二层交换处理，这样可以把多个以太网业务流复用到同一以太网传输链路中，从而节约了局端端口和网络带宽资源。

3.1.3　MSTP 的特点

MSTP 具有以下特点。

（1）继承了 SDH 技术的诸多优点

MSTP 继承了 SDH 技术良好的网络保护倒换性能、对 TDM 业务较好的支持能力等。

（2）支持多种物理接口

由于 MSTP 设备负责多种业务的接入、汇聚和传输，所以 MSTP 必须支持多种物理接口。

（3）支持多种协议

MSTP 对多种业务的支持要求其必须具有对多种协议的支持能力。

（4）提供集成的数字交叉连接功能

MSTP 可以在网络边缘完成大部分数字交叉连接功能，从而节省传输带宽以及省去核心层中昂贵的数字交叉连接设备端口。

（5）具有动态带宽分配和链路高效建立能力

在 MSTP 中可根据业务和用户的即时带宽需求，利用级联技术进行带宽分配和链路配置、维护与管理。

（6）能提供综合网络管理功能

MSTP 提供对不同协议层的综合管理，便于网络的维护和管理。

3.2　MSTP 的级联技术

3.2.1　级联的概念与分类

MSTP 为了有效承载数据业务，如以太网的 10Mbit/s、100Mbit/s 和 1 000Mbit/s（简称 GE）速率的宽带数据业务，需要采用 VC 级联的方式。ITU-T G.707 标准对 VC 级联进行了详细规范。

1. 级联的概念

级联是将多个 VC 组合起来，形成一个容量更大的组合容器的过程。在一定的机制下，组合容器（容量为单个 VC 容量的 X 倍的新容器）可以当作仍然保持比特序列完整性的单个容器使用，以满足大容量数据业务传输的要求。

2. 级联的分类

级联可以分为连续级联（也称为相邻级联）和虚级联，其概念及表示如表 3-1 所示。

表 3-1　　　　　　　　　　　　　　　　连续级联和虚级联

分类	概念	表示
连续级联（相邻级联）	将同一 STM-*N* 帧中相邻的 VC 级联，并作为一个整体在相同的路径上进行传送	VC-*n*-X_c

续表

分类	概念	表示
虚级联	使用多个独立的不一定相邻的 VC（可能位于不同的 STM-N 帧）级联，不同的 VC 可以像未级联一样分别沿不同路径传输，最后在接收端重新组合成为连续的带宽	VC-n-X_v

其中，VC 表示虚容器；n 表示参与级联的 VC 的级别；X 表示参与级联的 VC 的数目；c 表示连续级联，v 表示虚级联。

3.2.2 级联的实现

1. 连续级联的实现

以 VC-4-X_c 为例。利用同一 STM-N 帧中相邻的虚容器（VC-4）传送 X 个净荷容量 C-4，业务信息是以字节为单位按级联顺序分配到各个 C-4 中去的，分配过程如图 3-2 所示。

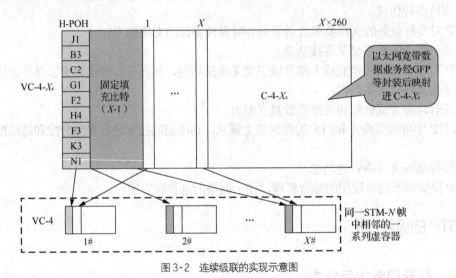

图 3-2　连续级联的实现示意图

图 3-2 中，实际上只有第一个 VC-4 具有真正的通道开销，而后续的（X-1）个 VC-4 的通道开销为空。接收端按照首位的 VC-4 的通道开销对所有参与级联的 VC-4 进行相同的处理，并将各个 C-4 的内容重新组合成 C-4-X_c，还原出业务信息。

2. 虚级联的实现

以 VC-4-X_v 为例。虚级联 VC-4-X_v 可以利用几个不同的 STM-N 帧中的 VC-4 传送 X 个净荷容量 C-4，如图 3-3 所示。

图 3-3 中每个 VC-4 均具有各自的 POH，其定义与一般的 POH 开销规定相同，但这里的 H4 字节是作为虚级联标识用的。

H4 由序列号（SeQuence，SQ）和复帧指示符（Multi-Frame Indicator，MFI）两部分组成。

（1）复帧指示字节占据 H4（$b_5 \sim b_8$），可见复帧指示序号范围为 0～15，16 个 VC-4 帧构成一个复帧（2ms），并且 MFI 存在于 VC-4-X_v 的所有 VC-4 中。每当出现一个新的基本帧时，MFI 便自动加 1。终端利用 MFI 值可以判断出所接收到的信息是否来自同一个信源。若来自同一个信源，则可以依据序列号进行数据重组。

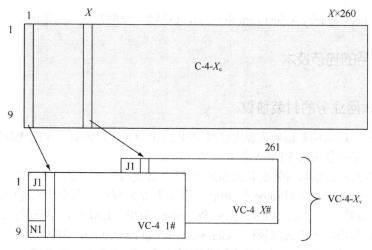

图 3-3　虚级联的实现示意图

（2）VC-4-X_v 虚级联中的每一个 VC-4 都有一个 SQ，其编号范围为 0～X-1（X=256），可见 SQ 需占用 8bit。通常用复帧中的第 14 帧的 H4 字节（b_1～b_4）来传送序列号的高 4 位，用复帧中的第 15 帧的 H4 字节（b_1～b_4）来传送序列号的低 4 位。而复帧中的其他帧的 H4 字节（b_1～b_4）均未使用，并全置为"0"。

3．连续级联与虚级联的比较

连续级联与虚级联的比较如表 3-2 所示。

表 3-2　　　　　　　　　　　　　连续级联与虚级联的比较

	优点	缺点
连续级联（相邻级联）	① 通过容器组合提供新的带宽，提高了带宽利用率。 ② 所有 VC 都经过相同的传输路径，相应数据的各个部分不存在时延差，进而降低了接收侧信号处理的复杂度，提高了信号传输质量	① 信道要求难以满足，即便很多 VC 空闲，但没有足够的相邻 VC 就不能进行连续级联。 ② 连续级联对虚容器"时隙上连续相邻"的特点，使网络通道利用率降低
虚级联	① 不苛求时隙相邻的传送带宽，能够更为有效地利用网络中零散可用的带宽。对于基于统计时分复用、具有突发性的数据业务有很好的适应性。 ② 虚级联组中的单个 VC 可沿不同的路由独立进行传送，提高了多条路径上的资源利用率，带宽利用率高	① 虚级联由于单个 VC 的传输路径可能不同，导致链路之间出现传输时延差。 ② 实现难度大于连续级联

4．虚级联应用中的几个问题

（1）时延处理能力

利用虚级联技术来实现数据业务的传送，大大提高了网络的频带利用率，但由于这些数据是通过不同路径的 VC 来实现传输的，所以到达的 VC 彼此之间存在时延差。当时延差过大时，终端便无法进行信息的重组。通常工程上要求时延差不得大于 125μs。

（2）业务的安全性

由于虚级联中分别采用不同的路径来传送各个独立的 VC，一旦网络中出现线路故障或拥塞现象，则会造成某个 VC 失效，从而导致整个虚容器组的失效。实际 MSTP 传输网中是采用链路容量调整方案（Link Capacity Adjustment Scheme，LCAS）来解决这一问题的。

3.3 以太网业务的封装技术

3.3.1 以太网业务的封装协议

由图 3-1 可知，以太网数据帧需要先经过 PPP/LAPS/GFP 封装后，才能映射进 VC，再经过一些相应的变换，最后复用成 STM-*N* 信号。

MSTP 中将以太网数据帧封装映射到 SDH 帧时经常使用 3 种协议：第一种是 IP over SDH 使用的点对点协议（Point to Point Protocol，PPP），第二种是武汉邮电科学研究院代表中国向 ITU-T 提出的 SDH 上的链路接入规程（Link Access Procedure-SDH，LAPS），第三种是朗讯科技公司和北方电讯网络公司提出的通用成帧规程（Generic Framing Procedure，GFP）。

其中，GFP 具有明显优势，所以其应用范围最广泛。下面重点介绍 GFP。

1. GFP 的作用

GFP 是由简单数据链路（Simple Data Link，SDL）协议演化而来，ITU-T G.7041 对 GFP 进行了详细规范。

GFP 是一种先进的数据信号适配、映射技术，可以透明地将上层的各种数据信号封装为可以在 SDH/OTN 传输网络中有效传输的信号。它不但可以在字节同步的链路中传送可变长度的数据包，而且可以传送固定长度的数据块。GFP 吸收了 ATM 信元定界技术，数据承载效率不受流量模式的影响，同时具有更高的数据封装效率。另外，GFP 还支持灵活的头信息扩展机制以满足多业务传输的要求，因此 GFP 适用于高速传输链路。

2. GFP 帧

（1）GFP 帧的分类

GFP 帧分为客户帧（业务帧）和控制帧两类，客户帧包括客户数据帧和客户（信号）管理帧，控制帧包括空闲帧和 OAM 帧。各类帧的作用如表 3-3 所示。

表 3-3　　　　　　　　　　　　　　　　　GFP 帧的分类及作用

GFP 帧	具体种类	作用
客户帧（业务帧）	客户数据帧	用于承载业务净荷
	客户（信号）管理帧	用来装载 GFP 连接起始点的管理信息
控制帧（不带净荷区的 GFP 帧）	OAM 帧	用于控制 GFP 的连接
	空闲帧	用于空闲插入

下面主要讨论 GFP 客户帧（业务帧）的结构。

（2）GFP 客户帧（业务帧）的结构

GFP 客户帧（业务帧）的结构如图 3-4 所示。

各字段的作用如下。

① GFP 帧头

GFP 帧头用于支持 GFP 帧定界过程，长为 4 个字节，包含 PDU 长度指示符（PDU Length Indicator，PLI）和 cHEC 两个字段。

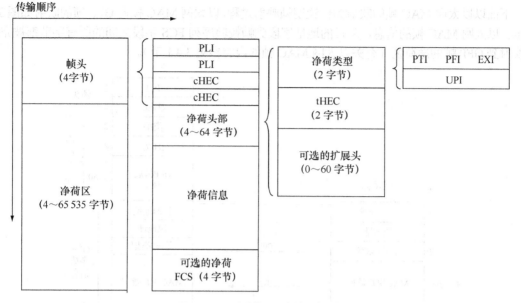

图 3-4   GFP 客户帧（业务帧）的结构

- PLI：PDU 长度指示符字段，用于指示 GFP 帧的净荷区字节数。当 PLI 取值 0～3 时，用于 GFP 控制帧，其他则为 GFP 业务帧。PLI 采用 CRC 捕获的方法来实现帧定界，由于 CRC 具有一定的检错和纠错能力，从而提高了 GFP 定界的可靠性。
- cHEC：帧头部差错校验字段，包含一个 CRC-16 校验序列，以保证帧头部的完整性。

② GFP 净荷区

净荷区长度可在 4～65 535 字节之间变化，净荷区用来传递客户层特定协议的信息。净荷区由净荷头部、净荷信息区域和可选的净荷帧校验序列（Frame Check Sequence，FCS）3 个部分构成。

- 净荷头部：长度可在 4～64 字节之间变化，用来支持上层协议对数据链路的一些管理功能。净荷头部又包括类型字段及其 tHEC 字节和可选的 GFP 扩展信头。类型字段又包含净荷类型标识符（Payload Type Identifier，PTI）、净荷 FCS 指示符（Payload FCS Indicator，PFI）、扩展信头标识符（EXtended header Identifier，EXI）和用户净荷标识符（User Payload Identifier，UPI），用来提供 GFP 帧的格式、在多业务环境中的区分以及扩展帧头的类型。
- 净荷信息区域：它包含成帧的协议数据单元（Protocol Data Unit，PDU），长度可变。业务用户/控制 PDU 总是转变为按字节排列的分组数据流传送到 GFP 净荷信息区。
- 净荷 FCS 检验字段（可选）：通常 4 个字节长，包含一个 CRC-32 检验序列，以保护 GFP 净荷信息区的内容。

3．透明映射和帧映射

GFP 可映射多种数据类型，即可以将多种数据帧（如以太网 MAC 帧、PPP 帧等）映射进 GFP 帧。GFP 定义了两种映射模式：帧映射和透明映射。

（1）帧映射

帧映射模式没有固定的帧长，通常接收到完整的一帧后才进行封装处理，适合处理长度可变的 PPP 帧或以太网 MAC 帧。在这种模式下，需要对整个帧进行缓冲来确定帧长度，因而会致使延时时间增加，但这种方式容易实现。

下面以以太网 MAC 帧的映射为例说明帧映射过程。以太网 MAC 帧向 GFP 帧的映射如图 3-5 所示。以太网 MAC 帧的信息，从目的地址字段到帧校验序列 FCS 字段之间的所有字节都被完整地映射到 GFP 帧的净荷区（有关以太网 MAC 帧的内容参见 3.4.1 节）。

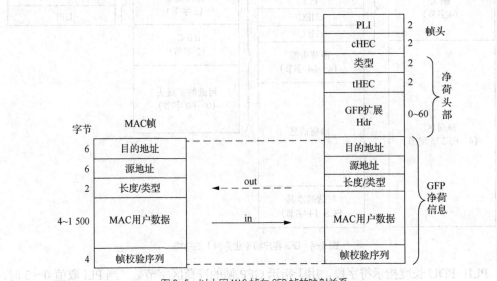

图 3-5　以太网 MAC 帧向 GFP 帧的映射关系

由 GFP 封装以太网帧的过程如下：

① 接收以太网 MAC 帧，并计算其长度，从而确定 GFP 帧头中 PLI 字段的值；

② 生成相应的 HEC 字节（cHEC）；

③ 根据业务类型确定类型字段的值，同时计算出相应的 HEC 字节，填充到 tHEC 中；

④ 确定扩展帧头中各项内容；

⑤ 以太网 MAC 帧的信息，从目的地址到帧校验序列 FCS 字段之间所有的字节作为 GFP 帧的净荷映射进 GFP 帧的净荷区。由于以太网帧自带有 4 字节的 FCS，所以 GFP 不再需要 FCS 字段。

（2）透明映射

透明映射模式有固定的帧长度或固定比特率，可及时处理接收到的业务流量，而不用等待整个帧都收到，所以适合处理实时业务。

透明映射和帧映射的 GFP 帧结构完全相同，区别在于帧映射的 GFP 帧净荷区长度可变，最小为 4 字节，最大为 65 535 字节；而透明映射的 GFP 帧为固定长度。

4．GFP 通用处理规程

GFP 通用处理规程对所有业务处理步骤相同，主要包括帧复用、帧头部扰码和净荷区扰码 3 个处理过程，如图 3-6 所示。

（1）帧复用

来自多个用户的 GFP 帧通过 GFP 复用单元进行统计复用，在没有客户帧时，插入 GFP 空闲帧。

（2）帧头部扰码

为了提高 GFP 帧定界过程的健壮性，需要对帧头部进行扰码。

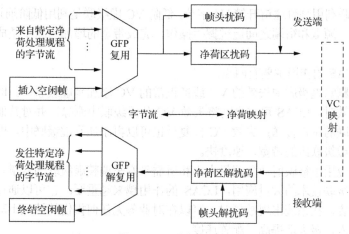

图 3-6　GFP 通用处理规程

（3）净荷区扰码

为了防止用户数据净荷与帧同步扰码字节重复，需要对净荷区扰码。

经过 GFP 通用处理规程处理后，具有恒定速率的连续 GFP 字节流（当然可能包含空闲帧）被作为 SDH 虚容器的净荷被映射进 STM-N 帧中进行传输。接收端则进行相反的处理过程。

5. GFP 的优点

与 PPP 和 LAPS 相比，GFP 具有以下优点。

（1）帧定位效果更好

由于 GFP 是基于帧头中的帧长度指示符采用 CRC 捕获的方法来实现的，试验结果显示，GFP 的帧失步率和伪帧同步率均优于 PPP 等协议，但平均帧同步时间稍差一点。因此，这种方法要比用专门的定界符定界效果更好。

（2）适用于不同结构的网络

净荷头部中可以提供与客户信息和网络拓扑结构相关的各种信息，使 GFP 能够运用于各种应用网络环境之中，如 PPP 网络、环形网络、RPR 网络和 OTN 等。

（3）功能强、使用灵活、可靠性高

GFP 支持来自多客户信号或多客户类型的帧的统计复用和流量汇聚功能，并允许不同业务类型共享相同的信道。通过扩展帧头可以提供净荷类型信息，因而无须真正打开净荷，只要通过查看净荷类型便可获得净荷类型信息。另外，GFP 中具有 FCS 域以保证信息传送的完整性。

（4）传输性能与传输内容无关

GFP 对用户数据信号是全透明的，上层用户信号可以是 PDU 类型的，如 IP over Ethernet，也可以是块状码，如 FICON 或 ESCON 信号。

3.3.2　链路容量调整方案

1. 链路容量调整方案的作用

链路容量调整方案（Link Capacity Adjustment Scheme，LCAS），就是利用 VC 虚级联中某些开销字节传递控制信息，在源端与宿端之间提供一种无损伤、动态调整线路容量（虚级联组大小）的控制机制。

高阶 VC 虚级联利用高阶通道开销 H4 字节，低阶 VC 虚级联是利用低阶通道开销 K4 字节来承载链路控制信息，源端和宿端之间通过握手操作，完成带宽的增加与减少及成员的屏蔽、恢复等操作。

归纳起来，LCAS 的作用主要有两点。

（1）可以自动删除虚级联中失效的 VC 或把正常的 VC 添加到虚级联中。即当虚级联中的某个成员出现连接失效时，LCAS 可以自动将失效 VC 从虚级联中删除，并对其他正常 VC 进行相应调整，保证虚级联的正常传送；失效 VC 修复后也可以再添加到虚级联中，即失效成员被修复时，仍能自动恢复虚级联组的带宽，速度快。

（2）根据实际应用中被映射业务流量大小和所需带宽来调整虚级联的容量。

总之，伴随虚级联技术的大量应用，LCAS 的作用越来越重要。它可以通过网管实时地对系统所需带宽进行配置，在系统出现故障时，可以在对业务无任何损伤的情况下动态地调整系统带宽，不需要人工介入，极大地提高了配置速度。

2. LCAS 的特点

（1）可以不中断业务地自动调整和同步虚级联组大小，克服了 SDH 固定速率的缺点，根据用户的需求实现带宽动态可调。

（2）LCAS 具有一定的流量控制功能，无论是自动删除、添加 VC 还是自动调整虚级联容量，对承载的业务并不造成损伤。

（3）LCAS 提供了一种容错机制，大大增强了 VC 虚级联的健壮性。

将 GFP、虚级联和 LCAS 结合起来，可以使 MSTP 网络很好地适应数据业务的特点，具有带宽的灵活性，从而提高带宽利用效率。

3.4 以太网业务在 MSTP 中的实现

3.4.1 以太网技术基础

为了帮助读者理解以太网业务在 MSTP 中的实现，同时为后面第 7 章及第 9 章以太网接入的相关内容打下基础，下面首先简单介绍以太网（Ethernet）的基本概念。

1. 传统以太网

（1）传统以太网的概念及种类

传统以太网是总线型局域网的一种典型应用，具有以下主要特征。

① 采用灵活的无连接的工作方式。

② 传统以太网属于共享式局域网，即传输介质作为各站点共享的资源。

③ 共享式局域网要进行介质访问控制（将传输介质的频带有效地分配给网上各站点的用户的方法称为介质访问控制），以太网的介质访问控制方式为载波监听和冲突检测（CSMA/CD）技术。

传统以太网包括 10 BASE 5（粗缆以太网）、10 BASE 2（细缆以太网）、10 BASE-T（双绞线以太网）和 10 BASE-F（光缆以太网），目前 10 BASE-T 应用范围最广泛。

（2）10 BASE-T（双绞线以太网）

10 BASE-T 以太网采用非屏蔽双绞线将站点以星形拓扑结构连到一个集线器上，如图 3-7 所示。

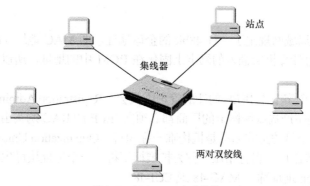

图 3-7　10 BASE-T 拓扑结构

图 3-7 中的集线器为一般集线器（简称集线器），它就像一个多端口转发器，每个端口都具有发送和接收数据的能力。但一个时间只允许接收来自一个端口的数据，可以向所有其他端口转发。当每个端口收到终端发来的数据时，就转发到所有其他端口，在转发数据之前，每个端口都对它进行再生、整形，并重新定时。

采用一般集线器的 10 BASE-T 物理上是星形拓扑结构，但从逻辑上看是一个总线网，仍是共享式网络，也采用 CSMA/CD 规则竞争发送。若图 3-7 中的集线器改为交换集线器，此以太网则为交换式以太网。

2. 局域网参考模型

局域网参考模型如图 3-8 所示。

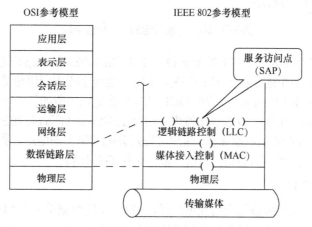

图 3-8　局域网参考模型

为了对照，图 3-8 左边画出了 OSI 参考模型。OSI 参考模型是将计算机之间进行数据通信全过程的所有功能逻辑上分成若干层，每一层对应有一些功能，完成每一层功能时应遵照相应的协议，所以 OSI 参考模型既是功能模型，也是协议模型。OSI 参考模型共分 7 层。这 7 个功能层自下而上分别是物理层、数据链路层、网络层、运输层、会话层、表示层、应用层。

局域网参考模型中只包括 OSI 参考模型的最低两层，即物理层和数据链路层，数据链路层又划分为两个子层，即介质访问控制或媒体接入控制（Media Access Control，MAC）子层和逻辑链路控制（Logical Link Control，LLC）子层。

3．MAC 地址

IEEE 802 标准为局域网规定了一种 48bit 的全球地址，即 MAC 地址（MAC 帧的地址），它是指局域网上的每一台计算机所插入的网卡上固化在 ROM 中的地址，所以也叫硬件地址或物理地址。

MAC 地址的前 3 个字节由 IEEE 的注册管理委员会（Registration Administration Committee，RAC）负责分配，凡是生产局域网网卡的厂商都必须向 IEEE 的 RAC 购买由这 3 个字节构成的一个号（即地址块），这个号的正式名称是机构唯一标识符（Organization Unique Identifier，OUI）。地址字段的后 3 个字节由厂商自行指派，称为扩展标识符。一个地址块可生成 2^{24} 个不同的地址，用这种方式得到的 48bit 地址称为 MAC-48 或 EUI-48。

IEEE 802.3 的 MAC 地址字段的示意图如图 3-9 所示。

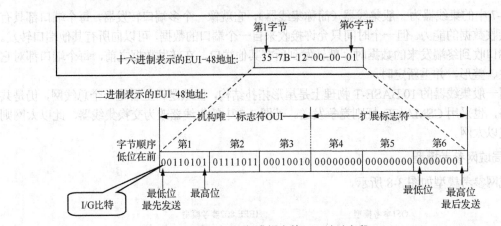

图 3-9　IEEE 标准规定的 MAC 地址字段

IEEE 规定地址字段的第一个字节的最低位为 I/G（Individual/Group）比特，当 I/G 比特为 0 时，地址字段表示一个单个地址；当 I/G 比特为 1 时，地址字段表示组地址，用来进行组播。考虑到也许有人不愿意向 IEEE 的 RAC 购买 OUI，IEEE 将地址字段的第一个字节的最低第 2 位规定为 G/L（Global/Local）比特，当 G/L 比特为 1 时是全球管理（厂商向 IEEE 购买的 OUI 属于全球管理）；当 G/L 比特为 0 时是本地管理，用户可任意分配网络上的地址。采用本地管理时，MAC 地址一般为 2 个字节。需要说明的是，目前一般不使用 G/L 比特。

4．以太网的 MAC 帧

数据信息在每一层均组装成相应的数据单元，MAC 层的数据单元为 MAC 帧。

以太网有两种标准：IEEE 802.3 标准和 DIX Ethernet V2 标准，其中 DIX Ethernet V2 标准不再设 LLC 子层（IP 网环境一般采用此标准）。DIX Ethernet V2 标准的以太网的 MAC 帧结构如图 3-10 所示。

各字段的作用如下。

（1）地址字段。地址字段包括目的 MAC 地址字段和源 MAC 地址字段，都是 6 个字节。

（2）类型字段。类型字段用来标志上一层使用的是什么协议，以便把收到的 MAC 帧的数据上交给上一层的这个协议。

（3）数据字段与填充字段。数据字段就是网络层交下来的 IP 数据报，其长度是可变的，但最短为 46 字节，最长为 1 500 字节。

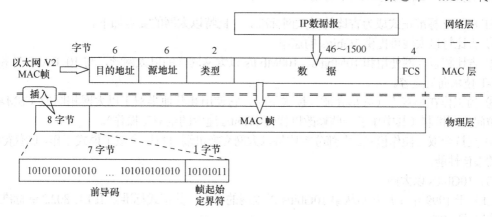

图 3-10　以太网的 MAC 帧结构（DIX Ethernet V2 标准）

（4）FCS 字段。FCS 用于检验 MAC 帧是否有错，其负责校验的字段包括：目的地址、源地址、类型字段、数据字段、填充字段及 FCS 本身。

（5）前导码与帧起始定界符。MAC 帧向下传到物理层时还要在帧的前面插入 8 个字节，它包括两个字段。第一个字段是前导码（PA），共有 7 个字节，编码为 1010……即 1 和 0 交替出现，其作用是使接收端实现比特同步前接收本字段，避免破坏完整的 MAC 帧。第二个字段是帧起始定界符（Start Frame Delimiter，SFD）字段，它为 1 个字节，编码是 10101011，表示一个帧的开始。

5. 高速以太网

一般将速率大于或等于 100Mbit/s 的以太网称为高速以太网（也叫快速以太网），常见的有 100 BASE-T 快速以太网、吉比特以太网和 10Gbit/s 以太网等。

（1）100 BASE-T 以太网

1993 年出现了由 Intel 和 3COM 公司大力支持的 100 BASE-T 快速以太网。1995 年 IEEE 正式通过 100 BASE-T 快速以太网标准，即 IEEE 802.3u 标准。

100 BASE-T 快速以太网的主要特点如下。

① 传输速率高

100 BASE-T 的传输速率可达 100Mbit/s。

② 沿用了 10 BASE-T 的 MAC 协议

100 BASE-T 采用了与 10 BASE-T 相同的 MAC 协议，其好处是能够方便地付出很小的代价便可将现有的 10 BASE-T 以太网升级为 100 BASE-T 以太网。

③ 可以采用共享式或交换式连接方式

10 BASE-T 和 100 BASE-T 两种以太网均可采用以下两种连接方式：

• 共享式连接方式——将所有的站点连接到一个集线器上，使这些站点共享 10M 或 100M 的带宽。这种连接方式的优点是费用较低，但每个站点所分得的频带较窄。

• 交换式连接方式——将所有的站点都连接到一个交换集线器或以太网交换机上。这种连接方式的优点是每个站点都能独享 10M 或 100M 的带宽，但连接费用较高（此种连接方式相当于交换式以太网）。采用交换式连接方式时可支持全双工操作模式而无访问冲突。

（2）吉比特以太网

吉比特以太网是一种能在站点间以 1Gbit/s（1 000Mbit/s）的速率传送数据的系统。IEEE 于 1996 年开始研究制定吉比特以太网的标准，即 IEEE 802.3z 标准，此后不断加以修改完善，1998

年 IEEE 802.3z 标准正式成为吉比特以太网标准。吉比特以太网的要点如下。

① 吉比特以太网可提供 1Gbit/s 的速率。

② 吉比特以太网使用和 10Mbit/s、100Mbit/s 以太网同样的以太网帧，与 10 BASE-T 和 100 BASE-T 技术向后兼容。

③ 当工作在半双工（共享介质）模式下时，它使用和其他半双工以太网相同的 CSMA/CD 介质访问控制机制（其中作了一些修改以优化 1Gbit/s 速度的半双工操作）。

④ 支持全双工操作模式。大部分吉比特以太网交换机端口将以全双工模式工作，以获得交换机间的最佳性能。

（3）10Gbit/s 以太网

IEEE 于 1999 年 3 月开始从事 10Gbit/s 以太网的研究，其正式标准是 IEEE 802.3ae 标准，于 2002 年 6 月完成。

10Gbit/s 以太网的特点如下。

① 传输介质为多模或单模光纤。

② 10Gbit/s 以太网使用与 10Mbit/s、100Mbit/s 和 1Gbit/s 以太网完全相同的 MAC 帧格式。

③ 10Gbit/s 以太网只工作在全双工方式，显然没有争用问题，也就不必使用 CSMA/CD 协议。

6. 交换式以太网

（1）交换式以太网的概念

交换式以太网是所有站点都以星形方式连接到一个以太网交换机上，如图 3-11 所示。

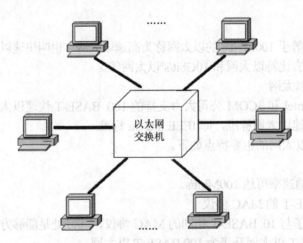

图 3-11　交换式以太网示意图

以太网交换机具有交换功能，它的特点是：所有端口平时都不连通，当工作站需要通信时，以太网交换机能同时连通许多对端口，使每一对端口都能像独占通信媒体那样无冲突地传输数据，通信完成后断开连接。由于消除了公共的通信媒体，每个站点独自使用一条链路，不存在冲突问题，所以可提高用户的平均数据传输速率，即容量得以扩大。

未划分 VLAN 之前，交换机的所有端口在一个广播域范围内。

（2）以太网交换机的分类

按所执行的功能不同，以太网交换机可以分为二层交换和三层交换两种。

① 二层交换

如果交换机按网桥构造执行桥接功能，而网桥的功能属于 OSI 参考模型的第二层，则此时的交换机属于二层交换。二层交换是根据 MAC 地址查 MAC 地址表转发数据，交换速度快，但控制功能弱，没有路由选择功能。

二层交换机的主要功能包括：地址学习功能，数据帧的转发与过滤功能，广播或组播数据帧，消除回路功能等。二层交换机一般用于局域网内部的连接。

② 三层交换

如果交换机具备路由能力，而路由器的功能属于 OSI 参考模型的第三层，则此时的交换机属于三层交换。三层交换是根据 IP 地址转发数据，它是二层交换与路由功能的有机组合。

三层交换是仅仅在路由过程中才需要三层处理，绝大部分数据都通过二层交换转发，因此，三层交换机的速度很快，接近二层交换机的速度，解决了传统路由器低速、复杂所造成的网络瓶颈问题，同时比相同路由器的价格低很多。

另外，与传统的二层交换技术相比，三层交换在划分 VLAN 和广播限制等方面提供较好的控制。传统的通用路由器与二层交换机一起使用也能达到此目的，但是与这种解决方案相比，第三层交换机需要更少的配置、更小的空间、更少的布线，且价格更便宜，并能提供更高、更可靠的性能。

归纳起来，三层交换机具有高性能、安全性、易用性、可管理性、可堆叠性、服务质量高及容错性的技术特点。

三层交换机主要用在局域网中作为核心交换机，以及宽带 IP 城域网的汇聚层，提供快速数据交换功能。

7. 虚拟局域网

（1）虚拟局域网的概念

虚拟局域网（Virtual Local Area Network，VLAN）是为解决以太网的广播问题和安全性而提出的一种技术，其标准为 IEEE 802.1Q。VLAN 把同一物理局域网内的不同用户逻辑地划分成不同的广播域，每一个 VLAN 都包含一组有着相同需求的计算机工作站，与物理上形成的 LAN 有着相同的属性。由于它是从逻辑上划分，而不是从物理上划分，所以属于一个 VLAN 的工作站可以在不同物理 LAN 网段。

交换式局域网的发展是 VLAN 产生的基础，VLAN 通常在交换机上实现，在以太网 MAC 帧中增加 VLAN 标签来给以太网帧分类，具有相同 VLAN 标签的以太网帧在同一个广播域中传送。

一个 VLAN 内的用户不能和其他 VLAN 内的用户直接通信，如果不同 VLAN 之间要进行通信，则需要通过路由器或三层交换机等三层设备。

（2）划分 VLAN 的好处

由于 VLAN 可以分离广播域，一个 VLAN 内部的广播和单播流量都不会转发到其他 VLAN 中，从而有助于控制流量、防止广播风暴。划分 VLAN 的好处主要包括以下几点。

① 提高网络的整体性能

网络上大量的广播流量对该广播域中的站点的性能会产生消极影响，可见广播域的分段有利于提高网络的整体性能。

② 成本效率高

如果网络需要的话，VLAN 技术可以完成分离广播域的工作，而无须添置昂贵的硬件。

③ 网络安全性好

VLAN 技术可使得物理上属于同一个拓扑而逻辑拓扑并不一致的两组设备的流量完全分离，保证了网络的安全性。

④ 可简化网络的管理

VLAN 为网络管理带来了方便，因为有相似网络需求的用户将共享同一个 VLAN。

（3）划分 VLAN 的方法

划分 VLAN 的方法主要有以下几种。

① 根据端口划分 VLAN

根据端口划分 VLAN 是按照局域网交换机端口定义 VLAN 成员。VLAN 从逻辑上把局域网交换机的端口划分开来，也就是把终端系统划分为不同的部分，各部分相对独立，在功能上模拟了传统的局域网。

以交换机端口来划分 VLAN 成员，其配置过程简单明了。因此，这种根据端口来划分 VLAN 的方式是目前最常用的一种方式。

② 根据 MAC 地址划分 VLAN

按 MAC 地址划分 VLAN 是用终端系统的 MAC 地址来定义 VLAN。MAC 地址固定于工作站的网络接口卡内，所以说 MAC 地址是与硬件密切相关的地址。正因为此，MAC 地址定义的 VLAN 允许工作站移动到网络其他物理网段，而自动保持原来的 VLAN 成员资格（因为它的 MAC 地址没变）。所以说基于 MAC 定义的 VLAN 可视为基于用户的 VLAN。这种 VLAN 要求所有的用户在初始阶段必须配置到至少一个 VLAN 中，初始配置由人工完成，随后就可以自动跟踪用户。

③ 根据 IP 地址划分 VLAN

按 IP 地址划分 VLAN 也叫三层 VLAN，它是用协议类型（如果支持多协议）或网络层地址（如 IP 的子网地址）来定义 VLAN 成员资格。

（4）VLAN 的标准

现在使用最广泛的 VLAN 标准是 IEEE 802.1Q，许多厂商的交换机/路由器产品都支持此标准。IEEE 802.1Q 标准规定的 VLAN 帧格式如图 3-12 所示。

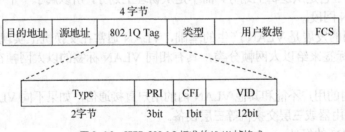

图 3-12 IEEE 802.1Q 标准的 VLAN 帧格式

在以太网 MAC 帧中增加 VLAN 标签（Tag）就构成了 VLAN 帧。IEEE 802.1Q Tag 的长度是 4 字节，它位于 MAC 帧中源 MAC 地址和类型之间。802.1Q Tag 包含 4 个字段。

① 类型（Type）：长度为 2 字节，表示 VLAN 帧类型，此字段取固定值 0x8100，如果不支持 802.1Q 的设备收到 802.1Q 帧，则将其丢弃。

② 优先级指示（Priority Indication，PRI）：PRI 字段，长度为 3bit，表示以太网帧的优先级，取值范围是 0～7，数值越大，优先级越高。当交换机/路由器发生传输拥塞时，优先发送优先级高的数据帧。

③ 标准格式指示（Canonical Format Indicator，CFI）：长度为 1bit，表示 MAC 地址是否是经典格式。CFI 为 0 说明是经典格式，CFI 为 1 表示为非经典格式。该字段用于区分以太网帧、FDDI

帧和令牌环网帧，在以太网帧中，CFI 取值为 0。

④ VLAN 标识符（VLAN IDentifier，VID）：VLAN ID，长度为 12bit，取值范围是 0～4 095，其中 0 和 4 095 是保留值，不能给用户使用。使用 VLAN ID 来划分不同的 VLAN。

3.4.2　支持以太网透传的 MSTP

1. 以太网透传功能模型

以太网透传功能是将来自以太网接口的信号不经过二层交换功能模块，直接进行协议封装和速率适配后映射到 SDH 的 VC 中，然后通过 SDH 网进行点到点传送。

在此种承载方式中，MSTP 节点并没有解析以太网数据帧（MAC 帧）的内容，即没有读取 MAC 地址以进行交换。以太网透传方式功能模型如图 3-13 所示。

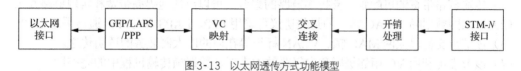

图 3-13　以太网透传方式功能模型

图 3-13 中信号的处理及变换过程（由左至右）简单叙述如下：

（1）以太网接口输出以太网数据帧（MAC 帧）首先经过 GFP 封装成 GFP 帧（封装协议一般采用 GFP）；

（2）VC 映射模块将 GFP 帧映射成 VC（以 VC-4 为例）；

（3）若干个 VC-4 经过交叉连接后（输出还是各 VC-4），各 VC-4 加上 AU PTR 构成 AU-4、AUG，N 个 AUG 进行字节间插（图中省略了完成此功能的模块），然后送入开销处理功能模块；

（4）在开销处理功能模块中加上 MSOH 和 RSOH 便构成了 STM-N 信号，送往 STM-N 接口。

2. 支持以太网透传功能的 MSTP 节点的功能

支持以太网透传功能的 MSTP 节点一般支持以下功能。

（1）以太网数据帧的封装协议可以采用 PPP、LAPS 或 GFP，通常采用 GFP。

（2）该节点支持以太网 MAC 帧、VLAN 标记等的透明传输。

（3）传输链路带宽可配置。

（4）该节点可采用 VC 的连续级联/虚级联映射数据帧。

（5）该节点支持流量工程。

透传功能特别是采用 GFP 封装的透传可以满足一般情况下的以太网传送功能，处理过程简单透明。但由于透传功能缺乏对以太网的二层交换处理能力，所以对以太网的数据没有二层的业务保护功能，汇聚节点的数目受到限制，而且组网不够灵活。

3.4.3　支持以太网二层交换的 MSTP

基于二层交换功能的 MSTP 是指在一个或多个用户侧的以太网物理接口与多个独立的网络侧的 VC 之间，实现基于以太网二层的数据帧交换（即经过二层交换）。融合以太网二层交换功能的 MSTP，可以有效地对多个以太网用户的接入进行本地汇聚，从而提高网络的带宽利用率和用户接入能力。

基于二层交换的 MSTP 功能模型如图 3-14 所示。

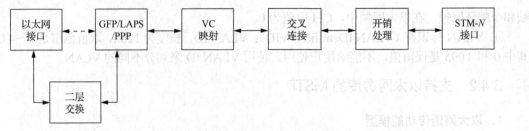

图 3-14 基于二层交换的 MSTP 功能模型

图 3-14 中信号的处理及变换与图 3-13 相比，以太网接口输出以太网数据帧（MAC 帧）首先经过二层交换后，再经 GFP 协议封装成 GFP 帧，后面过程与图 3-13 一样。

基于 SDH 的具有以太网二层交换功能的 MSTP 节点应具备以下功能。

（1）传输链路带宽的可配置，支持多链路的聚合，可以灵活地提高带宽和实现链路冗余。

（2）以太网数据帧（MAC 帧）的封装协议可采用 PPP、LAPS 和 GFP，通常采用 GFP。

（3）该节点支持以太网 MAC 帧、VLAN 标记等在内的以太网业务的透明传送。

（4）该节点可利用 VC 相邻级联和虚级联技术来保证数据帧传输过程中的完整性。

（5）该节点具有转发/过滤以太网数据帧的信息维护功能。

（6）该节点能够识别符合 IEEE 802.1Q 规定的 VLAN 帧，并根据 VLAN 信息进行数据帧的转发/过滤操作。

（7）该节点支持 IEEE 802.1D 生成树协议 STP。

（8）该节点支持以太网端口的流量控制。

另外，具备二层交换功能的 MSTP 还可以选择支持组播、基于用户的端口接入速率限制、业务分类等其他功能。

3.5 RPR 技术在 MSTP 中的应用

3.5.1 弹性分组环的基本概念

1. 弹性分组环的概念

弹性分组环（Resilient Packet Ring，RPR）技术是一种基于分组交换的光纤传输技术（或者说基于以太网和 SDH 技术的分组交换机制），它采用环形组网方式、一种新的 MAC 层和共享接入方式，能够传送数据、语音、图像等多媒体业务，并能提供 QoS 分类、环网保护等功能；RPR 的标准为 IEEE 802.17。

由于 RPR 采用类似以太网的帧结构，可实现基于 MAC 地址的高速交换，所以使其具有以太网比较经济的特点，而且帧封装也比较简化和灵活。既可以支持传统的专线业务和具有突发性的 IP 业务，又可以支持 TDM 业务。

2. RPR 的协议参考模型

RPR 的协议参考模型（分层模型）如图 3-15 所示。

RPR 分层模型主要包括逻辑链路控制子层、MAC 控制子层、MAC 数据通道子层、协调子层和物理媒体相关子层，上下子层之间分别通过 MAC 服务接口和物理服务接口等进行通信。

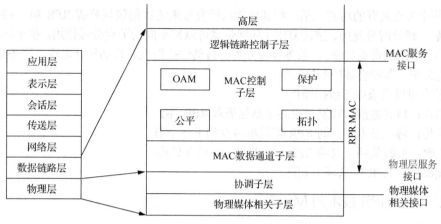

图 3-15 RPR 的协议参考模型

各层功能简述如下。

（1）逻辑链路控制（MAC 客户）子层负责逻辑链路的建立、保持和拆除控制功能。

（2）MAC 控制子层负责控制数据通道子层、维护 MAC 状态、与其他节点的 MAC 控制子层进行协调，并控制 MAC 子层与其客户层之间的数据传递。MAC 控制子层的功能主要包括流量控制、业务等级支持、拓扑自动识别、启动保护倒换指令等。

（3）MAC 数据通道子层为 RPR 环提供数据传送功能。MAC 控制子层与 MAC 数据通道子层统称为 RPR MAC 层，其协议数据单元是 RPR MAC 帧。

（4）协调子层实现物理层服务接口与物理媒体相关接口之间的映射，与特定物理介质类型对应，如以太网、SDH 网或 DWDM 网。

（5）物理媒体相关子层完成各种光纤物理介质的传送功能。

3．RPR 技术的原理

RPR 技术吸收了 SDH 技术自愈环的优点，采用环网结构。RPR 是一个双环结构，包括两个传输方向相反的单向环，RPR 的环网结构如图 3-16 所示。

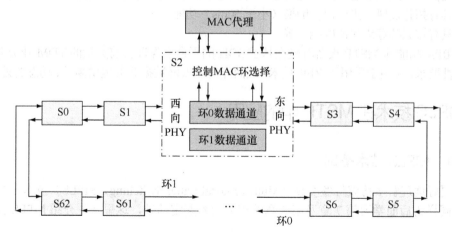

图 3-16 RPR 的环网结构

两个单向环分别称为环 0 和环 1，它们共享相同的环路径，RPR 环内的所有链路的数据速率相同，但其时延特性可能并不相同。

RPR 环中节点具有的功能包括：将其他接口转发过来的数据包封装成 RPR 帧（接收端完成相反的变换）、统计时分复用、空间复用（环网带宽可以被不同的节点分段使用，整个环网的累积带宽大于单个链路的带宽容量）、服务等级分类、自动保护倒换、自动拓扑发现、服务质量保证、较好的带宽公平机制和拥塞控制机制等。

RPR 节点可以完成如下数据操作。

（1）插入：将其他接口转发过来的数据包插入 RPR 环。

（2）前传：将途经本节点的 RPR 帧简单转发到下一个节点。

（3）接收：接收从环上来的 RPR 帧，送往 Host/L3 处理。

（4）剥离：将 RPR 帧从环上剥离。

3.5.2 内嵌 RPR 技术的 MSTP

内嵌 RPR 技术的 MSTP 是将 RPR 功能模块内嵌入 MSTP 平台，其主要目的在于提高承载以太网业务的性能。

内嵌 RPR 技术的 MSTP 功能模型如图 3-17 所示。

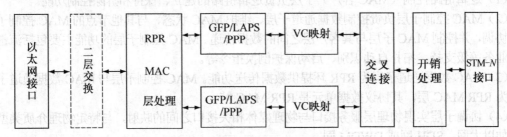

图 3-17　内嵌 RPR 技术的 MSTP 功能模型

RPR MAC 层处理模块所提供的功能概括如下。

（1）提供基于 RPR MAC 层的业务等级分类服务、统计复用、空间复用功能，实现网络资源共享。

（2）提供接入控制功能。RPR 带宽公平算法是解决争用方式共享网络资源的有效方法。

（3）具有拓扑发现、快速保护倒换（小于 50ms）功能。

（4）具有按服务等级的调度能力等。

内嵌 RPR 功能的 MSTP 设备既能在基于 SDH 的平台上保证目前大量的 TDM 业务对传输特性的实时性要求，又由于采用了 RPR 技术，从而能对以太网数据业务提供高效、动态的处理能力。

3.6　MPLS 技术在 MSTP 中的应用

3.6.1　MPLS 技术基础

为了更好地理解多协议标签交换（Multi-Protocal Label Switching，MPLS）技术在 MSTP 中的应用，同样为后面学习第 7 章及第 8 章的相关内容奠定基础，这里首先介绍 MPLS 技术的基础知识。

1. MPLS 的概念

MPLS 是一种在开放的通信网上利用标签引导数据高速、高效传输的新技术，它把数据链路层交换的性能特点与网络层的路由选择功能结合在一起。MPLS 不仅能够支持多种网络层层面上的协议，如 IPv4、IPv6 等，而且可以兼容多种链路层技术。它吸收了 ATM 高速交换的优点，并引入面向连接的控制技术，在网络边缘处首先实现第三层路由功能，而在 MPLS 网络核心则采用第二层交换，是一种将标签交换转发和网络层路由技术集于一身的路由与交换技术平台。

具体地说，MPLS 网络给每个 IP 数据报打上固定长度的"标签"，然后对打上标签的 IP 数据报在第二层用硬件进行转发（称为标签交换），使 IP 数据报转发过程中省去了每到达一个节点都要查找路由表的过程，因而 IP 数据报转发的速率大大加快。

2. 转发等价类

在 MPLS 网络中，数据报被映射为转发等价类（Forwarding Equivalence Class，FEC），FEC 标识一组在 MPLS 网络中传输的具有相同属性的数据报，这些属性既可以是相同的 IP 地址、相同的 QoS，也可以是相同的 VPN 等。相同 FEC 的数据报在 MPLS 网络中将获得完全相同的处理。

一个 FEC 被分配一个标签，因此所有属于一个 FEC 的数据报都会被分配相同的标签。数据报与 FEC 之间的映射只需在 MPLS 网络的入口处实施，在数据转发路径建立过程中，MPLS 网络核心节点的转发决策完全以 FEC 为依据，无须重复执行提取、分析 IP 数据报头的繁琐过程。

一个 FEC 在 MPLS 网络中经过的路径称为标签交换路径（Label Switched Path，LSP），LSP 在功能上与 ATM 和帧中继（Frame Relay，FR）的虚电路相同，是从 MPLS 网络的入口到出口的一个单向路径（有关 LSP 的建立过程后述）。

3. MPLS 网络的组成

在 MPLS 网络中，节点设备分为两类：构成 MPLS 网络的接入部分的标签边缘路由器（Label Edge Router，LER）和构成 MPLS 网络的核心部分的标签交换路由器（Label Switching Router，LSR）。MPLS 路由器之间的物理连接可以采用 SDH 网、以太网等。MPLS 网络组成如图 3-18 所示（为了简单起见，图中 LSR 之间、LER 与 LSR 之间的网络用链路表示）。

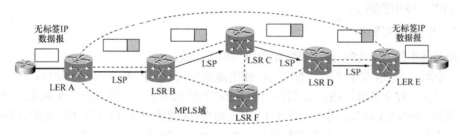

图 3-18　MPLS 网络组成示意图

（1）LER 的作用

LER 完成连接 MPLS 域与非 MPLS 域的功能，包括入口 LER（Ingress LER）和出口 LER（Egress LER）。

① 入口 LER 的作用
- 对 IP 数据报进行分类（分为不同的 FEC）。
- 为每个 IP 数据报打上固定长度的"标签"，打标签后的 IP 数据报称为 MPLS 数据报。

② 出口 LER 的作用
- 终止 LSP。
- 将 MPLS 数据报中的标签去除，还原为无标签 IP 数据报并转发给 MPLS 域外的一般路由器。

（2）LSR 的作用

● 负责路由选择、标签转发表的构造、标签的分配、LSP 的建立和拆除等工作。

● 负责 MPLS 数据报的高速转发处理：查找标签转发表、进行标签替换处理并转发（标签只具有本地意义，经过 LSR 标签的值要改变）。

4. MPSL 数据报的格式

MPLS 数据报（习惯称为 MPLS 报文）的格式如图 3-19 所示。

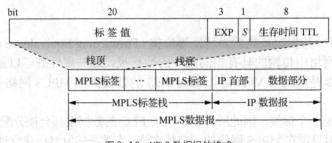

图 3-19　MPLS 数据报的格式

由图 3-19 可见，"给 IP 数据报打标签"其实就是在 IP 数据报的前面加上 MPLS 首部。MPLS 首部是一个标签栈，MPLS 可以使用多个标签，并把这些标签都放在标签栈。标签要后进先出，即最先入栈的放在栈底，最后入栈的放在栈顶。

MPLS 首部中每一个标签有 4 字节，共包括 4 个字段，各字段的作用如下。

（1）标签值（20bit）：表示标签的具体值。

（2）EXP（3bit）：通常用作服务等级（Class of Service，CoS）。

（3）S（1bit）：表示标签在标签栈中的位置，若 $S=1$ 表示这个标签在栈底，其他情况下 S 都为 0。

（4）生存时间 TTL（8bit）：表示 MPLS 数据报允许在网络中逗留的时间，用来防止 MPLS 数据报在 MPLS 域中兜圈子。

5. MPLS 的工作原理

MPLS 网络中的节点 LSR 由控制单元和转发单元组成。

● 控制单元（组成控制平面）的作用：使用路由协议 OSPF 协议、IS-IS 协议、BGP 等同邻居交换路由信息、建立和维护路由表（路由协议维护的信息用于给相邻节点分配标签），同时使用标签分发协议 LDP、RSVP-TE 等与互连的 LSR 之间交换标签转发信息来创建和维护标签转发表，建立、拆除 LSP。（有关路由协议 OSPF 协议、IS-IS 协议、BGP 参见本书第 8 章 8.2）

● 转发单元（组成转发平面）的作用：负责 MPLS 数据报（报文）的转发处理，即查找标签转发表、进行标签处理并转发。

MPLS 的工作原理可简单概述如下：首先，由控制单元使用路由协议建立路由表，同时按照标签分发协议、根据路由表创建标签转发表，建立、拆除 LSP；然后，由转发单元根据标签转发表对 MPLS 报文进行标签处理并转发。下面分别介绍具体内容。

（1）标签分发协议

MPLS 网络常见的标签分发协议有标签分发协议（Label Distribution Protocol，LDP）和 MPLS-TE（TE 即流量工程）架构中的 RSVP-TE。

① LDP

LDP 是 MPLS 的控制协议，它相当于传统网络中的信令协议，根据路由协议建立的路由表在各个 LSR 中建立标签转发表，主要功能包括：标签的分配，实现 FEC 与标签的绑定，建立并维护 LSP。

LDP 是一种动态的生成标签的协议，可以自动发现邻居并建立会话，然后使用通告消息创建、改变和删除特定 FEC-标签的绑定，并通过通知消息进行差错通知。

② MPLS-TE 架构中的 RSVP-TE

基于流量工程扩展的资源预留协议（Resource ReSerVation Protocol-Traffic Engineering，RSVP-TE）作为 RSVP 的一个补充协议，也可用于为 MPLS 网络建立 LSP。

RSVP-TE 与 LDP 在使用中的主要区别如下。

- RSVP-TE 可基于路由、带宽、约束点等生成标签交换路径，可严格指定路径的每一跳，路径与路由解耦；LDP 基于路由信息生成标签交换路径，路径随路由变化而变化。
- RSVP-TE 需要指定隧道（LSP）的起点和终点；LDP 则可以自动发现邻居，无须手工指定。
- RSVP-TE 可以配置显式路径（指定路由方向）；LDP 纯动态根据路由计算，无法配置显式路径。
- RSVP-TE 可以指定预留带宽；LDP 无法预留带宽。
- RSVP-TE 部署复杂，对设备能力要求较高；LDP 部署简单，对设备能力要求较低。
- 基于 RSVP-TE 建立的 LSP 比基于 LDP 的 LSP 具有更高的优先级。

（2）标签分发（LSP 的建立）

标签分发是指为某 FEC 建立相应 LSP 的过程，LSP 的建立过程实际就是将 FEC 和标签进行绑定，并将这种绑定通告 LSP 上相邻 LSR。

为了说明方便，我们称相对于一个报文转发过程的发送方的路由器是上游 LSR（即相对靠近入口 LER 侧的路由器），接收方是下游 LSR（即相对靠近出口 LER 侧的路由器）。

在 MPLS 网络中，由下游 LSR 决定将标签分配给特定 FEC，再通知上游 LSR。即标签由下游指定，标签的分配按从下游到上游的方向。

这里要特别注意，分配标签的方向和数据转发的方向是相反的，先从下游往上游分发标签，标签分配好了，再将数据包打上分配好的标签从上游往下游发送。

① 标签分发方式

MPLS 网络中使用的标签分发方式有两种。

- 下游自主（Downstream Unsolicited，DU）标签分发方式：是指对于 1 个特定的 FEC，LSR 无须从上游获得标签请求消息便进行标签分配与分发的方式。
- 下游按需（DoD，Downstream on Demand）标签分发方式：是指对于一个特定的 FEC，LSR 获得标签请求消息之后才进行标签分配与分发的方式。

具有标签分发邻接关系的上游 LSR 和下游 LSR 之间，必须对使用哪种标签分发方式达成一致，否则无法建立 LSP。

② 标签分配控制方式

MPLS 网络中使用的标签分配控制方式也有两种。

- 独立（Independent）标签分配控制方式：LSR 可以在任意时间向与它连接的 LSR 通告标签映射。
- 有序（Ordered）标签分配控制方式：对于 LSR 上某个 FEC 的标签映射，只有当该 LSR 已经收到此 FEC 下一跳的标签映射消息或者该 LSR 就是此 FEC 的出口节点时，该 LSR 才可以向上游发送此 FEC 的标签映射消息。目前一般采用的是有序方式。

③ 标签保留方式

标签保留方式是指 LSR 对收到的但目前暂时用不到的标签-FEC 绑定的处理方式。MPLS 网络有两种标签保留方式。

- 保守标签保留方式（Conservative Retention Mode，CRM）：对于从邻居 LSR 收到的标签映射，只有当邻居 LSR 是自己的下一跳时才保留。使用这种标签保留方式，LSR 可以分配和保存较少的标签数量。
- 自由标签保留方式（Liberal Retention Mode，LRM）：对于从邻居 LSR 收到的标签映射，无论邻居 LSR 是不是自己的下一跳都保留。使用自由标签保留方式，LSR 能够迅速适应路由变化。

以上介绍的标签分发方式、分配控制方式和保留方式共有两种常见的组合，具体如下。

- DoD+有序+保守：使用 RSVP-TE 作为标签分发协议时常使用这种组合。
- DU+有序+自由：使用 LDP 作为标签分发协议时常使用这种组合。

④ LSP 的建立过程

LSP 的建立过程简单归纳如下。

- 网络启动后在路由协议（如 OSPF 协议、IS-IS 协议等）的作用下，在各 LSR 节点中建立路由转发表。
- 根据路由转发表，各节点在标签分发协议控制下建立标签转发表。
- 将入口 LSR、中间 LSR 和出口 LSR 的输入输出标签相互映射拼接起来后，便构成了从不同入口点到不同出口点的 LSP。

（3）MPLS 网络对标签的处理过程（报文转发过程）

MPLS 网络对标签的处理过程（即报文转发过程）如图 3-20 所示。为便于理解，这里举例简单说明报文转发过程，假设建立的 LSP 为图 3-20 中的路径 A-B-C-D-E。

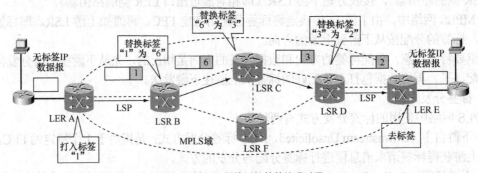

图 3-20 MPLS 网络对标签的处理过程

① 来自 MPLS 域外一般路由器的无标签 IP 数据报，到达 MPLS 网络。在 MPLS 网的入口处的 LER A 给每个 IP 数据报打上固定长度的"标签"（假设标签的值为 1），然后把 MPLS 报文（MPLS 数据报）转发到下一跳的 LSR B 中去。

② LSR B 查标签转发表，将 MPLS 报文中的标签值替换为 6，并将其转发到 LSR C。

③ LSR C 查标签转发表，将 MPLS 报文中的标签值替换为 3，并将其转发到 LSR D。

④ LSR D 查标签转发表，将 MPLS 报文中的标签值替换为 2，并将其转发到出口 LER E。

⑤ 出口 LER E 将 MPLS 报文中的标签去除，还原为无标签 IP 数据报，并传送给 MPLS 域外的一般路由器。

MPLS 的实质就是将路由功能移到网络边缘，将快速简单的交换功能（标签交换）置于网络中心，对一个连接请求实现一次路由、多次交换，由此提高网络的性能。

6. MPLS 的技术特点及优势

MPLS 技术是下一代最具竞争力的通信网络技术，具有以下技术特点及优势。

（1）MPLS 具有高的传输效率和灵活的路由技术。

（2）MPLS 将数据传输和路由计算分开，是一种面向连接的传输技术，能够提供有效的 QoS 保证。

（3）MPLS 支持大规模层次化的网络结构，具有良好的网络扩展性。

（4）MPLS 支持流量工程和 VPN。

（5）MPLS 作为网络层和数据链路层的中间层，不仅能够支持多种网络层技术，而且可应用于多种链路层技术，具有对下和对上的多协议支持能力。

3.6.2　内嵌 MPLS 技术的 MSTP

内嵌 MPLS 技术的 MSTP 是指基于 SDH 平台、内部使用 MPLS 技术，可使以太网业务直接或经过以太网二层交换后适配到 MPLS 层处理模块，然后通过 GFP/LAPS/PPP 封装、映射到 SDH 通道中；同样也可以使以太网业务适配到 MPLS 层处理模块，然后映射到 RPR 层处理模块，再封装、映射到 SDH 通道中进行传送。

将 MPLS 技术内嵌入 MSTP 中是为了提高 MSTP 承载以太网业务的灵活性和带宽使用效率，并更有效地保证各类业务所需的 QoS，而且进一步扩展 MSTP 的联网能力和适用范围。

内嵌 MPLS 技术的 MSTP 功能框图如图 3-21 所示。

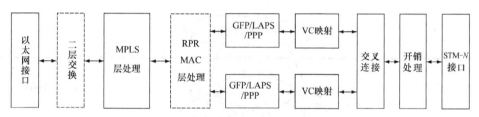

图 3-21　内嵌 MPLS 技术的 MSTP 功能框图

MPLS 层处理模块是由数据接收、数据发送、标签适配、标签交换、OAM、LSP 保护、MPLS 信令、L2 VPN、流量工程和 QoS 功能块组成。

3.7　MSTP 传输网的应用

3.7.1　MSTP 的网络应用

MSTP 吸收了以太网、ATM、MPLS、RPR 等技术的优点，在 SDH 技术基础上，对业务接口进行了丰富，并且在其业务接口板中增加了以太网、ATM、MPLS、RPR 等处理功能，使之能够基于 SDH 网络支持多种数据业务的传送，所以 MSTP 在 IP 网中获得了广泛的应用。

基于 SDH 的 MSTP 主要应用于宽带 IP 城域网的各个层面，承载多种业务。下面先简单介绍宽带 IP 城域网的基本概念，然后分析 MSTP 在宽带 IP 城域网中的应用。

1. 宽带 IP 城域网基本概念

（1）宽带 IP 城域网的概念

宽带 IP 城域网是一个以 IP 和 SDH、ATM、DWDM 等技术为基础，集数据、语音、视频服务为一体的高带宽、多功能、多业务接入的城域多媒体通信网络。

换句话说，宽带 IP 城域网是基于宽带技术，以电信网的可管理性、可扩充性为基础，在城市范围内汇聚宽、窄带用户的接入，面向满足集团用户（政府、企业等）、个人用户对各种宽带多媒体业务（互联网访问、虚拟专网等）需求的综合宽带网络，是电信网络的重要组成部分，向上与 IP 广域骨干网互连。

（2）宽带 IP 城域网提供的业务

宽带 IP 城域网以多业务的光传送网为开放的基础平台，在其上通过路由器、交换机等设备构建数据网络骨干层，通过各类网关、接入设备实现语音业务、数据业务、图像业务、多媒体业务、IP 电话业务、各种增值业务和智能业务等业务的接入。

宽带 IP 城域网还可与各运营商的长途骨干网互通形成本地综合业务网络，承担城域范围内集团用户、商用大楼、智能小区的业务接入和电路出租业务等。

（3）宽带 IP 城域网的分层结构

为了便于管理、维护和扩展，网络必须有合理的层次结构。根据目前的技术现状和发展趋势，一般将宽带 IP 城域网的结构分为 3 层：核心层、汇聚层和接入层。宽带 IP 城域网分层结构示意图如图 3-22 所示（此图只是举例说明）。

① 核心层

核心层的作用主要是负责进行数据的快速转发以及整个城域网路由表的维护，同时实现与 IP 广域骨干网的互联，提供城市的高速 IP 数据出口。

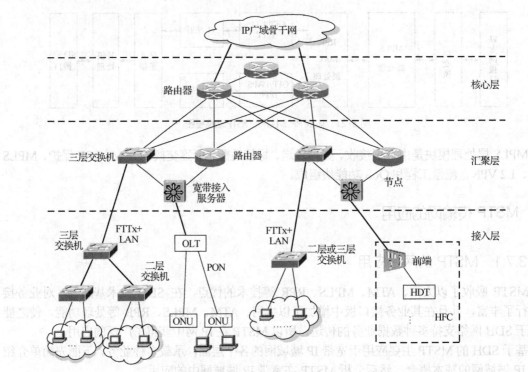

图 3-22　宽带 IP 城域网分层结构示意图

核心层节点设备需采用以 IP 技术为核心的设备，要求具有很强的路由能力，主要提供吉比特以上速率的 IP 接口。核心层节点设备包括路由器和具有三层功能的高端交换机等，一般采用高端路由器（背板交换能力大于或等于 50Gbit/s 的路由器）。

核心层的网络结构重点考虑可靠性和可扩展性，核心层节点间原则上采用网状或半网状（网孔形）连接。考虑城域网出口的安全，建议每个城域网选择两个核心节点与 IP 骨干网路由器实现连接。

② 汇聚层

汇聚层的主要功能如下。

- 汇聚接入节点，解决接入节点到核心层节点间光纤资源紧张的问题。

- 实现接入用户的可管理性，当接入层节点设备不能保证用户流量控制时，需要由汇聚层设备提供用户流量控制及其他策略管理功能。

- 除基本的数据转发业务外，汇聚层还必须能够提供必要的服务层面的功能，包括带宽的控制、数据流 QoS 优先级的管理、安全性的控制、IP 地址翻译 NAT 等功能。

汇聚层的典型设备主要有中高端路由器、三层交换机以及宽带接入服务器等。宽带接入服务器（Broadband Access Server，BAS）主要负责宽带接入用户的认证、地址管理、路由、计费、业务控制、安全和 QoS 保障等。

汇聚层节点设备应提供高速的基于 IP 的接口与核心层节点连接，提供高密度的 10M/100M/1 000M 端口（甚至更高）。汇聚层节点与核心层节点采用星形连接，在光纤数量可以保证的情况下每个汇聚层节点最好能够与两个核心层节点相连。

③ 接入层

接入层的作用是负责提供各种类型用户的接入，在有需要时提供用户流量控制功能。

宽带 IP 城域网接入层常用的宽带接入技术主要有 HFC、EPON/GPON、FTTx+LAN 和无线宽带接入等。

以上介绍了宽带 IP 城域网的分层结构，这里有几点说明。

- 目前一般的宽带 IP 城域网均规划为核心层、汇聚层和接入层 3 层结构，但对于规模不大的城域网，可视具体情况将核心层与汇聚层合并。

- 在宽带 IP 城域网的分层结构中，核心层和汇聚层路由器之间（或路由器与交换机之间）的传输技术称为骨干传输技术。宽带 IP 城域网的骨干传输技术主要有 IP over ATM、IP over SDH/MSTP、IP over DWDM/OTN 和吉比特以太网等。

2. MSTP 在宽带 IP 城域网中的应用

（1）MSTP 技术应用定位

① 为大客户提供高质量、安全性高的以太网专线和 VPN 业务，弥补 IP 城域网在提供这类业务时服务质量的不足，可以提高运营商在大客户专网市场上的核心竞争力。

② 汇聚和承载 IP 城域网部分传输链路，构成城域网的接入核心，实现对宽带接入设备上行链路的汇聚承载，在提供完善的业务保护/恢复机制的同时，可以节省光纤资源，提高带宽利用率。

③ MSTP 设备充当部分 IP 城域网边缘接入节点，实现对用户业务的语音、数据统一接入，使数据网能够提供端到端的全业务覆盖。

（2）MSTP 在宽带 IP 城域网中的组网应用

基于 SDH 的 MSTP 可应用于宽带 IP 城域网的多个层面，特别适合于承载以 TDM 业务为主的混合型业务流。

当 MSTP 设备用于实现宽带 IP 城域网接入功能（即应用在接入层）时，一般采用线形和环形拓扑结构；当其应用在宽带 IP 城域网的核心层和汇聚层时，通常采用多环互连的形式。MSTP 在宽带 IP 城域网中的组网应用如图 3-23 所示。

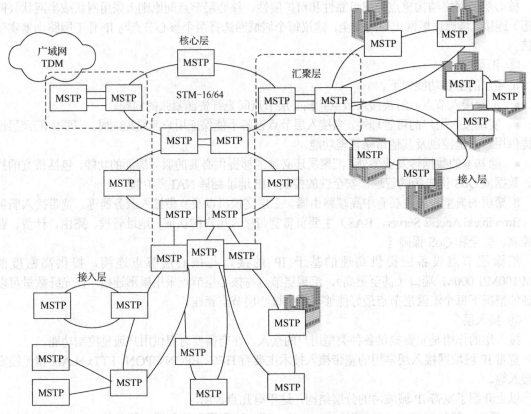

图 3-23 MSTP 在宽带 IP 城域网中的组网应用

目前 MSTP 主要应用在宽带 IP 城域网的汇聚层和接入层。

① MSTP 应用在宽带 IP 城域网的汇聚层，完成多种类型业务从接入层到核心层的汇聚和收敛。

② MSTP 应用在宽带 IP 城域网的接入层，负责将不同类型城域网用户所需的各类业务接入到城域网中。宽带接入网对 MSTP 的需求如下。

- 高效的业务传送和收敛，节省光纤资源。
- 实现对以太网上行的承载，同时配合 BRAS 设备，扩展 VLAN ID 的数量，完成对用户的唯一性标识。
- 传输的安全可靠，提供链路的保护。
- 业务的等级区分。
- 接入段业务 QoS 的保证。

3.7.2 MSTP 网络的典型业务应用

基于 SDH 的 MSTP 网络的典型业务应用是提供以太网专线业务。以太网专线是通过以太网接口为客户提供 2Mbit/s～1Gbit/s 中间速率的数据专线业务。

MSTP 增加了 FE、GE、ATM 等业务接口，解决了数据业务传送的需求。另外，在设备内部通过对多个 2Mbit/s 时隙捆绑，实现对数据业务带宽的保证，对于用户来说保证的带宽是独享的有相当高的传输质量和安全性。MSTP 既可以承载有线接入网业务，也可以承载 2G/3G 等无线接入网业务。

以太网专线业务的类型有 4 种：以太网专线业务、以太网虚拟专线业务、以太网专用局域网业务和以太网虚拟专用局域网业务。

（1）以太网专线业务

以太网专线（Ethernet Private Line，EPL）是以太透传业务，建立了 LAN 与 WAN（这里具体是 MSTP 传输网）间的端口组，在交换时屏蔽 MAC 地址、VLAN，数据只在端口组内转发。各个用户独占一个虚拟传输通道（VC Trunk）带宽，这种模式下能实现类似物理通道透传，支持各种协议帧的透明传送；而且业务延迟低，可提供用户数据的安全性和私有性。专线带宽可从 $N×64\text{kbit/s}$ 到 1 000Mbit/s 灵活配置。

（2）以太网虚拟专线业务

以太网虚拟专线（Ethernet Virtual Private Line，EVPL）又可称为 VPN 专线，其优点在于不同业务流可共享 VC Trunk 通道，使得同一物理端口可提供多条点到点的业务连接，并在各个方向上的性能相同，接入带宽可调、可管理，业务可收敛实现汇聚，节省端口资源。

EVPL 可用于城域网中公众上网、企业互联等，如图 3-24 所示。

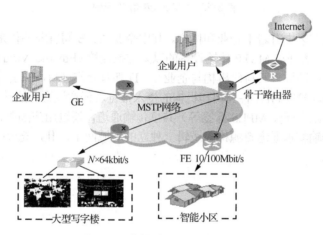

图 3-24　城域网中的 EVPL 透传业务

各用户的以太业务上行汇聚到 MSTP 传输设备，再连接到骨干路由器到达 Internet。企业间的数据也通过汇聚层 MSTP 传输设备按 VLAN 和端口进行识别、区分，完成透明传送。

（3）以太网专用局域网业务

以太网专用局域网业务（Ethernet Private LAN，EPLAN）也称为网桥服务，网络由多条 EPL 专线组成，实现多点到多点业务连接。在交换时屏蔽 VLAN，按照 MAC 地址进行数据包的转发。

该方式的优点是用户独占带宽，接入带宽可调、可管理，业务可收敛、汇聚；当业务包含大量的 VLAN 时，可以减小配置工作量。

（4）以太网虚拟专用局域网业务

以太网虚拟专用局域网（Ethernet Virtual Private LAN，EVPLAN）业务也称为虚拟网桥服务，是多点 VPN 业务或点到多点的虚拟专用局域网（Virtual Private Local Area Network，VPLS）业务，实现多点到多点的业务连接，在交换时按照 MAC 地址和 VLAN 进行数据包的转发。

该方式的优点是业务的安全性可以得到有效保证，但是当业务包含大量的 VLAN 时，需要逐个配置 VLAN，工作量较大。

共享以太专网应用示例如图 3-25 所示。

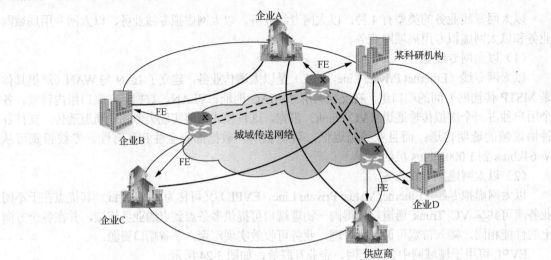

图 3-25 共享以太专网应用示例

某市的大型工业园区中有若干企业和机构。其中企业 A、B 间有业务往来，并且 A 与供应商之间也有商品交易。三者通过 MSTP 传输设备的以太虚拟连接（Ethernet Virtual Connection，EVC）互联，构成局域网Ⅰ；同样，某科研机构与企业 C、D 都有合作项目，三者也通过 MSTP 传输设备的 EVC 互联，构成局域网Ⅱ。各公司和机构的接入带宽可任意设置，按需调整。MSTP 设备使用二层标签（如 VLAN 嵌套、MPLS 标签等）共享传输通道，通过用户隔离技术，保障数据的安全性，利用相同的传输物理通道资源构成逻辑上独立的局域网Ⅰ、Ⅱ，充分提高了带宽利用率。

随着光纤通信技术的发展及各种宽带业务对网络容量需求的不断增加，为了更充分地利用光纤的频带资源，提出了 WDM 的概念，实现在单根光纤内同时传送多个不同波长的光信号。WDM 技术是未来光网络的基石。

本章首先介绍 DWDM 的基本概念，继而讨论 DWDM 系统工作波长，然后阐述 DWDM 系统的组成及各部分的作用，并着重分析了光放大器，研究了 DWDM 传输网的关键设备，最后讨论 DWDM 传输网的组网方案及应用。

4.1 DWDM 的基本概念

4.1.1 WDM 的概念与分类

1. WDM 的产生背景

（1）信息快速发展的需求。由于数据量不断增大，通信带宽急剧猛增，要求传输信道具有高速率、大容量的特性。

（2）充分利用光纤具有的巨大带宽资源。理论研究证明：一根常规石英单模光纤在 1 550nm 波段可提供约 25THz 带宽的低损耗窗口。

（3）时分复用（Time Division Multiplexing，TDM）技术存在的缺陷。采用 TDM 方式（如 SDH）的光传输网，随着速率提高，对电子器件开关速率的要求越来越高。

（4）光器件的迅速发展促进了 DWDM 的商用化。光器件的技术发展解决了全光放大的问题，实现了光传输的全光中继，极大地降低了设备成本，提高了传输质量。

基于上述原因，20 世纪 80 年代末，贝尔实验室开始进行 WDM 技术的前期研究工作；中国于 20 世纪 90 年代末开始建设 DWDM 传输网。

2. WDM 的概念及原理

WDM 是利用一根光纤可以同时传输多个不同波长的光载波的特点，把光纤可能应用的波长范围划分为若干个波段，每个波段用作一个独立的信道传输一种预定波长。即 WDM 是在单根光纤内同时传送多个不同波长的光载波，使得光纤通信系统的容量得以倍增的一种技术。

具体地说，就是在发送端将各支路信号以适当的调制方式调制到不同波长的光载波上，然后经波分复用器（合波器）将不同波长的光载波信号汇合，并将其耦合到同一根光纤中进行传输；在接收端首先通过波分解复用器（分波器）对各种波长的光载波信号进行分离，再由光检测器将光信号恢复为原支路信号。

WDM 系统原理示意图如图 4-1 所示。

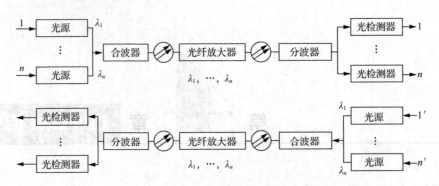

图 4-1 WDM 系统原理示意图

各部分的作用如下。

（1）光源——将各支路信号（电信号）调制到不同波长的光载波上，完成电/光转换。

（2）波分复用器（合波器）——将不同波长的光信号合在一起。

（3）光纤放大器——对多个波长的光信号进行放大，提升衰减的光信号，延长光纤传输距离。

（4）波分解复用器（分波器）——分开各波长的光信号。

（5）光检测器——对不同波长的光载波信号进行解调，还原为各支路信号（电信号）。

3．WDM 系统的分类

WDM 系统早期使用 1 310/1 550nm 的 2 波长系统，后来随着 1 550nm 窗口掺铒光纤放大器（Erbium Doped Fiber Amplifier，EDFA）的商用化（EDFA 能够对 1 550nm 波长窗口的光信号进行放大，详情后述），WDM 系统开始采用 1 550nm 窗口传送多路光载波信号。

WDM 系统根据复用的波长间隔的大小，可分为 CWDM 和 DWDM。

CWDM 系统的波长间隔为几十纳米（一般为 20nm）。

DWDM 系统的波长间隔更加紧密。它在 1 550nm 窗口附近波长间隔只有 0.8nm～2nm，甚至小于 0.8nm（目前一般为 0.2nm～1.2nm）。DWDM 系统在同一根光纤中传输的光载波路数更多，通信容量成倍地得到提高，但其信道间隔小（WDM 系统中，每个波长对应占一个逻辑信道），在实现上所存在的技术难点也比一般的 WDM 系统大些。

4.1.2　DWDM 的技术特点

1．光波分复用器结构简单、体积小、可靠性高

目前实用的光波分复用器是一个无源纤维光学器件，由于不含电源，所以器件具有结构简单、体积小、可靠、易于和光纤耦合等特点。

2．充分利用光纤带宽资源，超大容量传输

在一些实用的光传输网如 SDH 网，仅传输一个波长的光信号，只占据了光纤频谱带宽中极窄的一部分，远远没能充分利用光纤的传输带宽。而 DWDM 技术使单纤传输容量增加几倍至几十倍，充分地利用了光纤带宽资源。

3．提供透明的传送信道，具有多业务接入能力

波分复用信道的各波长相互独立，并对数据格式透明（与信号速率及电调制方式无关），可同时

承载多种格式的业务信号，如 SDH、ATM、IP 等。而且将来升级扩容、引入新业务极其方便，只要在 DWDM 系统中增加一个附加波长就可以引入任意所需的新业务形式，是一种理想的网络扩容手段。

4．利用 EDFA 实现超长距离传输

EDFA 具有高增益、宽带宽、低噪声等优点，其增益曲线比较平坦的部分几乎覆盖了整个 DWDM 系统的工作波长范围，因此，利用一个 EDFA 即可实现对 DWDM 系统的波分复用信号进行放大，以实现系统的超长距离传输，可省略大量中继设备，降低成本。

5．可更灵活地进行组网，适应未来光网络建设的要求

由于使用 DWDM 技术可以在不改变光缆设施的条件下调整光网络的结构，所以组网设计中极具灵活性和自由度，便于对网络功能和应用范围进行扩展。DWDM 光网络结构将沿着"点到点→链形→环形→多环→网状网"的方向发展。

6．存在插入损耗和串光问题

光波分复用方式的实施，主要是依靠波分复用器件来完成的，波分复用器的使用会引入插入损耗，这就会降低系统的可用功率。另外，一根光纤中不同波长的光信号会产生相互影响，造成串光的结果，从而影响接收灵敏度。

4.1.3 DWDM 系统的工作方式

1．双纤单向传输

双纤单向传输就是一根光纤只完成一个方向光信号的传输，反向光信号的传输由另一根光纤来完成。因此，同一波长在两个方向可以重复利用，DWDM 的双纤单向传输方式如图 4-2 所示。

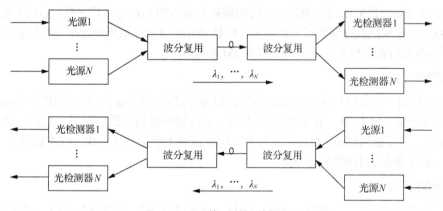

图 4-2　DWDM 的双纤单向传输方式

这种 DWDM 系统的优点是可以充分利用光纤的巨大带宽资源，而且在同一根光纤上所有光信道的光波传输方向一致，对于同一个终端设备，收、发波长可以占用一个相同的波长。缺点是需要两根光纤实现双向传输，光纤资源利用率较低。

目前实用的 DWDM 系统大都采用双纤单向传输方式。

2．单纤双向传输

单纤双向传输是在一根光纤中实现两个方向光信号的同时传输，两个方向的光信号应安排在不同的波长上，如图 4-3 所示。

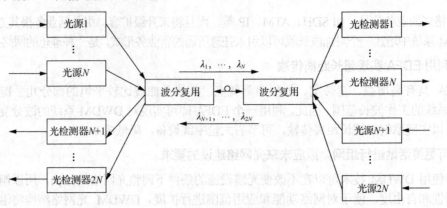

图 4-3　DWDM 的单纤双向传输方式

单纤双向传输的优点是允许单根光纤携带全双工信道，通常可以比单向传输节约一半光纤器件，而且能够更好地支持点到点在 SDH 层实施的 1+1、1∶1 保护结构。但是该系统需要采用特殊的措施，以防止双向信道波长的干扰。一是收、发波长应分别位于红波段区和蓝波段区，二是在设备终端需要进行双向信道隔离，三是在光纤信道中需采用双向放大器实现两个方向光信号放大。

4.2　DWDM 系统工作波长

4.2.1　DWDM 系统使用的光纤类型

由第 1 章可知，目前商用化的单模光纤的规格有常规的 G.652 单模光纤、G.653 色散位移单模光纤和 G.655 非零色散位移单模光纤以及一些特种光纤（如色散平坦型单模光纤和色散补偿光纤等）。下面着重讨论哪种光纤更适用于 DWDM 系统。

1. G.652 光纤

G.652 光纤的零色散波长在 1 310nm 附近，最低损耗在 1 550nm 附近，但在 1 550nm 处的色散较大，严重影响中继距离。在短距离并适当运用色散补偿技术的情况下，G.652 光纤可用于 DWDM 系统。需要强调的是，G.652 光纤不适用于新建大容量光缆干线（成本较高），但可应用于 2.5Gbit/s 以下速率的 DWDM 系统。

2. G.653 光纤

G.653 光纤虽然工作于 1 550nm 窗口，但是它在此波长窗口色散系数过小，容易受到 FWM 等光纤非线性效应的影响，不适合于 DWDM 系统。

3. G.655 光纤

G.655 光纤在 1 550nm 窗口保留了一定的色散，使得光纤在 1 550nm 窗口同时具有了较小色散和最低损耗。由于 G.655 光纤非零色散的特性，能够避免 FWM 的影响，最适用于 DWDM 系统，是大容量 DWDM 系统的最佳选择。

4.2.2　DWDM 系统的工作波长

波分复用实质上就是光域的频分复用，各信道是通过频率分割来实现的。

ITU-T G.692 建议 DWDM 系统以 193.1THz（对应的波长为 1 552.52nm）为绝对参考频率（即标称中心频率的绝对参考点），不同波长的频率间隔应为 100GHz 的整数倍（波长间隔约为 0.8nm 的整数倍）或 50GHz 的整数倍（波长间隔约为 0.4nm 的整数倍）的波长间隔系列，频率范围为 192.1THz~196.1THz，即工作波长范围为 1 528.77 nm~1 560.61nm（约 1 530 nm~1 561nm）。

DWDM 系统中所采用的信道间隔（波长间隔）越小，光纤的通信容量就越大，系统的利用率也越高。

为了保证不同 DWDM 系统之间的横向兼容性，必须对各个信道的中心频率进行标准化。对于使用 G.652 和 G.655 光纤的 DWDM 系统，G.692 标准给出了 1 550nm 窗口附近的标准中心波长和中心频率的建议值，表 4-1 列出了其中一部分。

表 4-1　　　　　　　　　　G.692 标准中心波长和标准中心频率（部分）

序号	标准中心频率/THz 50GHz 间隔	标准中频率/THz 100GHz 间隔	标准中心波长/nm
1	196.10	196.10	1 528.77
2	196.05	—	1 529.16
3	196.00	196.00	1 529.55
4	195.95	—	1 529.94
5	195.90	195.90	1 530.33
6	195.85	—	1 530.72
7	195.80	195.80	1 531.12
8	195.75	—	1 531.51
9	195.70	195.70	1 531.90
10	195.65	—	1 532.29
11	195.60	195.60	1 532.68
12	195.55	—	1 533.07
13	195.50	195.50	1 533.47
14	195.45	—	1 533.86
15	195.40	195.40	1 534.25
16	195.35	—	1 534.64
17	195.30	195.30	1 535.04
18	195.25	—	1 535.43
19	195.20	195.20	1 535.82
20	195.15	—	1 536.22
……	……	……	……

需要说明的是，由于 G.655 光纤最适用于 DWDM 系统，所以新敷设的光缆基本使用 G.655 光纤。特别是随着第二代 G.655 光纤——大有效面积光纤和小色散斜率光纤的使用，将在很大程度上促进 DWDM 技术的应用发展。另外，通过使用降低 1 400nm 窗口吸收峰损耗，使光纤中的传递波长在 1 310nm~1 570nm 长波长范围内全部打通，从而构成全波光纤，这样可使复用波长大大增加，为 DWDM 技术在各种网络中的应用提供有效的技术保障。

4.3　DWDM 系统的组成

4.3.1　典型的 DWDM 系统

典型的 DWDM 系统（单向）组成如图 4-4 所示。

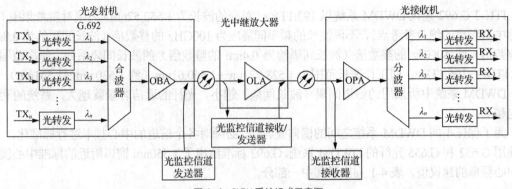

图4-4 DWDM系统组成示意图

DWDM系统由发送/接收光复用终端单元（即光发射机/光接收机）和中继线路放大单元组成。

（1）发送光复用终端单元（光发射机）主要包括光源、光转发器（光波长转换器）、合波器（光波分复用器）和光后置放大器（Optical Booster Amplifier，OBA）等。

（2）中继线路放大单元包括光线路放大器（Optical Line Amplifier，OLA）（光中继放大器）、光纤线路和光监控信道（Optical Supervising Channel，OSC）接收/发送器等。

（3）接收光复用终端单元（光接收机）主要包括光前置放大器（Optical Preamplifier Amplifier，OPA）、分波器（光波分解复用器）、光转发器和光检测器等。

下面分别介绍DWDM系统中光源和光检测器、光波长转换器（Optical Transform Unit，OTU）、光波分复用器/光波分解复用器以及光监控信道（Optical Supervisory Channel，OSC）的相应内容，有关光放大器的问题将在4.4节论述。

4.3.2 DWDM系统对光源和光检测器的要求

光源和光检测器的作用前已述及，这里重点分析DWDM系统对光源和光检测器的要求。

1. DWDM系统对光源的要求

在传统的光纤通信系统中，电信号被调制到单一的光载波上，从频谱分析的角度，它工作于很宽的区域。而在DWDM系统中，多路电信号分别调制后可同时利用同一根光纤进行传输，只是它们各自所占据的工作波长不同，由于彼此之间的波长间隔一般在0.4nm或0.8nm（频率间隔为50GHz或100GHz），这就对激光器提出了很高的要求，具体如下。

（1）激光器的输出波长要保持稳定

在DWDM系统中，由于各个光信道的间隔很窄（波长间隔为零点几个纳米到几个纳米），0.5nm的波长变化就足以使一个光信道移到另一个光信道上。保持每个信道波长的稳定，使信道间隔恒定，系统才能正常工作，所以激光器波长的稳定是一个十分关键的问题。

由于波长间隔越小要求越高，所以激光器需要采用严格的波长稳定技术。通常可实施的稳频方案有多种，例如，利用温度反馈控制的方式获得波长稳定光波。

（2）激光器应具有比较大的色散容纳值

由于EDFA的商用化，使得光纤通信系统中的无电再生中继距离大大增加。在DWDM系统中，一般每隔80km使用一个EDFA，对因光纤衰减导致光功率下降的光信号进行放大。但EDFA无整形和定时功能，不能有效地消除光纤色散等因素所带来的影响，所以一般系统经500km～600km的信号传输之后，需要进行光电再生。

由此可见，为了延长无电再生中继距离，要求DWDM系统中的光源使用技术更为先进、性能更为优越的激光器，具有较大的色散容纳值，即信号在光纤中传输时，能容纳较大的色散而引起的脉冲展宽。

（3）采用外调制技术

除光源的光谱特性和光纤色散特性之外，系统的色散受限距离还与所采用的调制方式有关。对于直接调制而言，在采用单纵模激光器的光通信系统中，啁啾声是限制系统中继距离的主要因素，即使选择啁啾系数 α 较小的应变型超晶格激光器，在 G.652 光纤中传输 2.5Gbit/s SDH 信号时，最大色散受限距离也只能达到 120km 左右，无法满足 DWDM 系统中所要求的无电再生中继距离 500km～600km 的要求，因此，只能通过采用外调制方式来改善其色散特性。

在外调制情况下，激光器的输出功率稳定，当稳定的光波通过一个介质（外调制器中）时，利用该介质的物理特性使通过其中的光波特性发生变化，从而间接使电信号与光波特性参数保持调制关系。由于外调制器给系统所引入的频率啁啾较低，所以使用外调制技术可提高色散受限距离。

2. DWDM 系统对光检测器的要求

由于在 DWDM 系统中利用一根光纤同时传输不同波长的光信号，在接收时，必须能从所传输的多波长业务信号中检测出所需波长的信号，所以要求光检测器应具有多波长检测能力。一般采用可调光检测器，它是在一般的光电二极管结构基础上增加了一个谐振腔，这样可以通过调节施加到谐振腔上的电压来改变谐振腔的长度，从而达到调谐的目的。这种可调光电检测器的调谐范围可达 30nm 以上。

DWDM 系统对光接收机（具体是对光检测器）的要求是：高响应速度，高转换效率，必须承受信号畸变、噪声和串扰的影响，足够的灵敏度。

4.3.3　光波长转换器

DWDM 系统主要承载的业务信号是 SDH 信号。SDH 与 DWDM 是客户层与服务层的关系，SDH 用于承载业务，DWDM 系统为 SDH 提供传输通道。所以在实际应用中，常常将 SDH 系统接入 DWDM 系统。

1. DWDM 系统的两种应用结构

DWDM 系统根据光接口的兼容性可以分为开放式和集成式两种应用结构。

（1）集成式 DWDM 系统

集成式 DWDM 系统要求接入光接口满足 DWDM 光接口标准（即 ITU-T G.692 波长标准）。若将 SDH 系统接入 DWDM 系统，集成式 DWDM 系统是把标准的光波长的光源集成在 SDH 系统中，如图 4-5 所示。

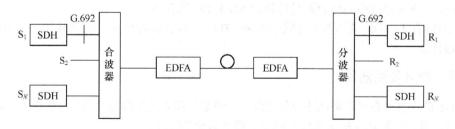

图 4-5　集成式 DWDM 系统

集成式 DWDM 系统的特点如下：

① DWDM 设备简单，不需要 OTU；

② 对 SDH 设备要求高，设备接口必须满足 G.692 标准；

③ 每个 SDH 信道不能互通；

④ SDH 与 DWDM 设备应是同一个厂商生产，才能达到波长接口的一致性；

⑤ 不能横向联网，不利于网络的扩容。

（2）开放式 DWDM 系统

开放式 DWDM 系统在波分复用器前加入了 OTU，将 SDH 光接口非规范的波长（即符合 ITU-T G.957 标准的波长）转换成符合 ITU-T G.692 规定的接口波长标准。开放式 DWDM 系统如图 4-6 所示。

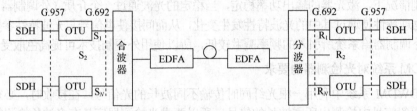

图 4-6 开放式 DWDM 系统

开放式 DWDM 系统的特点如下：

① OTU 满足 G.692 接口标准要求；

② DWDM 设备复杂，需要增加 OTU 器件，复用波数越多，增加的 OTU 器件越多；

③ 对 SDH 设备无特殊要求，SDH 终端设备只要符合 G.957 标准即可；

④ 利于横向联网和网络的扩容。

2. OTU 的基本功能

OTU 的基本功能是完成 G.957 标准到 G.692 标准的波长转换的功能，使得 SDH 系统能够接入 DWDM 系统，如图 4-7 所示。

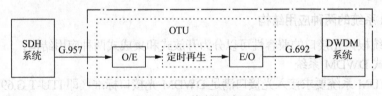

图 4-7 OTU 的功能示意图

另外，OTU 还可以根据需要增加定时再生的功能。没有定时再生电路的 OTU 实际上只是完成波长转换，一般用在 DWDM 网络边缘以便 SDH 系统的接入。

根据 OTU 在 DWDM 系统中位置不同可将 OTU 分为发送端 OTU、作为再生中继器的 OTU 和接收端 OTU。

4.3.4 波分复用器件

DWDM 系统的核心部件是光波分复用器（合波器）和光波分解复用器（分波器），统称为波分复用器件，其特性好坏在很大程度上决定了整个系统的性能。

光波分复用器（合波器）的作用是将不同波长的光载波信号汇合在一起，用一根光纤传输；光波分解复用器（分波器）的作用是对各种波长的光载波信号进行分离。分波、合波器件双向互逆。

对波分复用器件的基本要求如下：

（1）插入损耗小；

（2）信道间的串扰小，即隔离度高；

（3）带内损耗平坦；

（4）偏振灵敏度低；

（5）复用信道多；

（6）波长的温度稳定性好。

DWDM 系统中常用的波分复用器件类型有光栅型光波分复用器和介质膜滤波器。

4.3.5　光监控信道

1. DWDM 系统中 OSC 的作用

由于光纤衰减的影响，使得经过长距离（80km～120km）传输的光信号很弱，在 DWDM 系统中利用 EDFA 对各波道业务信号进行放大，但其无管理和定时功能。由于 EDFA 对业务信号的放大是在光层上进行的，即无上下话路的操作，所以无电接口接入，即使所传输的业务信号为 SDH 信号，在 SDH 信号的帧开销中也没有对 DWDM 系统进行监控和管理的字节。因而在 DWDM 系统中需要增加一个新的波长来传输监控管理信息（即需要增加一个额外的光监控信道），以实现对 DWDM 系统的监控——除监控线路中的 EDFA 之外，还应完成对各波道工作状态的监控。

归纳起来，EDFA 用作 OBA 或 OPA 时，发送/接收光复用终端单元自身用的 OSC 模块就可用于对 DWDM 系统进行监控。而对于用作 OLA 的 EDFA 的监控管理，就必须采用单独的光信道来传输监控管理信息，这个额外的监控信道就是 OSC。

2. 光监控信道应满足的条件

OSC 应满足的条件如下。

（1）不应限制 EDFA 的泵浦波长。

（2）不应限制两个线路放大器之间的距离。光监控信道的接收灵敏度可以做得很高，因此不会因为 OSC 的功率问题限制两个光放大器之间的距离。

（3）如果线路放大器失效，光监控信道应该不受影响。

（4）OSC 在每个光放大器中继站上，监控信号都应该能被正确地接收下来，并可以附加上新的监控信号。

（5）应有 OSC 保护路由，防止光纤被切断后监控信号不能传送的严重后果。双纤单向传输系统中，当其中一根光纤被切断后，监控信号仍然能被线路终端接收到。当整个光缆被切断时，造成 OSC 信道双向都被中断，使网元管理系统无法正常获取监控信号，此时可通过数据通信网（Data Communication Network，DCN）传输监控信号，达到保护 OSC 的目的。

3. DWDM 系统的监控方式

DWDM 系统的监控方式有两种：带内波长监控和带外波长监控。

（1）带内波长监控

EDFA 放大信号的有效频率范围（即增益带宽）为 1 530nm～1 565nm，带内波长监控技术是选用位于 EDFA 增益带宽内的（1 532±4）nm 波长作为光监控信道。

由于带内监控信号可通过 EDFA 放大，监控系统的速率可提高至 155Mbit/s。虽然 1 532nm 波长处于 EDFA 增益的下降区，但因为 155Mbit/s 系统的接收灵敏度优于 DWDM 主信道系统的接收灵敏度，所以能够保证监控信号正常传输。

（2）带外波长监控

ITU-T 建议采用一个特定波长（用 λ_s 表示）作为光监控信道，用于传送监控管理信息，因为此波长位于 EDFA 增益带宽之外，因而称之为带外波长监控技术。λ_s 可选 1 310nm、1 480nm 及 1 510nm，优选 1 510nm。

带外监控信号不能通过 EDFA，必须在 EDFA 前取出，在 EDFA 之后插入，即带外监控信道的光信号得不到 EDFA 的放大。由于 2 048kbit/s 系统接收灵敏度较高，即使不经 EDFA 放大也能正常工作，所以监控信息速率一般为 2 048kbit/s。

采用带外波长监控技术的 DWDM 系统如图 4-8 所示。

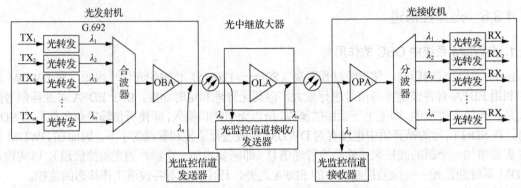

图 4-8 采用带外波长监控技术的 DWDM 系统

在光发射机中是利用耦合器将光监控信道发送器输出的光监控信号（波长为 λ_s 的光信号）插入到多波道业务信号（主信道）之中，监控信号所传信息包括帧同步字节、公务字节和网管所用的开销字节等。由于光监控信号与多波道业务信号各自所占波长不同，所以不会构成相互干扰，这样监控信号将随各波道业务信号一起在光纤中传输。为了能获得相应的监控管理信息，在线路中的 EDFA 前取出波长为 λ_s 的监控信号，送入光监控信道接收器，在 EDFA 后再插入波长为 λ_s 的监控信号，直至接收端。在接收端所接收的各波长信号中分离出监控信号（λ_s），送入光监控信道接收器进行监控。

显然，在 DWDM 系统的整个传送过程中，OSC 没有参与放大，但在每一个站点，都被终结和再生了。

4.4 光放大器

本节首先简单介绍再生器，然后讲解光放大器。

4.4.1 3R 再生器

再生器的作用是首先将光纤中送来的光信号转换为电信号，然后对电信号进行处理，最后将电信号转换为光信号送到光纤中去。

根据功能的不同，再生器可分为 3 种类型：

（1）1R 再生器——只有放大和均衡功能；

（2）2R 再生器——在 1R 再生器的基础上加上数字信号处理（如整形）的功能；

（3）3R 再生器——在 2R 再生器的基础上增加重新定时与判决功能。

3 种再生器的功能如图 4-9 所示。

再生器适用于单波长低速率的通信系统。在高速率的多个波长的 DWDM 系统中，若采用再生器，每一个波长需要一个再生器，如果有 N 个波长则需要 N 个再生器，造价比较高。

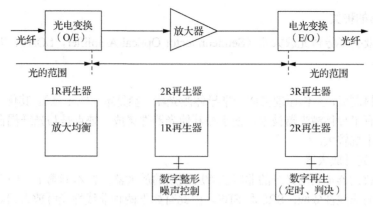

图 4-9　3 种再生器的功能示意图

4.4.2　光放大器的作用和种类

1．光放大器的作用及特性

（1）光放大器的作用

光放大器的作用是提升衰减的光信号、延长光纤的传输距离，它不需要光/电/光转换过程，可以对单个或多个波长的光信号直接放大；而且光放大器支持任何比特率和信号格式，即光放大器对任何比特率以及信号格式都是透明的。

采用光放大器替代再生中继器的优势如下：

① 延长传输距离，减少再生中继器的数目；

② 实现全波道光信号同时放大；

③ 可实现全光传输。

（2）光放大器的特性

光放大器的主要特性有增益、增益效率、增益波动、增益带宽、增益饱和以及噪声。

① 增益

增益是光放大器输出光功率与输入光功率的比值（单位为 dB）。

② 增益效率

增益效率是增益对输入光功率的函数。

③ 增益带宽

增益带宽是放大器放大信号的有效频率范围。

④ 增益饱和

若光放大器的增益随信号功率增加而减小，则称为增益饱和。

⑤ 增益波动

增益带宽内的增益变化范围称为增益波动（单位为 dB）。

⑥ 噪声

与放大光信号有关的噪声包括两类：光场噪声和强度/光电流噪声。光场噪声中最主要的噪声是光放大器中输出的放大的自发辐射（Amplified Spontaneous Emission，ASE）噪声；强度/光电流噪声是指与光束相联系的功率或光电流的波动，其类型有散粒噪声、信号与自发辐射差拍噪声、自发辐射与自发辐射差拍噪声等。

2．光放大器的种类

光放大器主要有半导体光放大器（Semiconductor Optical Amplifier，SOA）、非线性光纤放大器和光纤放大器。

（1）SOA

由半导体材料制成，工作原理类似于半导体激光器（参见本书第1章）。其优点是体积小，成本低，可利用现有半导体激光器技术，便于与其他光器件集成。缺点是与光纤耦合难、耦合损耗大，并且噪声和串扰较大。

（2）非线性光纤放大器

非线性光纤放大器是利用光纤的非线性效应制成的放大器。在本书第1章中介绍了两种由于散射作用而产生的非线性效应：SRS和SBS。由此有如下两种非线性光纤放大器。

① 受激拉曼散射光纤放大器

利用光纤中的拉曼散射效应构成受激拉曼散射光纤放大器。其优点是：带宽宽（约100nm），理论上可以对整个波段的任意波长的信号放大；若采用分布式放大，避免造成严重的非线性问题；噪声系数低。

② 受激布里渊散射光纤放大器

利用光纤中的布里渊散射效应构成受激布里渊散射光纤放大器。其主要特点是高增益、低噪声、工作频带窄。

（3）光纤放大器

光纤放大器是利用在光纤纤芯中掺入稀土元素（如铒、镨等）构成的放大器，例如EDFA。现在实用的DWDM系统都采用EDFA，下面重点介绍EDFA的具体内容。

4.4.3　EDFA 基本介绍

1．EDFA 的原理

铒（Er）是一种稀土元素，在制造光纤过程中，向其中掺入一定量的三价铒离子，便形成了掺铒光纤（Erbium Doped Fiber，EDF）。铒离子位于EDF的纤芯中央地带，这样有利于其最大地吸收泵浦和信号能量，从而产生较好的放大效果。

向在掺铒光纤中传输的光信号中注入泵浦光，使之吸收泵浦信号能量，可实现信号光在掺铒光纤的传输过程中不断被放大的功能。当具有1 550nm波长的光信号通过这段掺铒光纤时，可被放大。通常EDFA所使用的泵浦光源的发光波长为 980nm或1 480nm，其泵浦效率高于其他波长。

2．EDFA 的基本组成

EDFA的基本组成包括：泵浦光源、光耦合器、光隔离器和EDF。如图4-10所示。

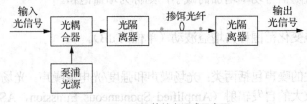

图 4-10　EDFA 的基本组成示意图

各组成部分的作用如下。

（1）泵浦光源——利用半导体激光器产生泵浦光，工作波长为980nm或1 480nm。

（2）光耦合器——是将输入 EDFA 的光信号与泵浦光源输出的光波混合起来的无源光器件，一般采用波分复用器。

（3）光隔离器——作用是防止反射光影响光放大器的工作稳定性，保证光信号只能正向传输。

（4）掺铒光纤——在泵浦光的激励下，可对在其中传输的光信号进行放大。

3. EDFA 常用的结构

（1）同向泵浦

同向泵浦是一种信号光与泵浦光以同一方向从掺铒光纤的输入端注入的结构，也称为前向泵浦。如图 4-11 所示。

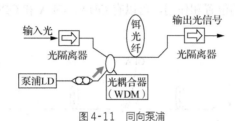

图 4-11 同向泵浦

（2）反向泵浦

反向泵浦是一种信号光与泵浦光从两个不同方向注入掺铒光纤的结构，也称为后向泵浦。如图 4-12 所示。

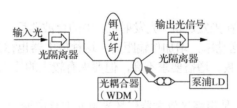

图 4-12 反向泵浦

（3）双向泵浦

双向泵浦是同向泵浦、反向泵浦结合的方式。如图 4-13 所示。

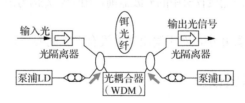

图 4-13 双向泵浦

4. EDFA 的优缺点

EDFA 的优点主要体现在以下几个方面。

（1）工作波长与光纤低损耗窗口一致，放大的谱宽与目前 DWDM 系统的光谱范围一致，适合于 DWDM 光纤通信。

（2）能量转换效率高，从泵浦源吸收的光功率转移到被放大的光信号上的功率效率高。

（3）增益高、输出功率大，噪声较低，信道间串扰很小。

（4）与光纤的耦合损耗小。

（5）增益稳定性好。

EDFA 的主要缺点为存在光放大器输出的 ASE 噪声、串扰、增益带宽不平坦（低电平信号→SNR 恶化，高电平信号→非线性效应→SNR 恶化）等问题。

DWDM 系统中，由于不同的信道是以不同的波长来进行信息传输的，所以要求所使用的 EDFA 具有增益平坦特性，能够使所经过的各波长信号得到相同的增益，同时增益又不能过大，以免光纤工作于非线性状态。这样才能获得良好的传输特性。

5. EDFA 的应用

根据光放大器在系统中的位置和作用，可以有 OBA、OLA 和 OPA 3 种应用方式。如图 4-14 所示。

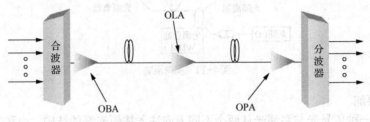

图 4-14 光放大器的应用方式

（1）OBA

OBA 是指将光放大器接在光发送机（光发射机）中的合波器后，用于对合波后的光信号进行放大，以提高光发送机的发送功率，增加传输距离。这种放大器也称为功率放大器。

特点：OBA 对于噪声系数、增益要求不高，但要求有较大的输出功率。

（2）OLA

OLA（即光中继放大器）是指将光放大器代替光电光混合中继器，用于补偿线路的传输损耗，适用于多信道光波系统，可以节约大量的设备投资。

特点：OLA 要求有较小的噪声系数和较大的输出光功率。

（3）OPA

OPA 是指将光放大器接在光接收机中的分波器前，用于对光信号放大，以提高接收机的灵敏度和信噪比。

特点：OPA 要求噪声系数较小，对于输出功率没有太大的要求。

4.5 DWDM 传输网的关键设备

DWDM 传输网的关键设备主要包括光终端复用器（Optical Terminal Multiplexer，OTM）、光分插复用器（Optical Add-Drop Multiplexer，OADM）和光交叉连接（Optical Cross Connect，OXC）设备。其中 OADM 和 OXC 设备属于 DWDM 传输网的节点设备。

4.5.1 光终端复用器

OTM 包含复用/解复用模块、光波长转换模块、光放大模块、OSC 模块以及其他辅助处理模块。

OTM 在 DWDM 系统中作为线路终端传送单元，其主要功能如下。

（1）波分复用/解复用

OTM 在发送端完成光波分复用器（合波器）的功能，即将不同波长的光载波信号汇合在一起用一根光纤传输；在接收端完成光波分解复用器（分波器）的功能，即对各种波长的光载波信号进行分离。

（2）光波长转换

在发送端将 G.957 标准的波长转换成符合 G.692 规定的接口波长标准，接收端完成相反的变换。

（3）光信号放大

在发送端对合波后的光信号进行放大（光后置放大），提高光信号的发送功率，以延长传输距离；在接收端对接收到的光信号进行放大（光前置放大），以提高接收机的灵敏度和信噪比。

（4）OSC 的插入和取出

在发送端光后置放大之后，将波长为 λ_s 的 OSC 插入到主信道之中；在接收端光前置放大之前，取出（分离出）OSC。

4.5.2　光分插复用器

OADM 的功能类似于 SDH 传输网中的 ADM，只是它可以直接以光波信号为操作对象，利用光波分复用技术在光域上实现波长信道的上下。

OADM 可以从多波长信道中有选择地下路某一波长的光信号，同时上路包含了新信息的该波长的光信号，而不影响其他波长信道的传输。OADM 对于实现灵活的 DWDM 组网和业务上下具有至关重要的作用。

1. OADM 的结构

OADM 的结构如图 4-15 所示（以单向 OADM 为例）。它是由光放大单元、分插复用单元、保护倒换单元、波分复用单元、上路信号端口指配单元和下路信号端口指配单元、波长转换单元等组成的（图中只画出了主要组成单元）。

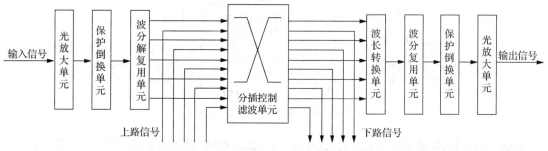

图 4-15　OADM 的结构示意图（单向）

2. OADM 的主要功能

OADM 一般设置为链形网的中间节点及环形网的节点，其主要功能如下。

（1）波长上下

波长上下是指要求给定波长的光信号从对应端口输出或插入，并且每次操作不应造成直通波长质量的劣化，给直通波长介入的衰减要低。

（2）波长转换

若要使与 DWDM 标准波长相同以及不同的波长信号都能通过 DWDM 网络进行传输，要求

OADM 具有波长转换能力。OADM 的波长转换功能既包括标准波长的转换（建立环路保护时，需将主用波长中所传输信号转换到备用波长中），又包括将外来的非标准波长信号转换成标准波长，使之能够利用相应波长的信道实现信息的传输。

（3）业务保护

OADM 可提供复用段和通道保护倒换功能，支持各种自愈环。

（4）光中继放大和功率平衡

OADM 可通过光放大单元来补偿光线路衰减和 OADM 插入损耗所带来的光功率损耗；功率平衡是在合成多波信号前对各个信道进行功率上的调节。

（5）管理功能

OADM 具有对每个上、下的波长的信号进行监控等功能。

4.5.3 光交叉连接设备

OXC 设备的功能类似于 SDH 传输网中的 DXC 设备，只不过是以光波信号为操作对象在光域上实现交叉连接的，无须进行光/电、电/光转换和电信号处理。

1. OXC 设备的结构

OXC 设备主要由光交叉连接矩阵、输入端口、输出端口及管理控制单元等模块组成。其中输入端口包括光放大单元、保护倒换单元和波分解复用单元；输出端口包括波长转换单元、波分复用单元、保护倒换单元和光放大单元。OXC 设备的结构如图 4-16 所示（以单向 OXC 设备为例）。

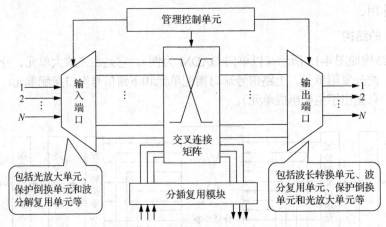

图 4-16　OXC 设备的结构示意图（单向）

OXC 设备的关键技术是光交叉连接矩阵，为了保证 OXC 设备的正常工作，要求其应具有无阻塞、低延迟、宽带和高可靠性的性能。

2. OXC 设备的主要功能

（1）路由和交叉连接功能：将来自不同链路的相同波长或不同波长的信号进行交叉连接。

（2）连接和带宽管理功能：能够响应各种带宽请求，寻找合适的波长信道，为传送的业务量建立连接。

（3）上、下路功能。

（4）保护和恢复功能：可提供对链路和节点失效的保护与恢复能力。

（5）波长转换功能。

（6）波长汇聚功能：可以将不同速率或者相同速率的、去往相同方向的低速波长信号进行汇聚，形成一个更高速率的波长信号在网络中传输。

（7）管理功能：光交叉连接设备具有对进、出节点的每个波长进行监控的功能等。

3．OXC 的实现方式

OXC 共有 3 种实现方式：光纤交叉连接、波长交叉连接和波长转换交叉连接。

（1）光纤交叉连接方式是指以一根光纤中所传输的总容量为基础进行交叉连接的方式。其交叉容量大，但缺乏灵活性。

（2）波长交叉连接方式是指可以将任何光纤上的任何波长交叉连接到使用相同波长的任何光纤上的实现方式。与光纤交叉连接实现方式相比，其优越性在于具有更大的灵活性。但由于其中无波长转换，所以其灵活性受到一定的影响。

（3）波长转换交叉连接方式是指可以将任何输入光纤上的任何波长交叉连接到任何输出光纤上的实现方式。由于采用了波长转换技术，所以这种实现方式可以完成任意光纤之间的任意波长间的转换，其灵活性更高。

4．OXC 设备与 DXC 设备的比较

OXC 设备与 SDH 网络中的 DXC 设备的功能相比，它们在网络中的地位和作用相同，但功能上存在着下列区别：

（1）OXC 设备是在光域完成交叉连接功能的，而 DXC 设备是在电层上进行交叉连接。

（2）OXC 设备可以对不同速率和采用任何传输格式的信号进行交叉连接操作，但 DXC 设备针对不同传输格式和不同传输速率的信号的处理方式不同，因此分为不同的型号，如 DXC4/4、DXC4/1 等，而且其监控维护也相对复杂。

（3）由于 DXC 设备中的信号处理是在电层上进行的，所以 DXC 设备受电子速率的限制，交叉连接速率较低。到目前为止，交叉连接和接入速率最高只能为 622Mbit/s，交叉总容量只达到 40Gbit/s。而 OXC 设备无论在交叉连接速率、接入速率及总容量等方面，都优于 DXC 设备。OXC 设备的接入速率范围为 140Mbit/s～10Gbit/s，交叉总容量可达 1Tbit/s～10Tbit/s。

（4）OXC 设备中无须进行时钟信号同步与开销处理，便于网络升级（无须更换设备）；而 DXC 设备必须进行时钟信号同步与开销处理，在网络升级时必须更换设备。

4.6　DWDM 传输网的组网方案及应用

4.6.1　DWDM 传输网的组网方式

DWDM 传输网的组网方式（指组网结构）包括点到点组网、链形组网、环形组网和网状网组网。

1．点到点组网

点到点组网是最普遍、最简单的一种方式，它不需要 OADM，只由 OTM 和 OLA 组成，如图 4-17 所示。

图 4-17　DWDM 点到点组网

点到点组网的特点是结构简单、成本低，增加光纤带宽利用率，但缺乏灵活性。

2. 链形组网

链形组网是在 OTM 之间设置 OADM，如图 4-18 所示。

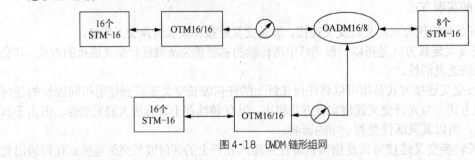

图 4-18　DWDM 链形组网

链形组网的特点与点到点组网类似，其结构简单、成本较低。另外，链形组网可以实现灵活的波长上下业务，而且便于采用线路保护方式进行业务保护。但若主备用光纤同缆复用，则当光缆完全中断时，此种保护功能失效。

3. 环形组网

环形组网如图 4-19 所示，其节点一般设置为 OADM。

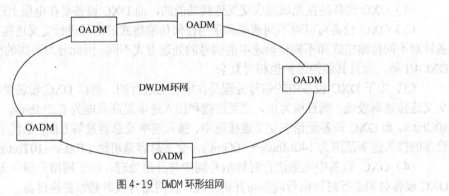

图 4-19　DWDM 环形组网

环形组网的特点：一次性投资要比链形网络大，但其结构也简单，而且在系统出现故障时，可采用基于波长的自愈环，实现快速保护倒换。

在实际 DWDM 组网中，可根据情况采用多环相交的结构，如图 4-20 所示。

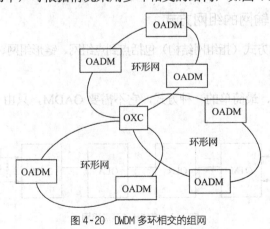

图 4-20　DWDM 多环相交的组网

多环相交组网结构的优点是在几个环的相交节点可使用 OXC 设备，更为灵活地配置网络，但成本比节点均设置为 OADM 的环形网增大。

4. 网状网组网

网状网组网如图 4-21 所示，每个节点上均需设置一个 OXC 设备。

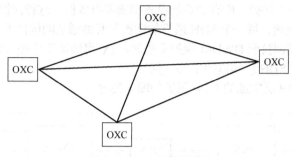

图 4-21　DWDM 网状网组网

网状网组网的特点是可靠性高，生存性强（利用 OXC 设备通过重选路由实现）；但由于 OXC 设备价格昂贵，投资成本较大，所以这种拓扑结构适合在业务量大且密度相对集中地区采用。

以上介绍的 DWDM 的几种组网方式，各有其优缺点，在实际应用中应综合考虑各种因素酌情选择。

随着 IP 业务的迅猛发展，IP 网络的规模和容量随之迅速增大，为了满足业务需求，基础承载网的建设将逐渐采用以可重构光分插复用器（Reconfigurable Optical Add-Drop Multiplexer，ROADM）（详见第 5 章）为标志的光层灵活组网技术，使 DWDM 传输网从简单的点到点过渡到环网和多环相交的组网结构，最终实现网状网组网。

4.6.2　DWDM 传输网的网络保护

由于 DWDM 传输网的负载很大，安全性特别重要。DWDM 网络的保护方式主要包括点到点线路保护和环网保护。

1. 点到点线路保护

点到点线路保护又可分为基于单个波长的保护和光复用段保护。

（1）基于单个波长的保护

① 基于单个波长在 SDH 层实施的 1+1 保护

基于单个波长在 SDH 层实施的 1+1 保护如图 4-22 所示。

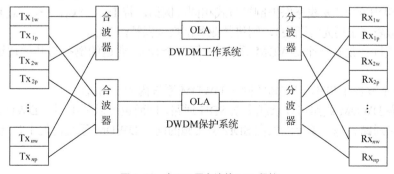

图 4-22　在 SDH 层实施的 1+1 保护

此种保护方式是为每路单个波长的 SDH 信号配备主用光纤（工作段）和备用光纤（保护段），SDH 信号在发送端被永久桥接在工作系统和保护系统，即将业务信号同时发往主用光纤和备用光纤，然后各路主用光纤的信号通过合波器构成工作系统中的 DWDM 波分复用信号，各路备用光纤的信号通过合波器构成保护系统中的 DWDM 波分复用信号。其保护倒换原理与 SDH 的 1+1 线路保护倒换方式相同。

在 SDH 层实施的 1+1 保护，所有的系统设备都需要有备份，这种保护方式的成本比较高。

在一个 DWDM 系统内，每一个 SDH 通道的倒换与其他通道的倒换没有关系，即 DWDM 工作系统里的 Tx_1 出现故障倒换至 DWDM 保护系统时，Tx_2 可继续工作在 DWDM 工作系统上。

② 基于单个波长在 SDH 层实施的 1：n 保护

基于单个波长在 SDH 层实施的 1：n 保护如图 4-23 所示。

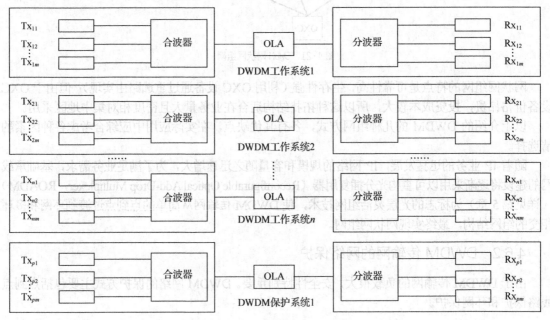

图 4-23　在 SDH 层实施的 1：n 保护

此种保护方式是 n 个 DWDM 工作系统共用 1 个 DWDM 保护系统，但是在 SDH 层实施的 1：n 保护。图中 n 个 SDH 单波长的信号 Tx_{11}、Tx_{21}、…、Tx_{n1}（分别在 n 个 DWDM 工作系统中各占用 1 个波长信道——相当于 n 个工作段）共用 1 个保护段 Tx_{p1}（在 DWDM 保护系统中占用 1 个波长信道），n 个 SDH 单波长的信号 Tx_{12}、Tx_{22}、…、Tx_{n2} 共用 1 个保护段 Tx_{p2}，依此类推。其保护倒换原理与 SDH 的 1：n 线路保护倒换方式相同。例如，若 Tx_{11}、Tx_{21}、…、Tx_{n1} 这 n 个工作段中的一个出现故障（主用光纤断裂），则将其业务倒换到保护段 Tx_{p1}。

此保护方式同样是在一个 DWDM 系统内，每一个 SDH 通道的倒换与其他通道的倒换没有关系。

③ 基于单个波长在 SDH 层实施的同一 DWDM 系统内的 1：n 保护

考虑到一条 DWDM 线路可以承载多条 SDH 通路，因而也可以使用同一 DWDM 系统内的空闲波长作为保护通路。基于单个波长在 SDH 层实施的同一 DWDM 系统内的 1：n 保护如图 4-24 所示。

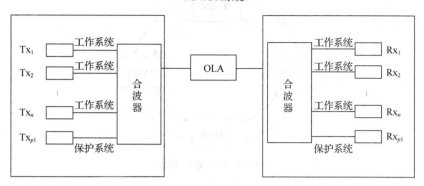

图 4-24　在 SDH 层实施的同一 DWDM 系统内的 1∶n 保护

此种保护方式是在同一 DWDM 系统内，Tx_1、Tx_2、Tx_n 共 n 个工作段（工作系统）共用 1 个保护段（保护系统）Tx_{p1}，其保护倒换原理也与 SDH 的 1∶n 线路保护倒换方式相同。

但是考虑到实际系统中，光纤（光缆）的可靠性比设备的可靠性要差，这种保护方式只对系统保护而不对线路保护，实际意义不是太大。

（2）光复用段保护

DWDM 网络的光复用段保护（Optical Multiplex Section Protect，OMSP）是在 OTM 之间采用 1+1 保护方式。其工作原理是双发选收，单端倒换，保护是针对两个 OTM 之间的 DWDM 系统的所有波长同时进行保护，如图 4-25 所示。

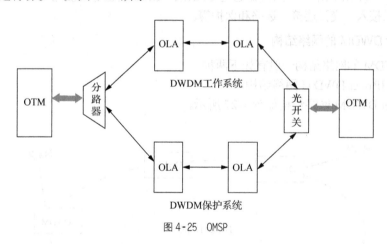

图 4-25　OMSP

此 OMSP 的保护倒换原理与 SDH 的 1+1 线路保护倒换方式类似。在发送端通过 1×2 光分路器将波分复用的光信号同时发往 DWDM 工作系统和保护系统，在接收端利用光开关进行选路，择优选择接收性能良好的信号（一般接收 DWDM 工作系统的信号）；当 DWDM 工作系统出故障时，再通过光开关倒换改为接收 DWDM 保护系统的信号。

这种保护方式，只有光缆和 DWDM 的线路系统是备份的，相对基于单个波长、在 SDH 层实施的 1+1 保护，降低了成本。

2．环网保护

DWDM 环网保护比较常用的是基于单个波长的通道保护，即单个波长的 1+1 保护，其保护倒换原理类似于 SDH 的二纤单向通道保护环，如图 4-26 所示。

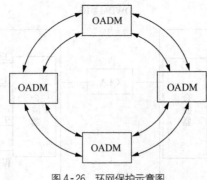

图 4-26 环网保护示意图

4.6.3 DWDM 传输网的应用

DWDM 技术由于其自身的优势，在 IP 网中得到越来越广泛的应用。DWDM 网络可作为 IP 路由器之间的传输网，但由于 DWDM 要求高性能的器件，价格较高，所以一般用于 IP 骨干网，包括省级干线网络（省际干线和省内干线传输网）和城域传输网核心层。

1. IP over DWDM 的概念

IP over DWDM 是 IP 与 DWDM 技术相结合的标志，它是在 IP 网路由器之间采用 DWDM 网传输 IP 数据报。

在 IP over DWDM 网络中，路由器通过 OADM、OXC 设备等直接连至 DWDM 光纤，由这些设备控制波长接入、交叉连接、选路和保护等。

2. IP over DWDM 的网络结构

IP over DWDM 的网络结构一般有如下两种。

（1）小型 IP over DWDM 网络结构

小型 IP over DWDM 网络结构如图 4-27 所示。

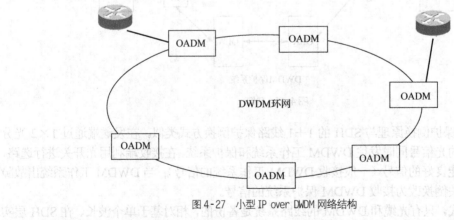

图 4-27 小型 IP over DWDM 网络结构

图中路由器之间是由 OADM 组成的 DWDM 环形网络，适用于业务量较少或密度相对分散地区。

（2）大型 IP over DWDM 网络结构

大型 IP over DWDM 网络结构如图 4-28 所示。

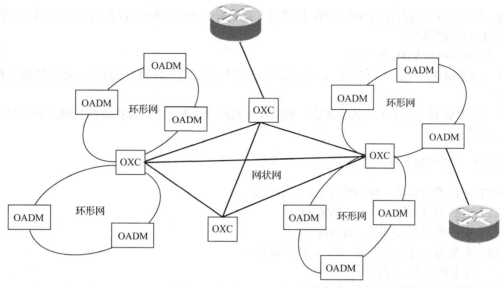

图 4-28　大型 IP over DWDM 网络结构

图中路由器之间是由 OXC 设备和 OADM 构成的大型 DWDM 光网络,其核心部分采用网状网结构,边缘部分采用若干个环形结构(通过 OXC 设备与核心部分网络相连),此种网络结构适用于业务量较大且密度相对集中地区。

3. IP over DWDM 分层结构

IP over DWDM 分层结构如图 4-29 所示。

相比于 IP over ATM 和 IP over SDH,IP over DWDM 在 IP 层和 DWDM 光层之间省去了 ATM 层和 SDH 层,将 IP 数据报直接放到光路上进行传输。各层功能简单叙述如下。

(1)IP 层

IP 层产生 IP 数据报,其协议包括 IPv4、IPv6 等。

(2)光适配层

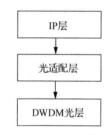

图 4-29　IP over DWDM 的分层结构

光适配层负责向不同的高层提供光通道,主要功能包括管理 DWDM 信道的建立和拆除,提供光层的故障保护/恢复等。

(3)DWDM 光层

DWDM 光层包括光通道层、光复用段层和光传输段层。

① 光通道层负责为多种形式的用户提供端到端的透明传输。

② 光复用段层负责提供同时使用多波长传输光信号的能力。

③ 光传输段层负责提供使用多种不同规格光纤来传输信号的能力。

这三层都具有监测功能,只是各自监测的对象不同。光传输段层监控光传输段中的光放大器和光中继器,而其他两层则提供系统性能监测和检错功能。

4. IP over DWDM 的优缺点

(1)IP over DWDM 的优点

① 相比于 IP over ATM 和 IP over SDH,IP over DWDM 简化了层次,减少了网络设备和功能重叠,从而减轻了网管复杂程度。

② IP over DWDM 可充分利用光纤的带宽资源,极大地提高了带宽和相对的传输速率。

③ 不仅可以与现有通信网络兼容，还可以支持未来的宽带业务网及网络升级，并具有可推广性、高度生存性等特点。

（2）IP over DWDM 的缺点

① DWDM 极大的带宽和现有 IP 路由器的有限处理能力之间的不匹配问题还不能得到有效的解决。

② DWDM 技术还不够完善。光信号的损耗与监控以及光信道的保护倒换与网络管理配置还停留在电层。

4.6.4 DWDM 技术的发展

DWDM 技术的发展主要归纳为以下几个方面。

（1）更高的单波长比特率：160Gbit/s。

（2）更密集的波长间隔：20GHz。

（3）更宽的可用波长范围：C、L 和 S 波长带。

（4）更长的光放大段：数百千米。

（5）更长的光再生中继段：3 600km。

（6）更大容量的光系统。

（7）更多类型的业务接口。

第 5 章 光传送网

当今，通信网络已经进入全业务运营时代，对传送带宽的需求越来越大，因此，需要一种能提供大颗粒业务传送和交叉调度的新型光网络。OTN 继承并拓展了已有传送网络的众多优势特征，是目前面向宽带客户数据业务驱动的全新的最佳传送技术之一，代表着光网络未来的发展趋势。

本章首先介绍 OTN 的基本概念，然后分析 OTN 的分层结构与接口信息结构、OTN 的帧结构、OTN 的复用和映射结构，继而讨论 OTN 的关键设备与 OTN 的保护方式，最后研究 OTN 的组网应用及技术发展。

5.1 OTN 的基本概念

5.1.1 OTN 的概念

1. OTN 的产生背景

传统的 SDH 传输网，由于受电信号处理速率的限制，传输带宽不超过 40Gbit/s，与早期的 DWDM 网络结合后，信道传输带宽得到扩展，但早期 DWDM 网络只能提供点对点的光传输，组网和对光信号传输的维护监测能力不足。

为克服 SDH 传输网以及早期 DWDM 网络的缺陷，以满足宽带业务需求，国际电信联盟电信标准分局于 1998 年提出了基于大颗粒业务带宽进行组网、调度和传送的新型技术——OTN 的概念。

2. OTN 的概念

所谓 OTN，从功能上看，就是在光域内实现业务信号的传送、复用、路由选择和监控，并保证其性能指标和生存性。它的出发点是子网内全光透明，而在子网边界采用 O/E 和 E/O 技术。OTN 可以支持多种上层业务或协议，如 SDH、ATM、以太网、IP 等，是适应各种通信网络演进的理想基础传送网络。

从技术本质上而言，OTN 技术是对已有的 SDH 和 DWDM 技术的传统优势进行了更为有效的继承和组合，既可以像 DWDM 网络那样提供超大容量的带宽，又可以像 SDH 传输网那样可运营、可管理；并考虑了大颗粒传送和端到端维护等新的需求，将业务信号的处理和传送分别在电域和光域内进行；同时扩展了与业务传送需求相适应的组网功能。

从设备类型上来看，OTN 设备相当于将 SDH 和 DWDM 传输网设备融合为一种设备，同时拓展了原有设备类型的优势功能。OTN 的关键设备包括：光终端复用器、电交叉连接设备、光交叉连接设备（具体采用 ROADM）、光电混合交叉连接设备（详见后述）。

OTN 设计的初衷是希望将 SDH 作为净负荷完全封装到 OTN 中，DWDM 相当于是 OTN 的一个子集。

5.1.2 OTN 的特点与优势

1. OTN 的特点

OTN 技术已成为当今最热门的传输技术之一，其主要特点如下。

（1）可提供多种客户信号的封装和透明传输

基于 G.709 标准的 OTN 帧结构可以支持多种客户信号的映射和透明传输，如 SDH、ATM、以太网业务等。

（2）大颗粒的带宽复用和交叉调度能力

① 基于电层的交叉调度：OTN 可实现电层的基于单个 ODUk 颗粒的交叉连接（ODUk 的概念后述，k=1、2、3，对应的客户信号速率分别为 2.5Gbit/s、10Gbit/s、40Gbit/s）。

② 基于光层的波长交叉调度：光层的带宽颗粒是波长，即 OTN 可实现基于单个波长的交叉连接。在光层上是利用 ROADM 来实现波长业务的调度，基于子波长和波长多层面调度，从而实现更精细的带宽管理，提高调度效率及网络带宽利用率。

（3）提供强大的保护恢复能力

OTN 在电层和光层可支持不同的保护恢复技术：

① 在电层支持基于 ODUk 的子网连接保护和环网保护等；

② 在光层支持基于波长的线性保护和环网保护等。

（4）强大的开销和维护管理能力

OTN 定义了丰富的开销字节，大大增强了数据监视能力，可提供 6 层嵌套串联连接监视（Tandem Connection Monitoring，TCM）功能，以便实现端到端和多个分段的同时性能监视。

（5）增强了组网能力

通过 OTN 的帧结构、ODUk 交叉和多粒度 ROADM 的引入，大大增强了光传送网的组网能力。

2. OTN 相对于 SDH 传输网的优势

相对于 SDH 传输网，OTN 具有以下优势：

（1）容量的可扩展性强，交叉容量可扩展到每秒几十太比特；

（2）客户信号透明包括净荷和时钟信息等；

（3）异步映射消除了全网同步的限制，更强的 FEC 纠错能力，简化系统设计，降低组网成本；

（4）多达 6 级的 TCM 管理能力。

3. OTN 相对于 DWDM 传输网的优势

相对于传统 DWDM 传输网，OTN 具有的优势如下：

（1）有效的监视能力——运行、管理、维护和供应保障及网络生存能力；

（2）灵活的光/电层调度能力和电信级的可管理、可运营的组网能力。

5.2 OTN 的分层模型与接口信息结构

5.2.1 OTN 的分层模型

1. 光通道、光复用段和光传输段的概念

为了帮助读者理解 OTN 的分层模型，在此首先介绍光通道、光复用段、光传输段的概念。

这里只考虑一个光域子网（即不加再生器）的情况，光通道、光复用段、光传输段的简单示意图如图 5-1 所示。

图 5-1（a）是点到点组网时光通道、光复用段、光传输段的示意图，若考虑中间设置 ROADM 或 OADM（即链形组网），则光通道、光复用段、光传输段的示意图参见图 5-1（b）。

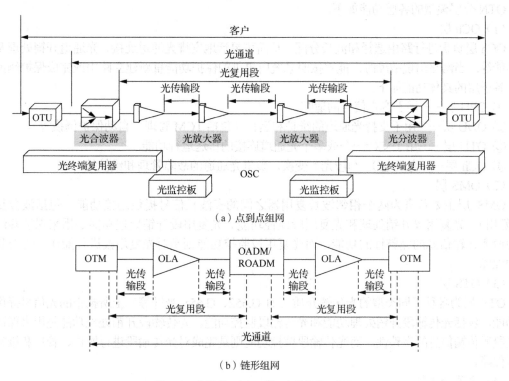

（a）点到点组网

（b）链形组网

图 5-1 光通道、光复用段、光传输段示意图

（1）光通道——收发两端光波长转换器（Optical Transform Unit，OTU）之间（不包括 OTU）称为光通道。

（2）光复用段——对于点到点组网，发端 OTM 中的合波器输出点与收端 OTM 中的分波器输入点之间称为光复用段（如图 5-1（a）所示）；对于链形组网，发端 OTM 中的合波器输出点与 ROADM/OADM（其中的波分解复用单元输入点）之间、ROADM/OADM（其中的波分复用单元输出点）与收端 OTM 中的分波器输入点之间称为光复用段（如图 5-1（b）所示）。

（3）光传输段——OTM 与光线路放大器（Optical Line Amplifier，OLA）之间、OLA 与 ROADM/OADM 之间、两个相邻 OLA 之间均称为光传输段。

2. OTN 的分层模型

与 SDH 传输网分层模型的作用类似，OTN 的分层模型也是将其功能逻辑上分层。G.872 建议的 OTN 的分层模型（也称为分层结构）如图 5-2 所示。

客户层产生各种客户信号。OTN 分层结构包括光通道（Optical Channel，OCh）层、光复用段（Optical Multiplexing Section，OMS）层、光传输段（Optical Transport Section，OTS）层和物理介质层。

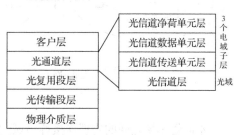

图 5-2 G.872 建议的 OTN 分层模型

OCh 层又进一步分为光信道净荷单元（Optical Channel Payload Unit，OPU）层、光信道数据单元（Optical Channel Data Unit，ODU）层、光信道传送单元（Optical Channel Transport Unit，OTU）层（3 个电域子层）和 OCh 层（光域子层）。（注意：这里的 OTU 代表光信道传送单元，请不要与光波长转换器（OTU）混淆，要根据上下文加以区分。）

OTN 分层模型的各层功能如下。

（1）OCh 层

OCh 层负责进行路由选择和波长分配，从而可灵活地安排光通道连接、光通道开销处理及监控功能等；当网络出现故障时，能够按照系统所提供的保护功能重新建立路由或完成保护倒换操作。各子层的具体功能如下。

① OPU 层——用于客户信号的适配。

② ODU 层——用于支持光通道的维护和运行（包括 TCM 管理、自动保护倒换等）。

③ OTU 层——用于支持一个或多个光通道连接的传送运行功能。

④ OCh 层——完成电/光（电/光）变换，负责光通道的故障管理和维护等。

（2）OMS 层

OMS 层主要负责为两个相邻波长复用器之间的多波长信号提供连接功能，包括波分复用（解复用）、光复用段开销处理和光复用段监控功能。光复用段开销处理功能是用来保证多波长复用段所传输信息的完整性的功能，而光复用段监控功能则是对光复用段进行操作、管理和维护的保障。

（3）OTS 层

OTS 层为各种不同类型的光传输介质（如 G.652、G.655 光纤等）上所携带的光信号提供传输功能，包括光传输段开销处理功能和光传输段监控功能。光传输段开销处理功能是用来保证光传输段所传输信息的完整性，而光传输段监控功能则是完成对光传输段进行操作、管理和维护的重要保障。

（4）物理介质层

物理介质层完成与各种光纤物理介质传送有关的功能。

5.2.2 OTN 的接口信息结构

1. OTN 的分域

OTN 从水平方向可分为不同的管理域，其中单个管理域可以由单个设备商的 OTN 设备组成，也可由运营商的某个光网络或光域子网组成，如图 5-3 所示。

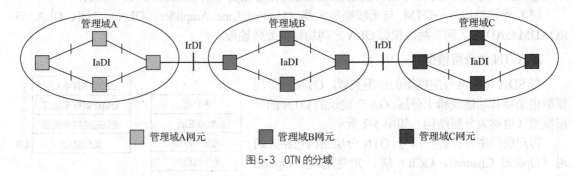

图 5-3 OTN 的分域

不同管理域之间的物理连接称为域间接口（Inter-Domain Interface，IrDI），域内的物理连接称为域内接口（Intra-Domain Interface，IaDI）。

2. OTN 的接口信息结构种类

用于支持 OTN 接口（OTN 设备与光传输线路之间的接口）的信息结构被称为光传送模块 OTM-*n*，分为两种结构：完整功能 OTM 接口信息结构——OTM-*n.m*，简化功能 OTM 接口信息结构——OTM-*nr.m* 和 OTM-0.*m*。

OTN 的接口信息结构如表 5-1 所示。

表 **5-1**   **OTN 的接口信息结构**

种类	作用	符号含义
完整功能 OTM 接口：OTM-*n.m*	用作同一管理域内各节点之间的域内中继连接接口 IaDI（自身的波分设备之间互连），无法和其他厂商波分设备互通	*n*：接口支持的波长数（如 *n*=40、*n*=80），*n* 为 0 表示 1 个波长。*m*：接口支持的比特率或比特率集合。
简化功能 OTM 接口：OTM-*nr.m* 和 OTM-0.*m*	用作不同管理域间各节点之间的域间中继连接接口 IrDI，即用于和其他厂商的波分设备互连	r：简化功能。OTM-0.*m* 不需要标记 r（1 个波长的情况只能是简化功能）

3. OTN 分层模型中各层的信息结构概述

OTN 分层模型中各层的信息结构如图 5-4 所示。

客户层产生各种客户信号（如 IP/MPLS、ATM、以太网、SDH 信号），下面分别介绍对应于完整功能 OTM 接口和简化功能 OTM 接口，OTN 分层模型中各层的信息结构。

（1）完整功能 OTM 接口

对应于完整功能 OTM 接口，OTN 分层模型中各层的信息结构如下。

① OPU 层的信息结构——光信道（通道）净荷单元 OPU*k*。

② ODU 层的信息结构——光信道（通道）数据单元 ODU*k*。

③ OTU 层的信息结构——完全标准化的光信道（通道）传送单元 OTU*k* 或功能标准化的光信道（通道）传送单元 OTU*k*V（不同厂商可能会对 OTU*k* 帧做一些特殊修改）。

④ OCh 层的信息结构——光信道（通道）单元 OCh。

⑤ OMS 层的信息结构——OMS 单元 OMU-*n.m*。

⑥ OTS 层的信息结构——OTS 单元 OTM-*n.m*（即完整功能 OTM 接口信息结构）。

（2）简化功能 OTM 接口

对应于简化功能 OTM 接口，OTN 分层模型中各层的信息结构如下。

① OPU 层的信息结构——光信道（通道）净荷单元 OPU*k*。

② ODU 层的信息结构——光信道（通道）数据单元 ODU*k*。

③ OTU 层的信息结构——完全标准化的光信道（通道）传送单元 OTU*k* 或功能标准化的光信道（通道）传送单元 OTU*k*V（不同厂商可能会对 OTU*k* 帧做一些特殊修改）。

④ 光信道（OCh）层的信息结构——光信道（通道）单元 OChr。

⑤ 光物理段（Optical Physical Section，OPS）层的信息结构——简化功能 OTM 接口的 OPS 层对应着完整功能 OTM 接口的 OMS 层和 OTS 层，其信息结构为 OTM-*nr.m* 或 OTM-0.*m*（即简化功能 OTM 接口信息结构）。

其中：*k*=1，对应的客户信号速率为 2.5Gbit/s；*k*=2，对应的客户信号速率为 10Gbit/s；*k*=3，

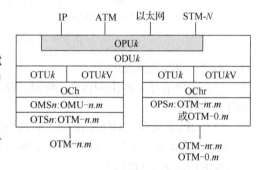

图 5-4   OTN 分层模型中各层的信息结构

对应的客户信号速率为 40Gbit/s。

4. 完整功能 OTM 接口的基本信息包含关系

完整功能的 OTM-*n.m*（*n*≥1）的形成过程如图 5-5 所示。

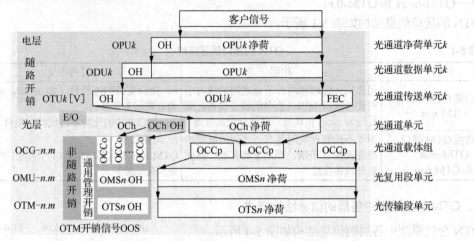

图 5-5　完整功能 OTM 接口 OTM-*n.m* 的形成过程

各层信息变化情况如下。

（1）客户信号（如 IP/MPLS、ATM、以太网、SDH 信号）作为 OPU*k* 净荷加上 OPU*k* 开销后映射到 OPU*k*。

（2）OPU*k* 又作为 ODU*k* 净荷，加入 ODU*k* 开销组成了 ODU*k*。

（3）ODU*k* 加上 OTU*k* 开销和 FEC 映射到完全标准化的光通道传送单元 OTU*k* 或功能标准化的光通道传送单元 OTU*k*V。

（4）OTU*k* 经电/光转换、合入 OCh 开销后被映射到完整功能的光通道单元 OCh，OCh 又被调制到光通道载波（Optical Channel Carrier，OCC）上（*n* 个 OCC 合在一起看作一个整体，称为光通道载体组（Optical channel Carrier Group，OCG-*n.m*）。

（5）*n* 个 OCC 净荷 OCCp 进行波分复用构成 OMS*n* 净荷，合入 OMS 开销后，构成 OMU-*n.m*。

（6）OTS*n* 净荷合入 OTS 开销后，构成 OTS*n* 单元（即 OTM-*n.m*）。

这里有两点需要说明。

① 电层单元 OPU*k*、ODU*k*、OTU*k* 的开销为随路开销，它们与净荷一同传送。

② 几个光层单元的开销和通用管理信息一起构成了 OTM 开销信号（OTM OverHead Signal，OOS），以非随路开销的形式由 1 路独立的 OSC 负责传送。

由上述可见，OTM-*n.m* 由最多 *n* 个复用的波长信号和支持非随路开销的 OTM 开销信号组成，其中 *m* 可为 1、2、3、12、23、123。*m* 为不同值时，可承载的 OTU*k*/OTU*k*V 信号如表 5-2 所示。

表 5-2　　　　　　　　　　　*m* 不同取值可承载的 **OTU*k*/OTU*k*V** 信号

m	承载的信号
1	OTU1/OTU1V
2	OTU2/OTU2V
3	OTU3/OTU3V
12	部分为 OTU1/OTU1V，部分为 OTU2/OTU2V
23	部分为 OTU2/OTU2V，部分为 OTU3/OTU3V
123	部分为 OTU1/OTU1V，部分为 OTU2/OTU2V，部分为 OTU3/OTU3V

5. 简化功能 OTM 接口的基本信息包含关系

（1）OTM-*nr.m* 的形成过程

OTM-*nr.m* 的形成过程如图 5-6 所示。

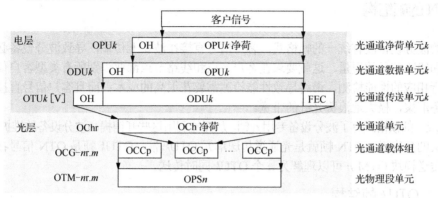

图 5-6 OTM-*nr.m* 的形成过程

各层信息变化情况如下。

① 客户信号（如 IP/MPLS、ATM、以太网、SDH 信号）作为 OPU*k* 净荷加上 OPU*k* 开销后映射到 OPU*k*。

② OPU*k* 又作为 ODU 净荷，加入 ODU*k* 开销组成了 ODU*k*。

③ ODU*k* 加上 OTU*k* 开销和 FEC 区域后映射到完全标准化的光通道传送单元 OTU*k* 或功能标准化的光通道传送单元 OTU*k*V。

④ OTU*k* 经电/光转换，被映射到简化功能的光通道 OChr，OChr 被调制到光通道载波 OCCr（OCCp）上（这里将 *n* 个 OCCr（OCCp）合在一起，称为光通道载体组 OCG-*nr.m*）。

⑤ *n* 个 OCCr 进行波分复用，构成光物理段 OPS*n* 单元（即 OTM-*nr.m*）。

（2）OTM-0.*m* 的形成过程

OTM-0.*m* 的形成过程如图 5-7 所示。

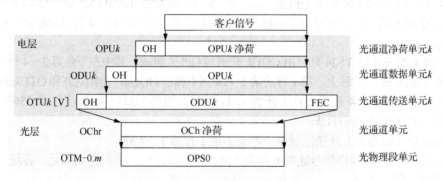

图 5-7 OTM-0.*m* 的形成过程

各层信息变化情况如下。

① 客户信号（如 IP/MPLS、ATM、以太网、SDH 信号）作为 OPU*k* 净荷加上 OPU*k* 开销后映射到 OPU*k*。

② OPU*k* 又作为 ODU 净荷，加入 ODU*k* 开销组成了 ODU*k*。

③ ODU*k* 加上 OTU*k* 开销和 FEC 后映射到完全标准化的光通道传送单元 OTU*k* 或功能标准化的光通道传送单元 OTU*k*V。

④ OTUk 经电/光转换，被映射到简化功能的光通道 OChr，OChr 被调制到光通道载波 OCC 上。

⑤ 一个 OCC 对应着光物理段 OPS0 单元（即 OTM-0.m）。

5.3 OTN 的帧结构

早期的波分设备没有统一的帧格式，客户信号直接在波长上传输，导致波分设备必须能检测客户信号和线路信号的质量，这就要求在客户节点和线路节点都要识别所有类型客户信号的帧格式，并执行相应的性能检测，最终导致性能检测需要花很高的成本；而且客户信号直接传输时无法执行业务汇聚，极大地浪费光纤的带宽。

OTN 统一的帧格式有了波分设备专用开销，从而能利用这些开销提高波分设备的维护管理能力。

从狭义的角度说，OTN 帧就是光通道传送单元 OTUk 帧，OTUk 帧是 OTN 信号在电层的帧格式，光传送模块 OTM-n 可以理解为 n 个 OTUk 同时传送。

5.3.1 OTUk 帧结构

1. OTUk 帧结构

光通道传送单元 OTUk（k=1，2，3）帧为基于字节的 4 行 4 080 列的块状结构，如图 5-8 所示。

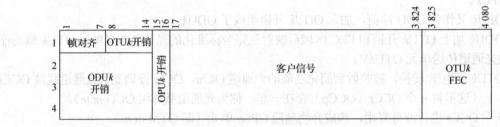

图 5-8　OTUk 帧结构

（1）第 15 列到第 3 824 列为 OPUk，其中第 15、16 列为 OPUk 开销区域，第 17 列到第 3 824 列为 OPUk 净荷区域。客户信号位于 OPUk 净荷区域，即客户信号占 4 行 3 808 列，OPUk 占 4 行 3 810 列。

（2）ODUk 约占 4 行 3 824 列，由 ODUk 开销和 OPUk 组成，其中左下角第 2～4 行的第 1～14 列为 ODUk 开销区域。（实际上，第 1 行的第 1～14 列不属于 ODUk，为帧对齐和 OTUk 开销区域）

（3）第 1 行的第 8～14 列为 OTUk 开销区域，帧的右侧第 3 825～4 080 列（共 256 列）为 FEC 区域，再加上 ODUk 构成 OTUk。

（4）帧定位（帧对齐）开销区域位于帧头的第 1 行第 1～7 列。

OTU1/2/3 所对应的客户信号速率分别为 2.5G/10G/40Gbit/s。值得强调的是，各级别的 OTUk 的帧结构相同，但帧周期不同，级别越高，则帧频率和速率也就越高（帧周期越短）。

2. OTUk 帧的特点

OTUk 帧是为了让 ODUk 能够在光纤中传输而设计的，ODUk 中加上一些适应于外部传输的开销或处理操作就形成了 OTUk 帧。出现在设备外面的信号必然是 OTUk 帧，其开销是在外部传输时用到的。

ODUk 是 OTUk 帧的一部分，是电层处理时用到的帧格式。例如，对 OTUk 做电再生处理时，必须将 OTUk 帧转换为 ODUk，然后再从 ODUk 转换为 OTUk 帧；另外，电层交叉连接也是在

ODUk 上实现的。

OTUk 帧具有如下特点。

（1）考虑支持大颗粒业务，最低速率等级为 2.5Gbit/s，最高速率等级为 40G/100Gbit/s，只有 3/4 个速率等级。

（2）帧速率专门针对 SDH 设计，OPUk 正好能装下同速率等级的 SDH 帧。

（3）FEC 开销大大提高了 10Gbit/s 以上速率的 OTUk 帧的传送能力。

（4）开销（不包括 FEC 开销）在净荷中所占的比例很低，开销提供的维护管理功能却非常强（和 SDH 帧相比）。

3. OTN 各类开销的作用

（1）OTN 电层开销的作用

① OPUk 开销：支持客户信号适配相关的开销，如客户信号的类型。

② ODUk 开销：包含了光通道的维护和操作功能的信息，具体包括串联连接监测、通道监测、保护倒换、故障类型和故障定位信息等。

③ OTUk 开销：包含了光通道传输功能的信息，用于在 3R 再生点之间提供传输性能检测功能。

（2）OTN 光层开销的作用

OTN 光层开销包括 OCh/OMS/OTS 开销信号，用于光层维护，并由 OSC 承载。

需要指出的是，OTN 信号经过 OTN NNI 时，有些开销字节是透明的，有些开销字节需要终结和再生。（由于篇幅所限，有关 OTUk、OPUk 和 ODUk 等开销的具体内容在此不作介绍）

5.3.2 OTM 的比特率

经过推导得出 OTM 的比特率的计算公式如式（5-1）～式（5-3）所示。

$$\text{OTU}k \text{ 速率}=255/(239-k)\times\text{STM-}N \text{ 帧速率} \tag{5-1}$$
$$\text{ODU}k \text{ 速率}=239/(239-k)\times\text{STM-}N \text{ 帧速率} \tag{5-2}$$
$$\text{OPU}k \text{ 速率}=238/(239-k)\times\text{STM-}N \text{ 帧速率} \tag{5-3}$$

其中 $k=1$、2、3 时，对应的分别是 STM-16、STM-64、STM-256 的帧速率。由此计算出 OTM 的比特率如表 5-3 所示。

表 5-3 **OTM 的比特率**

类型	标称比特率/（kbit/s）	比特率容差
OTU1	2 666 057.143	
OTU2	10 709 225.316	
OTU3	43 018 413.559	
ODU1	2 498 775.126	
ODU2	10 037 273.924	±20ppm
ODU3	40 319 218.983	
OPU1	2 488 320	
OPU2	9 995 276.962	
OPU3	40 150 519.322	

5.4 OTN 的复用和映射结构

5.4.1 OTN 的复用和映射结构

OTN 的复用和映射结构如图 5-9 所示。

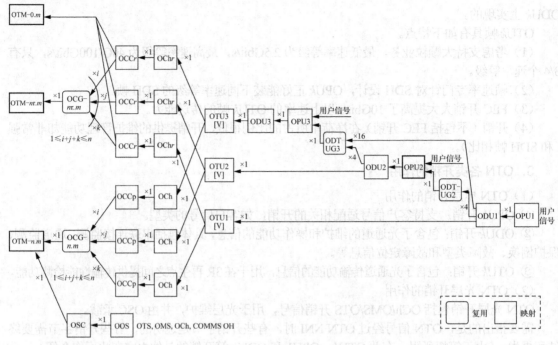

图 5-9　OTN 的复用和映射结构

由客户信号到最后成为 OTM-*n.m*（或 OTM-*nr.m*）的过程包括映射和复用。

1. 映射

映射的过程包括：客户信号或光通道数据支路单元组 ODTUG*k*（见下述）被映射到 OPU*k* 中，OPU*k* 被映射到 ODU*k* 中，ODU*k* 被映射到 OTU*k* 或 OTU*k*V；然后 OTU*k* 或 OTU*k*V 又被映射到 OCh 或 OChr 中，最后 OCh 或 OChr 被调制到 OCC 或 OCCr 上。

对于完整功能的 OTM-*n.m* 接口，OMS*n* 净荷到 OTS*n* 净荷的过程也属于映射。

2. 复用

复用包括时分复用和波分复用。

（1）时分复用

时分复用是为了在一个高速率的光通道上传送多个低速率的光通道信号，将低级别的 ODU 单元复用到高级别的 ODU 单元。

通过时分复用，最多可将 4 个 ODU1 信号复用进一个光通道数据支路单元组 ODTUG2（ODTUG2 再映射到 OPU2 中）；也可以将 4 个 ODU2 复用到一个 ODTUG3（ODTUG3 再映射到 OPU3 中）。当然 OPU2 和 OPU3 本身也可以复用进相对应的大颗粒客户侧信号。

（2）波分复用

通过波分复用将 *n* 个(*n*≥1)OCCp 复用到一个 OCG-*n.m*，或将 *n* 个 OCCr 复用到一个 OCG-*nr.m*（注：实际上是将 *n* 个 OCC 净荷 OCCp 进行波分复用构成 OMS*n* 净荷，习惯上说成 *n* 个 OCCp 波分复用构成 OCG-*n.m*；同样，实际上是将 *n* 个 OCCr 复用到一个光物理段 OPS*n* 单元，习惯上说成将 *n* 个 OCCr 复用到一个 OCG-*nr.m*）。

另外，完整功能的 OTM-*n.m* 接口还需通过波分复用将 OSC 复用进 OTM-*n.m* 中。

还有需要说明的是：对于完整功能的 OTM-*n.m* 接口，OMS*n* 净荷要映射到 OTS*n* 净荷（图 5-9 中省略未画），OTS*n* 净荷合入 OTS 开销后，构成 OTS*n* 单元（即 OTM-*n.m*）。

5.4.2 2.5Gbit/s 信号的复用和映射过程

上已述及，OTN 客户信号共有 3 种，分别是 2.5Gbit/s、10Gbit/s 和 40Gbit/s，OTN 是通过一级一级复用和映射而成接口信息结构的，在不同阶段均具有不同的速率。

下面以一个 2.5Gbit/s 信号复用和映射成 OTM-*n.m* 为例加以说明。首先，2.5Gbit/s 信号被映射到 OPU1 中，OPU1 被映射为 ODU1；然后，ODU1 有 3 种映射和复用途径。

途径一：直接映射到 OTU1，经过 FEC 编码，速率变为 2 666 057.143kbit/s，OTU1 进一步映射为 OCh 和 OCC，再经过复用成为光载波群（光通道载体组）OCG-*n.m*，最后构成 OTM-*n.m*。

途径二：在 ODU1 映射成 OTU1 前，ODU1 也可以经过复用成为 ODTUG2（4 个 ODU1 复用成 1 个 ODTUG2），ODTUG2 映射到 OPU2 中，再经过一级级映射和复用成为 OTM-*n.m*。

途径三：在 ODU1 之后，ODU1 也可以经过复用和映射成为 OPU3（16 个 ODU1 经过复用和映射成为 1 个 OPU3，详见图 5-9），再经过一级级映射和复用成为 OTM-*n.m*。

5.5 OTN 的关键设备

OTN 的关键设备主要包括：具有 OTN 接口的光终端复用器、电交叉连接设备、光交叉连接设备和光电混合交叉连接设备。

5.5.1 光终端复用器

具有 OTN 接口的光终端复用器（Optical Terminal Multiplexer，OTM）指支持电层 ODU*k* 和光层 OCh 复用的 DWDM 设备，其功能模型如图 5-10 所示。

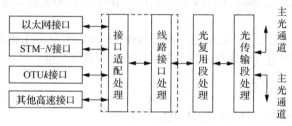

图 5-10 OTM 的功能模型

图 5-10 中各功能模块的简单功能如下：

（1）接口适配处理模块完成 OTN 分层模型中的 OPU 子层和 ODU 子层功能，线路接口处理模块完成 OTU 子层和 OCh 子层功能。接口适配处理和线路接口处理模块合在一起可称为光通道处理模块，完成光通道层功能；

（2）光复用段处理模块完成光复用段层功能；

（3）光传输段处理模块完成光传输段层功能。

归纳起来，OTM 的主要作用是：将各种客户信号通过接口适配处理、线路接口处理、光复用段处理和光传输段处理，形成完整功能接口的信息结构 OTM-*n.m*（或完成相反的变换）。

对 OTM 的基本要求如下：

（1）ODU*k* 复用和 OCh 复用均应符合相应的标准；

（2）支持 SDH 和以太网等客户侧接口；

（3）支持 OTU*k* 接口，用于不同厂商传送设备对接。

5.5.2 电交叉连接设备

电交叉连接设备为基于单个ODU*k*颗粒的交叉连接设备，支持任意ODU*k*到任意波长的交叉连接，可以实现业务的端口到端口灵活调度。电交叉连接设备的功能模型如图5-11所示。

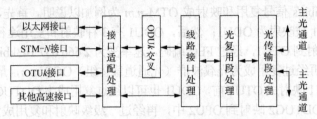

图5-11 电交叉连接设备的功能模型

电交叉连接设备的主要功能如下。

（1）接口能力

电交叉连接设备可以为SDH、ATM、以太网等多种业务网络提供传输接口，并能提供标准的OTN IrDI（域间接口），以连接其他OTN设备。

（2）交叉能力

电交叉连接设备提供ODU*k*调度能力，支持一个或多个级别ODU*k*电路调度，实现基于ODU*k*颗粒的交叉连接。

（3）保护能力

电交叉连接设备提供ODU*k*通道保护恢复能力。

（4）管理能力

电交叉连接设备提供端到端的ODU*k*通道的配置和性能/告警监视功能。

（5）智能功能

电交叉连接设备支持通用多协议标签交换（General MultiProtocol Label Switching，GMPLS）控制平面，实现ODU*k*通道自动建立、自动发现和恢复等智能功能。

5.5.3 光交叉连接设备

OTN的光交叉连接设备具体采用的是ROADM。

OADM虽然实现了在光域的波长上下路，但是由于较为固定的结构形式，使得OADM只能上下固定数目的选定波长，无法真正实现灵活的可控的光层组网能力、对复杂业务的调度能力。而ROADM是一个采用自动化的光传输技术的设备，可以对输入光纤中的波长重新配置路由，有选择性地下路和上路一个或多个波长。

1. ROADM的功能

ROADM为基于单个波长的交叉连接（支持OCh的光交叉），支持任意波长到任意端口的指配，配合可调谐OTU，实现光网络波长自由上下。光交叉连接设备的功能模型如图5-12所示。

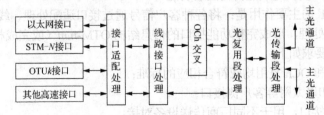

图5-12 光交叉连接设备的功能模型

光交叉连接设备的主要功能如下。

（1）接口能力

光交叉连接设备可以为 SDH、ATM、以太网等多种业务网络提供传输接口，并能提供标准的 OTN IrDI（域间接口），以连接其他 OTN 设备。

（2）交叉能力

光交叉连接设备提供 OCh 调度能力，支持多方向的波长任意重构，支持任意方向的波长上下。

（3）保护能力

光交叉连接设备提供 OCh 通道保护恢复能力。

（4）管理能力

光交叉连接设备提供端到端 OCh 通道的配置和性能/告警监视功能。

（5）智能功能

光交叉连接设备支持 GMPLS 控制平面，实现 OCh 通道自动建立、自动发现和恢复等智能功能。由此可见，ROADM 相对于传统的 DWDM 网络设备，在功能方面有了很大的提升，可以看作是 DWDM 网络向真正的智能化网络演进的重要阶梯。

2．ROADM 的技术实现

ROADM 的核心部件是波长选择功能单元，根据该单元的技术不同，ROADM 可以分为以下 3 种。

（1）基于波长阻断器的 ROADM

波长阻断器（Wavelengsh Blocker，WB）是一种可以调整特定波长衰耗的光器件，通过调大指定波长信道的衰落达到阻断该波道的目的。可以基于波长阻断器实现两方向 ROADM，即二维 ROADM（支持 2 个光收发线路和本地上下）。

（2）基于平面波导电路的 ROADM

平面波导电路（Planar Lightwave Circuit，PLC）技术是一种基于硅工艺的光子集成技术，它可以将分波器、合波器、光开关等器件集成在一起，提高了 ROADM 的集成度。

基于 PLC 的 ROADM 只能支持两个方向，属于二维 ROADM。

（3）基于波长选择开关的 ROADM

波长选择开关（Wavelength Selective Switch，WSS）是随着 ROADM 的应用而发展起来的一种新型波长选择器件，一般是一进多出或多进一出的形态，称为 1×m WSS 和 m×1 WSS。例如，1×m WSS 可以将输入端口的 n 个波长任意分配到 m 个输出端口。

WSS 可以支持多方向的 ROADM，即基于 WSS 的 ROADM 属于多维 ROADM（至少支持 3 个以上光收发线路和本地上下）。

5.5.4　光电混合交叉连接设备

光电混合交叉连接设备是支持 ODUk 的电交叉连接与支持 OCh 的光交叉连接设备，可同时提供 ODUk 电层与 OCh 光层调度能力。其功能模型如图 5-13 所示。

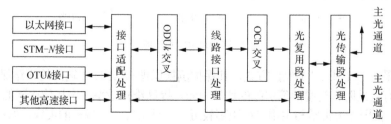

图 5-13　光电混合交叉设备的功能模型

光电混合交叉连接设备的主要功能如下。

（1）接口能力

光电混合交叉连接设备可以为 SDH、ATM、以太网等多种业务网络提供传输接口，并能提供标准的 OTN IrDI（域间接口），以连接其他 OTN 设备。

（2）交叉能力

光电混合交叉连接设备提供 OCh 调度能力，具备 ROADM 功能，支持多方向的波长任意重构，支持任意方向的波长上下；提供 ODUk 调度能力，支持一个或者多个级别 ODUk 电路调度。

（3）保护能力

光电混合交叉连接设备提供 ODUk、OCh 通道保护恢复协调能力，在进行保护和恢复时不发生冲突。

（4）管理能力

光电混合交叉连接设备提供端到端的 ODUk、OCh 通道的配置和性能/告警监视功能。

（5）智能功能

光电混合交叉连接设备支持 GMPLS 控制平面，实现 ODUk、OCh 通道自动建立，自动发现和恢复等智能功能。

5.6 OTN 的保护方式

OTN 提供的组网和保护功能是保证高层业务 QoS 的关键措施之一，其保护方式分为线性保护、子网连接保护和环网保护，下面分别加以介绍。

5.6.1 线性保护

线性保护具体包括光线路保护（Optical Line Protection，OLP）、光复用段保护（Optical Multiplex Section Protection，OMSP）和光通道保护（Optical Channel Protection，OCP）3 种。

通常线性保护采用光保护（Optical Protection，OP）单板，在相邻的光放站或者光复用站间利用分离路由来实现对光纤或光通道的保护，3 种线路保护方式之间的区别在于保护的范围不同。

1. OLP

OLP 是通过占用主用、备用光纤的方式来实现对光放段（即光传输段）的保护，是针对 DWDM 系统的所有波长进行的保护。OLP 的功能结构如图 5-14 所示。

图 5-14 OLP 的功能结构

OLP 可以采用 1+1 或 1∶1 保护方式，其保护倒换原理与 SDH 传输网的线路保护方式相同。

OLP 能够有效地防止光缆故障引起的通信中断，提高维护效率，增加传输网的可靠性。但是在实际敷设中，备用光缆常常与主用光缆距离较近，一旦出现一定规模的灾害，如核爆、水灾等，主备用光缆便会同时失效，这就限制了 OLP 对光缆网的保护。

2. OMSP

OMSP 是在光复用段的 OTM 之间采用 1+1 保护，是针对两个 OTM 之间的 DWDM 系统的所有波长同时进行保护。其工作原理是双发选收，单端倒换，OMSP 的功能结构如图 5-15 所示。

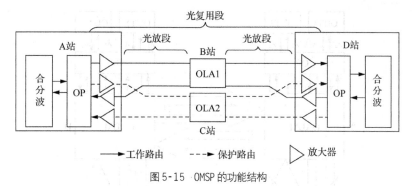

图 5-15 OMSP 的功能结构

3. OCP

OCP 是在光通道上基于单个波长的保护，一般采用 1+1 的保护方式。其保护倒换原理与 SDH 传输网的 1+1 线路保护方式相同，通过光保护单板，采用并发选收方式实现保护。采用 1+1 保护方式的 OCP 功能结构如图 5-16 所示。

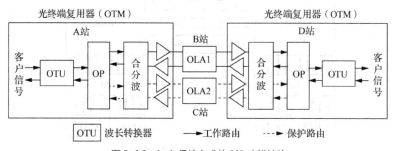

图 5-16 1+1 保护方式的 OCP 功能结构

OCP 也可以采用 $1:n$（$1:1$）的保护方式。1 个或 n 个工作通道共享 1 个保护通道资源。其保护倒换原理也与 SDH 传输网的 $1:n$（$1:1$）线路保护方式相同。

5.6.2 子网连接保护

子网连接保护是一种专用的点到点的保护机制，可用在任何一种物理拓扑结构（环形、网状和混合结构等）的网络中，可以对部分或全部网络节点实行保护。子网连接保护主要采用基于 ODUk 的 1+1 保护方式，其保护倒换原理同样与 SDH 传输网的子网连接保护原理一样。

5.6.3 环网保护

环网保护包括光层保护和电层保护两种：
- 光层保护——主要采用 OCh 共享环保护（$1:1$ 保护）；
- 电层保护——采用 ODUk 共享环保护（$1:1$ 保护）。

下面重点介绍 OCh 共享环保护和 ODUk 共享环保护。

1. OCh 共享环保护

在采用光波长共享环保护方式（$1:1$ 保护）的网络中，不同节点间的业务保护可以使用相同的波长来实现，因此在进行光波长共享保护配置时，要求双向业务所使用的工作波长不同。换句话说，通过占用两个不同的波长实现对所有站点间一路分布式业务的保护，达到节约波长资源的目的。

OCh 共享环保护示意图如图 5-17 所示。

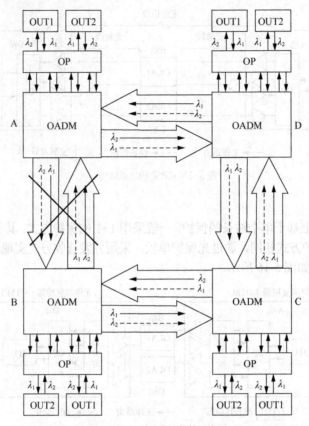

图 5-17　OCh 共享环保护示意图

节点 A、B 之间的一对业务，A→B 的业务由外环波长 λ_1 承载，B→A 的业务由内环波长 λ_2 承载，这样波长 λ_1、λ_2 构成的工作波长可以在环网其他节点之间重复利用，而内环的波长 λ_1 作为外环波长 λ_1 的保护波长；同理，外环波长 λ_2 作为内环波长 λ_2 的保护波长，实现环网上多个业务的共享保护。

OCh 共享环保护在保护倒换时需要遵循 APS 协议。它仅支持双向倒换，保护倒换粒度为 OCh 光通道，每个节点需要根据节点状态、被保护业务信息和网络拓扑结构，判断被保护的业务是否会受到故障的影响，从而进一步确定出通道保护状态，据此确定相应的保护倒换动作。OCh 共享环保护是在业务的上路节点和下路节点直接进行双端倒换形成新的环路，不同于 SDH 复用段保护环中采用故障区段两端相邻节点进行双端倒换的方式。

2. ODUk 共享环保护

ODUk 共享环保护（1∶1 保护）仅以环上的节点对信号质量情况进行检测作为保护倒换条件，只支持双向倒换，需要遵循 APS 协议。其保护倒换粒度为 ODUk，在业务的上路节点和下路节点进行保护倒换动作。

ODUk 共享环保护示意图如图 5-18 所示。

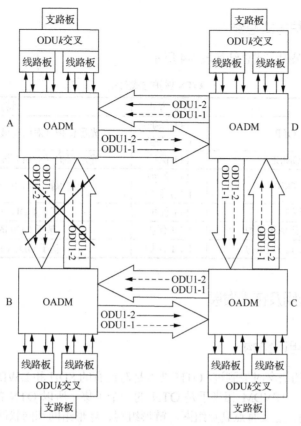

图 5-18 ODU*k* 共享环保护示意图

环中假设每个节点（节点设备为 OADM）均与相邻节点有 1 路 ODU1 级别的业务。采用 ODU*k* 环网保护，每个节点各配置了 2 块线路板、1 块支路板，全环配置 2 个通道（ODU1 和 ODU2），由 4 个节点共享。外环、内环的工作路由均包括两个通道（ODU1-1 和 ODU1-2），其中，内环 ODU1-1 为工作通道，外环 ODU1-1 为其相应保护通道，同理外环 ODU1-2 为工作通道，而内环 ODU1-2 为其相应保护通道。

工作原理如下。

（1）正常工作时，A→B 的业务由外环 ODU1-2 工作通道携带，B→A 的业务由内环 ODU1-1 工作通道携带。

（2）当 A-B 之间的工作路由出现故障时，A→B 的业务以及 B→A 的业务均需倒换到保护路由。

① A 到 B 的业务：节点 A 将外环业务切换到内环线路板，占用 ODU1-2 保护通道，经节点 D、C 将业务传送到节点 B。节点 B 的支路板相应地选择和接收来自节点 C 的保护通道 ODU1-2 的业务。

② B 到 A 的业务：节点 B 将内环业务切换到外环线路板，占用 ODU1-1 保护通道，经节点 C、D 将业务传送到节点 A。节点 A 的支路板相应地选择和接收来自节点 D 的保护通道 ODU1-1 的业务。

从上面的分析可以看出，ODU*k* 共享环保护与光波长共享环保护的区别在于：ODU*k* 环网保护是通过电交叉将支路侧接入的信号并发到线路侧占用 2 个不同的 ODU*k* 通道实现对所有站点间多条分布式业务的保护。

5.6.4　OTN 保护方式总结

几种常见的 OTN 保护方式总结如表 5-4 所示。

表 5-4　OTN 保护方式总结

分类		保护方式	特点
线性保护	OLP	1+1 保护 1：1 保护	光层保护（对所有波长同时进行保护）
	OMSP	1+1 保护	光层保护（对所有波长同时进行保护）
	OCP	1+1 保护 1：n 保护	光层保护（对单一波长进行保护）
	子网连接保护	1+1 保护	基于 ODUk 的电层保护
环网保护	OCh 共享环保护	1：1 保护	基于 OCh 的光层保护
	ODUk 共享环保护	1：1 保护	基于 ODUk 的电层保护

5.7　OTN 的组网应用及技术发展

5.7.1　OTN 的组网结构

在本章介绍 OTN 的概念时提到过，OTN 技术是对已有的 SDH 和 DWDM 的传统优势进行了更为有效的继承和组合，DWDM 相当于是 OTN 的一个子集。所以 OTN 的组网结构与 DWDM 传输网的组网结构相同，主要有点到点组网、链形组网、环形组网和网状网组网。

1．点到点组网

点到点组网不需要 OADM，在客户端设备之间只由 OTM 和 OLA 组成，如图 5-19 所示。

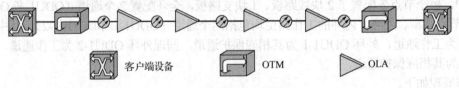

　　　客户端设备　　　　　　　OTM　　　　　　　OLA

图 5-19　点到点组网结构

2．链形组网

链形组网是在 OTM 之间设置 OADM 或者 ROADM，如图 5-20 所示。

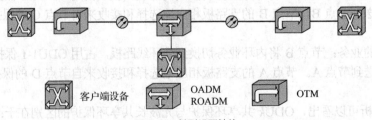

　　客户端设备　　　OADM
ROADM　　　OTM

图 5-20　链形组网结构

中间节点若设置固定波长上下的 OADM，则组网能力较弱；而当中间节点采用二维 ROADM 时，上下波长可重构，网络灵活性较强。

3. 环形组网

OTN 的环形组网结构如图 5-21 所示。

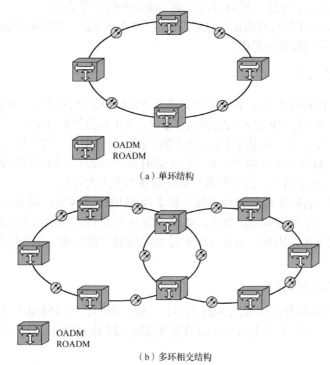

（a）单环结构

（b）多环相交结构

图 5-21 环形组网结构

其中图 5-21（a）为单环结构，其节点设备可以采用 OADM 或二维 ROADM。若采用二维 ROADM，波长可以在任意节点间自由调度。相比于由 OADM 组成的环网，ROADM 环网由于上下波长可重构，降低了网络规划难度，同时增加了网络的灵活性，节省了预留波道资源，提高了网络利用率。

图 5-21（b）为多环相交结构，多环相交的节点一般设置多维 ROADM，其他节点设备可以采用 OADM 或二维 ROADM。

OTN 的环形网节点一般采用 ROADM。

4. 网状网组网

OTN 的网状网组网结构如图 5-22 所示。

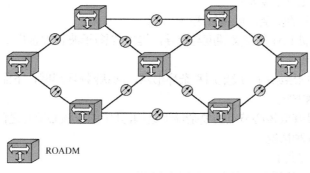

图 5-22 网状网组网结构

OTN 的网状网中的节点一般设置多维 ROADM，可以实现波长在各个方向上的调度。对于核心节点来说，经过此节点的任何波长均可在远端实现灵活的调度，配合本地上下路单元的灵活设计以及上下路资源的规划和预留，便可以在远端实现全网的资源重构。

以上介绍了 OTN 的几种组网结构，对于 OTN 组网选择来说，应根据业务传送颗粒、调度需求、组网规模和成本等因素综合考虑。

5.7.2   OTN 的应用

目前随着网络及业务的 IP 化、新业务的开展及宽带用户的迅速增加，IP 业务通过 POS 或者以太网接口直接上载到现有 DWDM 网络将面临组网、保护和维护管理等方面的缺陷。DWDM 网络需要逐渐升级过渡到 OTN，而基于 OTN 技术的组网则应逐渐占据传送网主导地位。

IP over OTN 的承载模式可实现 SNCP、类似 SDH 的环网保护、Mesh 网保护等多种网络保护方式，其保护能力与 SDH 相当，而且设备复杂度及成本也大大降低。

对于干线传送网（省际干线和省内干线）和本地/城域传送网核心层而言，客户业务的特点主要为分布型，客户信号的带宽粒度较大，基于 ODUk 和波长调度的需求明显，OTN 技术特点应用的优势比较适宜发挥。因此，目前 OTN 技术的应用主要侧重于干线网络和本地/城域传送网核心层。

1. 省际干线 OTN 组网方案

省际干线 OTN 组网拓扑结构如图 5-23 所示。一般采用网状网（Mesh）结构，部分边缘省份通过环网将业务接入。有 3 个以上出口方向的节点采用多维 ROADM，只有两个出口方向的节点采用二维 ROADM。

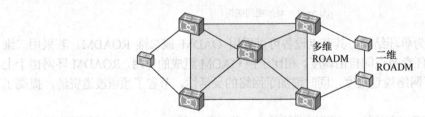

图 5-23   省际干线 OTN 组网拓扑结构

对于多维度的 ROADM 节点，需结合业务的流量流向合理规划各方向的波道。

2. 省内干线 OTN 组网方案

省内的骨干路由器负责承载各长途局间的业务（NGN/3G 和 4G/IPTV/大客户专线等），省内干线 OTN 的建设应满足以下要求：

- 可实现颗粒业务的安全、可靠传送；
- 可实现波长/子波长业务交叉调度与疏导，提供波长/子波长大客户专线业务；
- 网络可按需扩展。

省内干线 OTN 的网络结构一般采用复杂环形网、网状网+环形网，下面介绍具体组网方案。

（1）复杂环形组网方案

省内干线通常是具有双核心节点的复杂环形结构，其中的双核心节点之间交叉容量要求很大，复杂环形组网又分为 3 种情况。

① 复杂环形组网方案 1

省内干线 OTN 复杂环形组网方案 1 如图 5-24 所示。

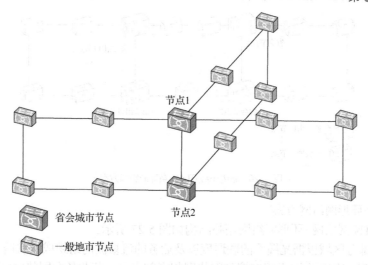

图 5-24 省内干线 OTN 复杂环形组网方案 1

组网特点：网络结构为环形结构，以省会城市节点 1 和节点 2（支持多维）为中心，各地市节点（支持两维）分布在各环上，其业务主要向省会城市节点汇聚。

② 复杂环形组网方案 2

省内干线 OTN 复杂环形组网方案 2 如图 5-25 所示。

组网特点：网络结构为环形结构，以省会城市节点 1 和节点 2 为中心，各地市节点分布在各环上（但环与环间存在共用边），其业务主要向省会城市节点汇聚。

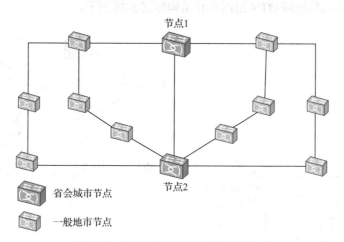

图 5-25 省内干线 OTN 复杂环形组网方案 2

设备配置：省会城市节点支持多维，一般地市节点支持两维，公共边的节点支持三维及以上。

③ 复杂环形组网方案 3

省内干线 OTN 复杂环形组网方案 3 如图 5-26 所示。

业务特点：除省会城市为业务出口节点外，还具有第二业务出口地市，各地市的业务按归属地分别向省会城市节点或第二出口节点汇聚。

组网特点：省会城市节点和第二出口节点间组成一个环网，并以省会城市和第二出口城市为中心分别带环，各地市节点分布在各环上。

设备配置：省会城市节点和业务出口节点支持多维，一般地市节点支持两维。

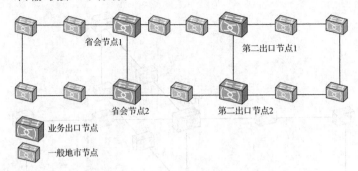

图 5-26 省内干线 OTN 复杂环形组网方案 3

（2）网状网+环形网组网方案

省内干线 OTN 网状网+环形网组网拓扑结构如图 5-27 所示。

组网特点：部分区域根据光缆网的联通度以及业务的流量流向组织成网状网（如节点 1～节点 5），其他地市节点按环形网组织连接到网状网相应节点上，其业务向网状网区域汇聚。

设备配置：组成网状网的节点支持多维，其他地市节点支持两维。

3. 城域 OTN 组网方案

城域 OTN 组网根据网络规模的不同，可选择不同的建设方式，主要分为大规模城域 OTN 和中小规模城域 OTN。

（1）大规模城域 OTN 组网方案

若城域传送网的网络规模较大，核心节点数量多，整体网络业务量也较大，核心层、汇聚层可考虑独立组网。大规模城域 OTN 组网拓扑结构如图 5-28 所示。

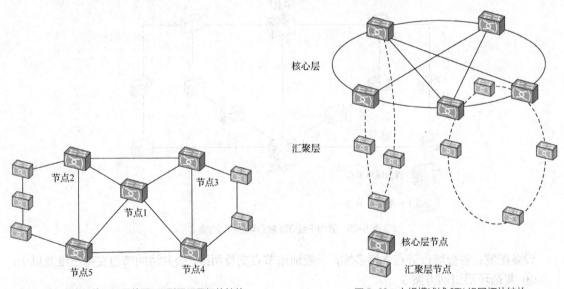

图 5-27 省内干线 OTN 网状网+环形网组网拓扑结构　　图 5-28 大规模城域 OTN 组网拓扑结构

核心层负责提供核心节点间的局间中继电路，并负责各种业务的调度，实现大容量的业务调度和多业务传送功能。核心层的光缆资源相对丰富，主要采用网状网结构。

汇聚层负责一定区域内各种业务的汇聚和疏导，具有较大的业务汇聚能力及多业务传送能力。汇聚层主要采用环形组网，每个环跨接到两个核心节点上。

（2）中小规模城域 OTN 组网方案

若城域传送网的网络规模较小，在建网初期，可将核心层、汇聚层合并组建一层 OTN。后期随着业务量的增加，可分层组织网络。中小规模城域 OTN 组网拓扑结构如图 5-29 所示。

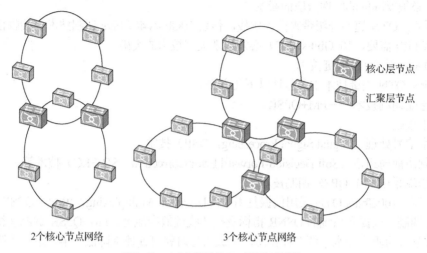

2个核心节点网络　　　　　　　　　　3个核心节点网络

图 5-29　中小规模城域 OTN 组网拓扑结构

中小规模城域 OTN 组网时采用环形结构，要求每个环跨接到两个核心节点上，该环除了完成环上汇聚节点业务汇聚至核心节点以外，还要实现两个核心节点间业务的调度。

5.7.3　100Gbit/s OTN 技术

近年来，宽带数据业务、IPTV、视频业务的迅速发展对骨干传送网络提出了新的要求，光传送网应该能够提供海量带宽以适应大容量大颗粒业务。100Gbit/s OTN 成为光传送网技术的主流（目前已经引入 ODU4 颗粒支持 100Gbit/s 业务完全透明传送），是通信运营商提升网速并缓解带宽压力的最佳选择。

1. 100Gbit/s OTN 关键技术

（1）100Gbit/s OTN 面临的挑战

在通信网中，提升容量和延伸距离是传输技术变革的两个基本方向。100Gbit/s OTN 的传输速率较高，为了实现长距离传输，面临以下几点挑战。

① 需要提高光信噪比（Optical Signal to Noise Ratio，OSNR）

与 10Gbit/s 系统相比，100Gbit/s OTN 的 OSNR 指标需要提升 10 倍。

② 色散容限降低

色散包括色度色散（Chromatic Dispersion，CD）和偏振模色散（Polarization Mode Dispersion，PMD）。本书第 1 章介绍过色散的概念，色散会使光脉冲在传输过程中展宽，致使前后脉冲相互重叠，引起数字信号的码间串扰，增加误码率，限制了光纤的最高信息传输速率。

在低速的传输系统中，脉冲间隔足够大，从而可以容忍稍大的脉冲展宽。而在 100Gbit/s 高速的传输系统中，色散将会带来严重的后果。所以需要提高色散容限，与 10Gbit/s OTN 相比，100Gbit/s OTN 的 CD 容限需陡增 100 倍，PMD 容限需增加 10 倍。

③ 非线性效应的影响增加

对基于 DWDM 技术的 OTN 来说，光放大器在放大光功率的同时，也使光纤中的非线性效应大大增加。非线性效应（主要是四波混频和交叉相位调制）会引起信道之间的干扰等，降低系统的传输性能。

对于 100Gbit/s OTN 来说，其速率是 10Gbit/s OTN 的 10 倍，非线性效应会带来灾害性的影响，因此，必须要降低非线性效应的影响。

综上所述，OTN 速率升级带来巨大挑战，传统 10Gbit/s/40Gbit/s 调制技术和接收技术已经无法满足 100Gbit/s 需要，100Gbit/s OTN 必须实现关键技术的突破。

（2）100Gbit/s OTN 关键技术

100Gbit/s OTN 关键技术主要包括以下几方面。

- 发送端调制技术——PM+QPSK。
- 相干接收。
- 数字信号处理（Digital Signal Processing，DSP）技术。
- 软判决前向纠错（Soft Decision-Forward Error Correction，SD-FEC）技术等。

① 发送端采用 PM+QPSK 调制技术

在发送端，100Gbit/s OTN 采用偏振复用（Polarization Multiplexing，PM）+QPSK 调制方式对信号进行调制，以提升系统的 OSNR 指标及抗非线性效应能力。PM+QPSK 调制使得从激光器发射的光被分解为垂直和水平两个偏振态，承载信号时就可使速率降低一半，进一步降低带宽，从而应用于更紧凑的通道间隔。PM+QPSK 调制方式支持 100Gbit/s 长距离光传输，支持 50GHz 波长间隔。

② 接收端采用相干接收+ADC+DSP+SD-FEC 技术

在接收端，100Gbit/s OTN 采用相干方式接收信号，提高 OSNR 指标；并采取模拟数字转换器（Analog-to-Digital Converter，ADC）与 DSP 联合的方式（ADC+DSP）对信号进行处理，去除色散、噪声、非线性等干扰因素；而且在电域补偿 CD 和 PMD，以提升系统的色散容限和 PMD 容限，即降低 CD 和 PMD 的影响。实践证明，采用相干接收比直接接收改善 3dB OSNR；采用复杂的电处理技术，系统 PMD 容限和 CD 容限远优于 10Gbit/s OTN。

另外，100Gbit/s OTN 采用高性能前向纠错（Forward Error Correction，FEC）技术，进一步提升传输能力。FEC 是增加数据通信可信度和系统传输性能的纠错技术，通过在信息中添加少量的冗余信息来检测和纠正传输过程中的误码。根据接收信号处理方式的差别，FEC 可分为硬判决 FEC（Hard Decision Forward Error Correction，HD-FEC）和软判决 FEC（Soft Decision Forward Error Correction，SD-FEC）两大类，SD-FEC 技术可有效提高 100Gbit/s OTN 系统的传输质量。

由于篇幅所限，在此不具体介绍各种关键技术的细节，感兴趣的读者可参阅相关书籍。

2．100Gbit/s OTN 技术优势

100Gbit/s OTN 采用 PM-QPSK 调制、相干接收，采用电域信号处理取代原有色散补偿，具有如下技术优势。

（1）100Gbit/s OTN 的 OSNR 容限与 40Gbit/s OTN 相当，可以支持 1 500km 以上的无电中继传输。

（2）传输 2 500km 无须色散、PMD 补偿。

（3）100Gbit/s OTN 支持的保护类型与 10Gbit/s OTN 一样。

（4）网络部署与管理更加灵活，保护与业务调度更加便利。

总之，100Gbit/s OTN 在传输性能、传输距离和传输容量方面的优势使其成为高速光传输技术的首选。

3. 100Gbit/s OTN 组网应用

目前，100Gbit/s OTN 相关标准基本完善，端到端 100Gbit/s 产业链已经成熟，其网络规模部署势在必行。100Gbit/s OTN 的全面使用可实现大管道的精细运营，确保网络的安全可靠，并进行多业务的高效承载。

（1）100Gbit/s OTN 的应用定位

100Gbit/s OTN 通常部署在骨干网（省际和省内干线）以及大型本地/城域传送网核心层，传输 80 个波长（容量 100Gbit/s×80），网络结构一般采用网状网。

对于骨干网（省际和省内干线），可以采用混合式的传输方式，为核心路由器提供 10G/40G/100Gbit/s 的高速传输通道。这样可以减少运营商投资，节约成本。

对于本地/城域传送网核心层，主要部署支路线路分离的 100Gbit/s OTN 系统，为本地/城域传送网核心层 10Gbit/s 等各种颗粒业务提供汇聚、交叉，实现 100Gbit/s 的高速带宽复用。

（2）100Gbit/s OTN 的应用场景

100Gbit/s OTN 应用场景如图 5-30 所示。

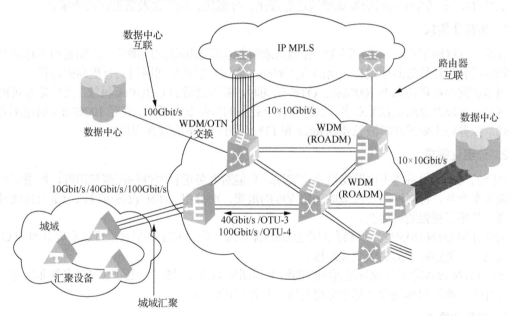

图 5-30　100Gbit/s OTN 应用场景示意图

100Gbit/s OTN 主要应用在以下几个方面。

① 核心路由器之间的接口互联

随着全 IP 化的进展，骨干网的流量主要是核心路由器之间的数据流量，一般采用 IP over DWDM/OTN 的方式实现核心路由器之间的长距离互联。现网中核心路由器主要采用 10GE 接口与 DWDM/OTN 设备互联实现长距离传输。随着 100Gbit/s OTN 技术的成熟，核心路由器可直接采用 100GE 接口与 OTN 设备连接，或将此前已大规模部署的 10GE 接口采用 10×10GE 汇聚到 100Gbit/s 的方式进行承载。

采用 100Gbit/s OTN 设备进行核心路由器之间业务的传输，不仅可提供数据业务普遍需要的大容量高带宽，而且可进一步降低客户侧接口数量，满足数据业务带宽高速持续增长的需求。

② 大型数据中心间的数据交互

近年来互联网、云计算等业务蓬勃兴起，这类业务不仅对带宽要求高而且对传输时延较为敏感，一般通过数据中心进行内容的分发。采用 100Gbit/s OTN 实现大型数据中心间的互联，可以满足数据中心互联的海量带宽需求。而且由于 100Gbit/s OTN 设备采用相干接收技术，无须配置色散补偿模块，有效降低了传输时延，能够为对时延较为敏感的用户提供低时延的服务。

③ 城域网络高带宽业务流量汇聚

随着 LTE 网络的部署，以及移动宽带业务、IPTV、视频点播等专线业务的开展，本地/城域传送网的带宽压力日趋增长。LTE 网络不仅基站数量众多，而且单基站出口带宽高达 1Gbit/s；固网宽带用户的带宽也将由 10Mbit/s 逐步升级至 100Mbit/s，甚至更高。本地/城域传送网的接入层、汇聚层单环容量会迅速提升至 10Gbit/s、40Gbit/s。接入层、汇聚层节点数量及带宽的攀升助推了在本地/城域传送网核心层部署 100Gbit/s OTN 设备，以进行高带宽业务的流量汇聚。

5.7.4　OTN 的发展趋势

当今，不仅要求光传送网应该能够提供海量带宽以适应大容量大颗粒业务，同时要求其必须具备高生存性、高可靠性，而且可以进行快速灵活的业务调度和完善便捷的网络维护管理。相对于传统 OTN，未来光传送网的发展要满足宽带化、分组化、扁平化及智能化的需求。

1. 宽带化需求

目前，互联网用户数、应用种类、带宽需求等都呈现出爆炸式的增长，特别是由于移动互联网、物联网和云计算等新型宽带应用的强力驱动，迫切需要光传送网络具有更高的容量。

网络运营商在规模部署 100Gbit/s OTN 的同时，引入灵活的 ODUflex 颗粒，支持未来可能的各种客户业务以及分组数据流业务，以适应客户业务的宽带发展需求。在超 100Gbit/s 高速率光网络时代，业界将主要关注单波长 400Gbit/s 和 1Tbit/s 两种速率的设备应用。

2. 分组化需求

传统的 OTN 设备基于电路交换平台实现，只能对业务进行刚性的汇聚和调度，如果客户侧为非满速率业务，将对网络资源造成一定程度的浪费，而分组 OTN 设备可以认为是对传统设备的增强，具备了更强的灵活性。

所谓分组 OTN 指的是分组和光网络互相融合并统一管理的交换平台，可以实现分组和 OTN 业务在同一交叉矩阵中的灵活交叉连接。

分组 OTN 设备除了对业务进行刚性的汇聚和调度（OTN 功能），还可以对客户侧非满速率的业务进行弹性的汇聚和调度（基于分组功能、统计复用特性）。

3. 扁平化需求

随着 IP RAN/PTN 和 OTN 在本地/城域传送网的进一步部署，为了减少网络层次重叠和功能重叠，OTN 与 IP RAN/PTN 融合、网络层次扁平化，必将成为未来本地/城域传送网的发展趋势。由此可降低网络投资，提升运维效率，并提高业务服务质量。

4. 智能化需求

随着互联网技术与应用的迅猛发展，通信业务加速 IP 化，而 IP 化的业务具有更高的动态特征和不可预测性，所以需要承载业务的 OTN 具备更高的灵活性和智能化功能，以便在网络拓扑及业务分布发生变化时能够快速响应，实现业务的灵活调度。

在 OTN 中采用 ASON/GMPLS 控制平面，即构成基于 OTN 的 ASON。基于 OTN 的智能光网络可通过控制平面自动实现 OCh/ODUk 连接配置管理，从而使光传送网能够动态分配和灵活控制带宽资源、快速生成业务、提供 Mesh 网的保护与恢复、提供网络动态扩展扩容能力、提供多种服务等级，并最终使光传送网成为一个可运营的业务网络。

第6章 自动交换光网络

在通信业务需求不断提高的背景下，光传送网的智能化将会给网络的运营、管理和维护等方面带来一系列的变革，使光网络获得前所未有的灵活性和可升级能力，同时具有更完善的保护和恢复功能，从而进一步提高通信质量，降低网络运维费用。具备标准化智能的自动交换光网络（Automatic Switched Optical Network，ASON）代表了下一代光网络的发展方向。

本章首先介绍 ASON 的基本概念，然后论述 ASON 的体系结构，在此基础上进一步研究 ASON 的 3 个平面，最后讨论 ASON 的业务提供及 ASON 的组网方案。

6.1 ASON 的基本概念

6.1.1 ASON 的产生背景及概念

1. ASON 的产生背景

传统的光传输网存在以下缺点。

（1）在网络结构方面，由于在电信传输网络的发展过程中，为了适应不同的业务需求和服务保障要求，当前的传输网络基于多种传输技术实现，并形成了 IP/ATM/SDH/WDM 的多层网络结构。这种多层网络结构存在管理维护复杂、传输开销大、扩展性差、功能重叠等弊端，特别是随着网络传输业务量的增加和传输速率的提高，这些弊端更加突出。

（2）在通路组织方面，传统的人工或半永久性的网络连接配置方式时间较长，难以满足业务拓展的需要。

（3）在网络的维护和管理方面，传统的光传输网的实现由中央主机、集中式网络管理、手工配置、基于多种链路状态协议的路径建立等多方面提供，缺乏不同层间的协调恢复机制，需要加强光网络的快速保护和恢复功能。

（4）在网络资源利用方面，不能进行实时的流量工程控制，不能根据数据业务的需求，实时、动态地调整网络的逻辑拓扑结构，很难实现资源的最佳配置并保证服务质量。

（5）在新业务提供方面，不能快速、高质量地为用户提供各种带宽服务与新型应用，满足不了带宽按需提供（Bandwidth On Demand，BOD）及光虚拟专网（Optical Virtual Private Network，OVPN）等多种新业务的要求。

（6）在互联互通方面，设备的互操作性和网络可扩展性有待加强。

总而言之，导致上述问题的主要原因是传统的光传输网缺乏开放的、标准化的控制。因此，在传统的传输网络架构上，为光网络的网元注入智能，增加统一的控制平面，从而提高带宽的使用率和多业务承载能力至关重要，ASON 则应运而生。

2. ASON 的概念

ITU-T 在 2000 年 3 月正式提出了 ASON 的概念。

所谓 ASON，是指在 ASON 信令网控制下完成光传送网内光网络连接的自动建立、交换（指交叉连接）的新型网络。ASON 在光传送网络中引入了控制平面，以实现网络资源的实时按需分配，具有动态连接的能力，实现光通道的流量管理和控制，而且有利于及时提供各种新的增值业务。ASON 可以支持多种业务类型，能够为客户提供更快、更灵活的组网方式。

传统的光网络只包括传送平面和管理平面，ASON 最突出的特征是在传送网中引入了独立的智能控制平面，利用控制平面来完成网络连接的自动建立、资源（路由）的自动发现、保护恢复等，控制平面通过信令的交互完成对传送平面的控制。ASON 是融交换和传送为一体的、具备标准化智能的新一代光传送网。

ASON 的控制平面既适用于 OTN，也适用于 SDH 传输网，是作为传送网统一的控制平面。ASON 以 OTN 为基础发展而来，其概念和思想可以应用于不同的传送网技术。ASON 与 SDH 网、OTN 的关系如图 6-1 所示。

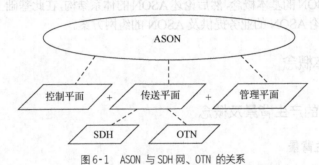

图 6-1 ASON 与 SDH 网、OTN 的关系

6.1.2 ASON 的特点及优势

1. ASON 的特点

与现有的光传输网相比，ASON 具有以下特点。

（1）在光层实现动态业务分配，能根据业务需要提供带宽，是面向业务的网络。可实现实时的流量工程控制，网络可根据用户的需要实时动态地调整网络的逻辑拓扑结构以避免拥塞现象，从而实现网络资源的优化配置。

（2）实现了控制平面与传送平面的分离，使所传送的客户信号的速率和采用的协议彼此独立，这样可支持多种客户层信号，适应多种业务类型。

（3）能实现路由重构，具有端到端的网络监控和保护恢复能力，保证其生存性。

（4）具有分布式处理能力。使网元具有智能化的特性，实现分布式管理，而且结构透明，与所采用的技术无关，有利于网络的逐步演进。

（5）可为用户提供新的业务类型，如按需带宽业务、OVPN 等。

（6）能对所传输的业务进行优先级管理、路由选择和链路管理等。

2. ASON 的优势

归纳起来，ASON 给光网络带来的好处（即优势）如下。

（1）灵活的网络结构：Mesh 组网，可实现网络灵活扩展。

（2）快速的业务提供：电路自动配置，加快业务提供时间。

（3）增值的业务平台：快速响应新增业务。

（4）可靠的网络保护：自愈保护、Mesh 重路由使得网络保护更安全。

（5）更高的资源利用率：动态带宽分配，资源利用率更高。

6.2　ASON 的体系结构

6.2.1　ASON 的体系结构概述

ASON 的体系结构主要体现在具有 ASON 特色的 3 个平面、3 个接口以及所支持的 3 种连接类型，如图 6-2 所示。

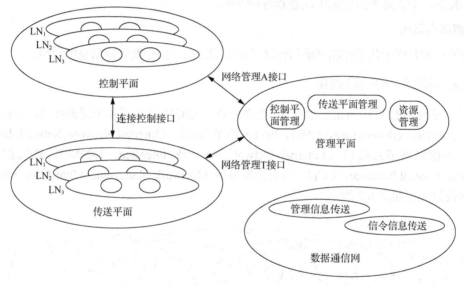

图 6-2　ASON 的体系结构

ASON 包括 3 个平面：传送平面（Transport Plane，TP）、控制平面（Control Plane，CP）和管理平面（Management Plane，MP）。此外，还包括用于传送控制平面和管理平面信息的数据通信网（Data Communication Network，DCN）。图 6-2 主要显示了 ASON 的 3 个平面及它们之间的接口。下面概括地对传送平面、控制平面和管理平面加以说明，本章 6.3 中将详细介绍 ASON 的 3 个平面的具体功能。

1．传送平面

传送平面由一系列传送实体（光节点和链路）构成，是业务传送的通道，提供从一个端点到另一个端点的双向或单向信息传送，而且能够监测连接状态，并将结果反馈给控制平面。ASON 的传送平面按 ITU-T G.805 建议进行分层，支持 G.803 定义的基于 TDM 的 SDH 网络和 G.872 定义的 OTN。

传送平面的功能是在控制平面和管理平面的作用之下完成的。控制平面和管理平面都能对传送平面的资源进行操作。

2．控制平面

控制平面是 ASON 的核心平面，控制平面由分布于各个 ASON 节点设备中的控制网元组成，而控制网元又主要由路由选择、信令转发以及资源管理等功能模块构成，各个控制网元相互联系共同构成信令网络，用来传送控制信令信息。

控制平面负责完成网络连接的动态建立以及网络资源的动态分配。其控制功能包括：呼叫控制、呼叫许可控制、连接管理、连接控制、连接许可控制、选路功能等。

3．管理平面

管理平面的主要功能是建立、确认和监视光通道，并在需要时对其进行保护和恢复。ASON的管理平面有 3 个管理单元：控制平面管理单元、传送平面管理单元和资源管理单元，管理平面通过这 3 个管理单元对其他平面实现管理功能。

ASON 的控制平面与管理平面相辅相成，控制平面的核心是实现对业务呼叫和连接的有效实时配置和控制，而管理平面则提供性能监测和管理。

4．数据通信网

数据通信网是用于传送控制平面与管理平面中的路由、信令及管理信息的网络。

6.2.2　ASON 的接口类型

为了更好地描述 3 个平面之间的工作协作关系，ASON 定义了几个逻辑接口，包括用户网络接口（User Network Interface，UNI）、内部网络节点接口（Internal Network-Network Interface，I-NNI）、外部网络节点接口（External Network-Network Interface，E-NNI）、连接控制接口（Connection Control Interface，CCI）、网络管理接口（Network Management Interface，NMI）等，ASON 的接口类型如图 6-3 所示。

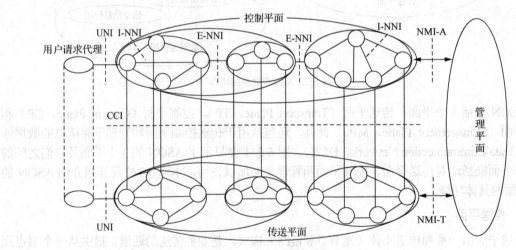

图 6-3　ASON 的接口类型

1．ASON 3 个平面之间的接口

ASON 3 个平面之间的交互接口为：CCI、网络管理 A 接口（NMI-A）和网络管理 T 接口（NMI-T）。

（1）连接控制接口

在 ASON 体系结构中，控制平面和传送平面之间的接口称为 CCI。通过 CCI 可传送连接控制信息，建立传送平面网元之间的连接。

（2）网络管理 A 接口

在 ASON 体系结构中，管理平面和控制平面之间的接口称为 NMI-A。

通过 NMI-A，可实现管理平面对控制平面的管理，主要是对路由、信令和链路管理功能模块进行监视和管理。

（3）网络管理 T 接口

在 ASON 体系结构中，管理平面和传送平面之间的接口称为网络管理 T 接口（NMI-T）。

管理平面通过 NMI-T 实现对传送网络资源基本的配置管理、性能管理（日常维护过程中的性能监测）和故障管理等。

2．ASON 的其他接口

（1）用户网络接口

UNI 是用户设备与 ASON 之间的接口，用户设备通过该接口动态地请求获取、撤销、修改具有一定特性的光带宽连接资源。资源的多样性要求光层接口也具有多样性的特点，并能支持多种类型的网元，包括自动交换网元，即应支持业务发现、邻居发现等自动发现功能以及呼叫控制、连接控制和连接选择功能。

（2）网络节点接口

网络节点接口包括 I-NNI 与 E-NNI。

I-NNI 是指 ASON 中同一管理域中的内部双向信令节点接口，它负责提供连接建立与控制功能。

E-NNI 是 ASON 中不同管理域之间的外部节点接口，E-NNI 上交互的信息包含网络可达性、网络地址概要、认证信息和策略功能信息等，而不是完整的网络拓扑/路由信息。

E-NNI 与 I-NNI 的区别如下。

① E-NNI 可以使用在同一运营商的不同 I-NNI 区域的边界处，也可以使用在不同运营商网络的边界处；而 I-NNI 用于同一厂商设备组成的子网内部，因此，大部分厂商实现的 NNI 接口都是 I-NNI 接口。

② 由于 I-NNI 是同一管理域中的内部节点接口，而同一管理域中的设备又都是同一厂商的设备，因此，I-NNI 可以使用任何私有路由协议，无须标准化。而在 E-NNI 处要实现不同厂商设备互通，必须定义合适的路由协议。

6.2.3　ASON 的连接类型

根据不同的连接需求以及连接请求对象的不同，ASON 定义了 3 种连接类型：永久连接（Permanent Connection，PC）、交换连接（Switched Connection，SC）和软永久连接（Soft Permanent Connection，SPC）。

1．PC

（1）PC 的概念

PC 由用户（连接端点）通过 UNI 直接向管理平面提出请求，由管理平面根据连接请求以及网络可用资源情况预先计算并确定永久连接的路径，然后通过 NMI-T 向网元发送交叉连接命令进行统一配置，最终通过传送平面完成连接建立。PC 建立过程如图 6-4 所示。

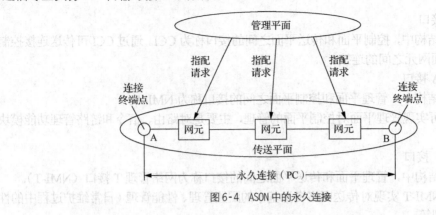

图6-4 ASON 中的永久连接

（2）PC 的特点

永久连接建立后的服务时间相对较长，不会频繁地更改连接状态，而且没有控制平面的参与，是静态的。

2. SC

（1）SC 的概念

SC 是由通信的终端系统（或连接端点）向控制平面发起请求命令，然后控制平面通过信令和协议控制传送平面建立端到端的连接。交换连接方式由控制面内信令元件间动态交换信令信息，是一种实时的连接建立过程。交换连接建立过程如图6-5所示。

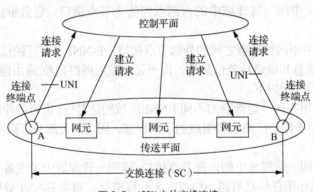

图6-5 ASON 中的交换连接

（2）SC 的特点

ASON 的3种连接类型中最为灵活的是 SC，它满足快速、动态的要求，符合流量工程的标准，体现了 ASON 自动交换的本质特点。

3. SPC

（1）SPC 的概念

SPC 介于 PC 和 SC 两种连接方式之间，由管理平面和控制平面共同完成。在网络的边缘提供永久连接，该连接由管理平面来实现；在网络内部提供交换连接，该连接由管理平面向控制平面发起请求，然后由控制平面来实现。软永久连接建立过程如图6-6所示。

（2）SPC 的特点

SPC 的特点介于 PC 和 SC 之间。

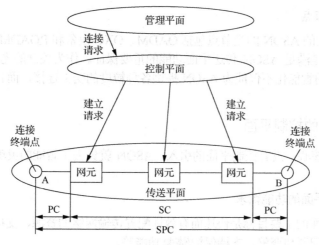

图 6-6 ASON 中的软永久连接

4．ASON 的 3 种连接的比较

ASON 的 3 种连接的比较如表 6-1 所示。

表 6-1 **ASON 的 3 种连接的比较**

连接类型	管理平面	控制平面
永久连接	连接由管理平面发起和维护，而且传送平面中为具体业务建立通道的路由消息和信令消息都是由管理平面发出的	不起作用
交换连接	不直接起作用，它只是接收从控制平面传来的连接建立的消息	发起和维护由控制平面来完成
软永久连接	建立、拆除请求由管理平面发出	对传送平面中具体资源的配置和动作是由控制平面发出的指令完成

6.3 ASON 的 3 个平面

6.3.1 ASON 的传送平面

1．ASON 传送平面的作用

传送平面的主要作用是负责连接/拆线、路由与交叉连接、传送等，为用户提供从一个端点到另一个端点的双向或单向信息传送，同时，还要传送一些控制和网络管理信息。

2．ASON 传送平面的具体功能

传送平面应支持以下主要功能：
（1）路由与交叉连接；
（2）波长汇聚功能；
（3）波长转换功能；
（4）带宽管理与流量工程；
（5）保护和恢复功能；
（6）支持多业务的接入。

3. ASON 的光节点

基于 OTN 基础上的 ASON 的光节点包括 OADM、OXC 设备和 ROADM 等。

智能光节点技术是满足 ASON 传送平面功能的重要保证。作为关键的光节点，OXC 设备、OADM 和 ROADM 的智能化不仅能为 ASON 提供各种粒度的交叉连接，而且其本身就具备一定的控制和管理功能。

6.3.2　ASON 的控制平面

CP 是 ASON 的核心，没有控制平面的引入，ASON 就失去了智能的灵魂，就不具备了自动交换的能力。

1. ASON 控制平面的功能需求

ASON 中控制平面的主要目标是快速而有效地配置传输网络的资源、支持 SC 和 SPC、对已建立的连接进行重新配置和调整、支持保护/恢复功能等。

控制平面应满足以下功能需求。

（1）实现分布式的连接控制管理功能，能够建立、拆除和维护端到端的连接，同时能够为连接选择一条最佳路径。

（2）实现邻居发现和服务发现机制，使网络能够动态地发现可用的资源。

（3）进行拓扑和链路/资源的通知。

（4）进行实时的流量工程控制，实现资源的最佳配置。

（5）实现基于重路由的快速恢复机制。

（6）有充分的灵活性来满足不同的网络情形。运营商和业务提供者可决定控制平面路由区域的划分以及传输资源子网的划分，并有权选择实现控制平面功能的协议和采取的信令控制方式（全分布或者是集中式的）。

（7）可适用于多种传输网络技术（如 SDH、OTN 等）。

2. ASON 控制平面的基本功能

ASON 控制平面的基本功能主要包括以下几点。

① 资源发现。提供网络可用资源信息（包括端口、带宽和复用能力等）。

② 路由控制。提供路由能力、拓扑发现、流量工程等功能。

③ 连接管理。实现端到端的业务配置，具体包括连接建立、连接删除、连接修改、连接查询等功能。

④ 连接恢复。提供额外的网络保护能力。

3. ASON 控制平面的基本结构

ASON 中控制平面采用的是基于 IP 的信令技术，控制平面的信令、路由协议都是沿用原有的 IP 网络协议，并在此基础上做了相应的扩展以适应在光网络中的应用。所以说，ASON 控制平面实际上就是一个以 DCN 作为其物理支撑的用于控制传送平面设备的 IP 网络。分布于各个传送设备中的控制节点（控制网元），通过使用控制信令通道相互连接起来，共同组成控制平面，用来传送控制信令信息。

在 ASON 中，传送平面和控制平面不像在使用 MPLS 技术的 IP 网络中那样紧密联系，它们可以认为是两个分离的网络，拓扑结构不必相同。从光连接的可靠性方面来说，要求控制平面的故障不会对传送平面造成影响。

ITU-T G8080 按照其逻辑功能将 ASON 控制平面节点的核心功能组件分为 6 类，包括连接控制器（Connection Controller，CC）、呼叫控制器（Call Controller，CallC）、链路资源管理器（Link

Resource Manager，LRM）、路由控制器（Routing Controller，RC）、流量策略（Traffic Policy，TP）和协议控制器（Protocol Controller，PC）。这些功能组件共同完成控制平面的功能，其关系如图6-7 所示。

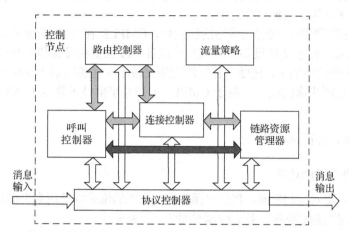

图 6-7　ASON 控制平面节点结构组件

各个功能组件的作用如下。

（1）CC

CC 是整个节点功能结构的核心，负责协调 LRM、RC 以及对等或者下层连接控制器，从而实现对连接建立、连接释放以及修改现有连接参数等操作进行管理和监控。

（2）RC

RC 的作用是为连接控制器提供所负责域内连接的路由信息，其路由信息可以是端到端的（如源选路），也可以是基于下一跳信息。此外，为了达到网络管理目的，路由控制器还要对用于网管的拓扑请求信息给予响应。

（3）LRM

LRM 主要负责本地资源的发现、邻接关系的发现以及对子网端点库链路进行管理，管理内容包括子网络点链路连接建立与拆除信息、拓扑和状态信息。

（4）TP

TP 组件负责检查输入用户连接是否按照协议约定的参数发送数据。当出现差错时，TP 组件则采取必要的措施来进行纠正。但在连续码流的传送网中，由于业务量是按预先分配的通道传送的，不会出现上述情况，因而也无须使用流量监管功能。

（5）CallC

CallC 的功能是实现呼叫控制，包括主叫/被叫呼叫控制器和网络控制器。

主叫/被叫呼叫控制器与呼叫结束无关，它既可以作为主叫呼叫控制器，也可以作为被叫控制器。网络控制器也具有双重身份，既支持主叫，也支持被叫。

（6）PC

PC 的作用是把上述控制组件的抽象接口参数映射到消息中，然后通过协议承载的消息完成接口的互操作。

4．ASON 控制平面中的核心技术

ASON 控制平面中的核心技术包括信令协议、路由协议和链路资源管理协议。其中，信令协议负责对分布式连接的建立、保持、拆除等进行管理；路由协议负责实现选路功能；链路资

源管理则包括对控制信道和传送链路的验证及维护在内的链路管理。它们是利用 GMPLS 技术来实现的。

GMPLS 是在 MPLS 的基础上发展起来的，但它们的应用环境不同，GMPLS 主要应用于控制平面中，而 MPLS 则适用于数据平面之中。

为了能够统一控制平面，实现光网络的智能化，GMPLS 在 MPLS 流量工程的基础上进行了相应的扩展和加强，使包交换设备、时域交换设备、波长交换设备和光交换设备能够在一个基于 IP 通用控制平面的控制下，使处于各层的交换设备能够在相同信令支配下完成对用户平面的控制，即实现了控制平面的统一。基于 GMPLS 的控制平面技术将成为 ASON 控制平面的主要解决方案。

6.3.3 ASON 的管理平面

1. ASON 管理平面的功能

ASON 的 MP 负责对控制平面、传送平面和整个系统的维护以及所有平面间的协调和配合，能够进行配置和管理端到端连接，是对控制平面的一个补充。

ASON 的 MP 既可以实现对传送平面传统的光网络的管理功能，包括性能管理、故障管理、配置管理、计费管理和安全管理功能等；又能够完成对控制平面的管理以及对 ASON 新增加的功能和服务的管理。

2. ASON 管理平面的重要特征

ASON 管理平面的重要特征就是管理功能的分布化和智能化。ASON 通过网元智能化，将原来网关的许多功能下放到各网元中，由集中式管理改为分布式管理，从而实现了网络的实时可管理性。并且使许多原来需要人工参与的工作由网络本身去完成，极大地增强了整个网络的服务效率。

6.4 ASON 的业务提供

6.4.1 ASON 支持的业务和连接类型

1. ASON 支持的业务

ASON 的特色主要在于智能的控制功能，它可以支持底层传送平面的多种技术的网络（如 SDH、OTN）。因此，ASON 可以支持目前传送网络中可提供的各种不同速率和不同信号格式的业务。根据业务的信号特性（格式、比特率等）的不同，ASON 支持的主要业务类型包括以下几种。

（1）SDH 业务。

（2）OTN 业务。

（3）10Mbit/s、100Mbit/s、1Gbit/s 和 10Gbit/s 的以太网业务。

（4）透明或不透明的光波长业务。

（5）各种新型业务，例如：带宽出租和带宽指配业务、按需提供带宽、智能动态的点对点专线服务、OVPN 等。

2. ASON 的业务连接类型

前面介绍过，根据连接建立方式的不同，ASON 支持 3 种连接类型：PC、SC 和 SPC。这 3 种连接类型各有其特点，适用于连接有着不同要求的客户业务。

（1）PC 适用的业务

由于永久连接建立后的服务时间相对较长，不是频繁地更改连接状态，是静态的，所以在这种连接方式下，业务的特点是对实时性要求不高，业务持续的时间比较长，网络运营商可根据全网的资源使用情况优化配置这一部分连接资源，满足流量工程的要求。

（2）SC 适用的业务

SC 是由于控制平面的引入而出现的一种全新的动态连接方式，由于通过信令建立连接，用户业务能满足快速、实时建立的要求，因而主要适用于突发性强、持续时间不长的业务，例如数据业务。

（3）SPC 适用的业务

SPC 由管理平面和控制平面共同完成，其业务特点介于永久连接和交换连接之间。

6.4.2　ASON 的业务调用方式

根据业务提供的连接类型，ASON 的业务调用方式有以下两种。

（1）业务提供者发起的业务调用方式

业务提供者通过管理平面发起的业务请求。由管理平面发起的连接请求主要包括连接的建立、拆除、查询和修改操作。PC 和 SPC 连接采用该业务调用方式。

（2）用户发起的业务调用方式

用户通过控制平面（包括信令代理）中的 UNI 接口向业务提供者发起的业务请求。直接由用户设备或它的信令代理发起的连接管理请求主要包括连接的建立、拆除、查询和修改操作。SC 连接采用该业务调用方式。

6.4.3　ASON 的业务接入方式

为了将业务接入 ASON，用户首先需要在传送平面上与运营商网络建立物理连接。客户是否需要与控制平面相连依赖于向客户提供业务的请求模式，如果使用指配方式，客户无须与控制平面相连；如果使用信令方式，客户需要与控制平面相连。采用直接信令方式还是间接信令方式由客户端是否具有 UNI 代理决定。

ASON 支持以下业务接入方式。

（1）局内接入：用户设备和光传输设备在同地，局内直接连接到用户。

（2）直接远程接入：利用专用链路远程接入到用户。

（3）子网远程接入：通过复用/解复用设备构成的子网远程接入到用户。

为了提高用户业务的生存性和提供负载均衡等功能，用户和网络之间可以采用多归属方式。例如，客户设备可以用双归的方式（即两条不同的路径，双归是多归属的一种情况）接入相同或不同的网络。

6.4.4　ASON 的业务级别协议

业务级别协议是指网络业务提供商（Network Services Provider，NSP）与客户之间关于某项服务所应达到的水平而签署的协议，在该协议框架下，NSP 必须向客户提供相应的服务水平，否则将向客户作出经济赔偿。

业务级别协议的主要内容包括以下几个方面。

（1）网络的服务水平和服务质量：例如，网络可用性、时延、试验抖动、丢包率等。

（2）各种业务的服务水平要求：例如，业务的可用性、业务响应时间、接通率等。

（3）业务开通时间：例如，装机平均时限、最长时限等。

此外，还可以从保护和恢复的角度对业务级别进行划分，如表 6-2 所示。

表6-2 基干保护的业务级别划分

业务级别	服务质量	保护方式	保护倒换时间
等级1	最高	专网保护/链路级别（或环保护）、预先计算	小于50ms
等级2	高	共享保护/链路级别、预先计算；或者动态保护，无预先计算	200ms～300ms
等级3	中	动态保护/通道级别（端到端）、预先计算	s/min级
等级4	低	无保护	—
等级5	最低	无保护，并且可被高级别业务抢占	—

6.5 ASON的组网方案

6.5.1 ASON的分层网络结构

网络分层结构主要涉及省际、省内、本地光传送网的组织结构和网络扁平化。针对电信运营商光传送网现有的3层网络结构和未来网络扁平化的发展趋势，目前ASON可采用3层组网的模式，即和现有运营商的网络分层保持一致。ASON的分层网络结构示意图如图6-8所示。

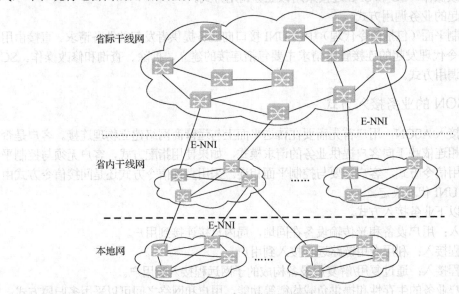

图6-8 ASON的分层网络结构示意图

ASON分为3个网络层面，即ASON省际干线网、省内干线网和本地网。各层网络独立组织控制域，网络之间通过E-NNI互联，以实现跨层的端到端调度。

ASON省际干线网除了包括现有的省会节点外，还可以将国际出口节点、省内网的第二出口点、业务需求较大的部分沿海发达城市的节点纳入，进行统一的调度管理。其网络结构为网状网和复杂环形。

ASON省内干线网覆盖各省内的主干节点，采用网状网和单控制域结构，为省内主要城市间提供传输电路，连接各本地ASON。

本地/城域光传送网建设ASON应根据城市或地区的规模及业务发展的情况。现阶段ASON主要应用在特大型或者大型城市的本地/城域核心层，以网状网结构为主，初期也可采用环形网结构。

建设ASON时，各层网络结构的选择需要考虑以下因素。

（1）光传送网的现网结构和规模。

（2）光传送网的规划建设、运行维护体制。

（3）业务网的结构和业务需求。

（4）网络安全性和多厂商竞争性。

（5）ASON 多域技术的成熟性等。

6.5.2 ASON 的演进

1. ASON 的演进策略

ASON 的演进需要根据以下策略完成。

（1）ASON 的演进要充分利用好现有网络资源，在保证现有投资的前提下，逐步引入新技术、新业务，做到经济有效、方便可行。

（2）坚持技术的标准性和网络的兼容性。

（3）根据自身业务和网络发展需要，合理地引入和开展新业务新运营模式，逐步向 ASON 演进。

从技术上讲，推荐采用重叠模型，按照先集中后分布的方案部署，注重利用标准接口实现多家网络互通，最后实现统一的控制平面。

2. ASON 演进的 3 个阶段

各地区根据现有光传输网络情况，可以将 ASON 的演进分为以下 3 个阶段。

（1）第一阶段

ASON 演进的第一阶段是集中式网络管理系统和部分网络的控制平面相结合，如图 6-9 所示。

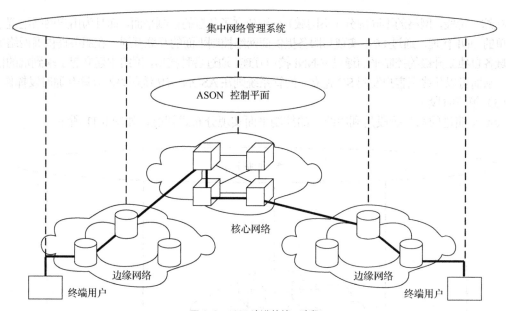

图 6-9 ASON 演进的第一阶段

这一阶段，首先将现有核心网络升级，引入 ASON 集中控制系统（即 ASON 控制平面），实现流量工程和带宽按需自动配置等部分智能，并向管理系统提供接口。同时改造原有的管理系统，实现在集中的管理系统上配置智能控制系统。

端到端连接采用的是 SPC 的方式。即核心网络采用网状网结构，在控制平面的控制下，建立灵活的 SC；而边缘网络在集中网络管理系统的控制下，建立 PC。

显然，在 ASON 演进的第一阶段强调充分利用管理系统，实现多域、多厂商、多运营商环境下的互操作，实现传统网络和引入 ASON 控制平面的网络的互联。

（2）第二阶段

ASON 演进的第二阶段是利用标准接口实现完全控制平面的连接调度，如图 6-10 所示。

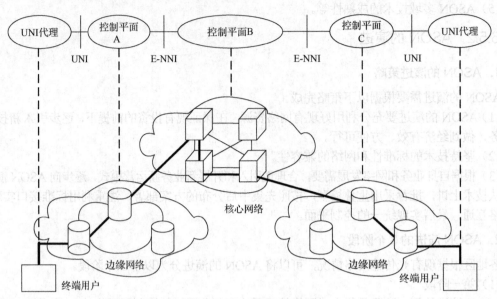

图 6-10 ASON 演进的第二阶段

在这一阶段，网络的不同部分（不同域）分别建立了各自的控制平面，而且为用户网络配置了一个简单的 UNI 代理，通过 UNI 实现与服务提供商网络控制平面的互联互通。在服务提供商网络中，不同域各自独立升级的控制平面通过 E-NNI 接口互连。通过各种接口，网络中建立起了端到端的信令机制，从而可以从终端客户发起 SC 建立。网管系统则在 ASON 与传统网络的互联互通时发挥作用。

（3）第三阶段

ASON 演进的第三阶段是利用统一的控制平面实现分布式智能，如图 6-11 所示。

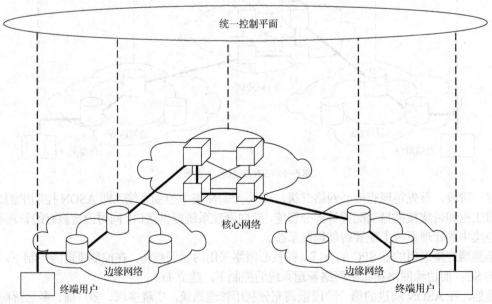

图 6-11 ASON 演进的第三阶段

在 GMPLS 技术进一步成熟的基础上，特别是 NNI 信令协议最终实现标准化的前提下，可以在全网范围统一实现控制平面。管理平面将提供性能监测和管理等功能，与控制平面相辅相成。

6.5.3 ASON 与传统光网络的混合组网

1. 组网互通结构

ASON 与传统光网络混合组网时，二者之间可以采用单节点互通结构和双节点互通结构。

（1）单节点互通结构

单节点互通结构如图 6-12 所示。

在图 6-12（a）中，传统光网络和 ASON 边界节点之间的链路可以有保护，也可以无保护。图 6-12（b）所示方案要求传统光网络和 ASON 支持相同的自动保护倒换协议，所以一般只在同一设备厂商的设备之间实现。

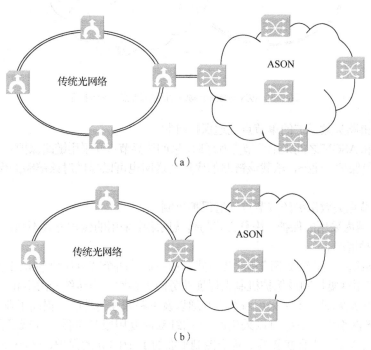

图 6-12 ASON 与传统光网络之间的单节点互通示意图

（2）双节点互通结构

双节点互通结构如图 6-13 所示。

图 6-13（a）的双节点互通结构既可以提供对域间链路失效的保护，又可以提供传统网络域和 ASON 与边界节点故障保护，跨域业务的生存性得到大大提高。图 6-13（b）中的情况同样是因为需要支持相同的 APS 协议，所以只能在同一设备厂商的设备之间实现。

2. 跨域保护机制

由于传统光网络不提供分层恢复功能，所以跨 ASON 和传统光网络的业务需要保护机制，可以采用能完成链路失效保护的单节点互通保护机制，也可以采用能完成节点失效保护的双节点互通保护机制。

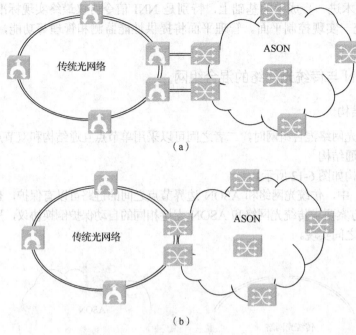

图6-13　ASON与传统光网络之间的双节点互通示意图

（1）能完成链路失效保护的单节点互通保护机制

传统光网络和ASON之间采用单节点互通时，域间边界节点间采用链路保护方式，如1+1/1∶1、$M∶N$线性复用段保护。此外，承载该链路的底层传送网也可以提供对该链路的保护，如DWDM系统的保护。

（2）能完成节点失效保护的双节点互通保护机制

基于ASON域内采用的保护、恢复方式与传统网络中采用的保护方式不同，双节点互通保护机制下可以有多种情况。

① 传统光网络内部配置成下路和续传方式，业务通过两个节点和两条链路分别进入ASON，在ASON内可采用恢复机制或保护机制来保证业务的生存性。当传统光网络和ASON之间的链路与边界节点发生故障时，由于采用双节点互通以及下路和续传功能，提高了业务的生存性。

② 在传统光网络中，业务可以采用两纤/四纤双向复用段共享保护环或子网连接保护；在ASON内，业务可以采用无保护恢复、基于控制平面的1+1/1∶n的保护、1+1/1∶1线性复用段保护、$M∶N$线性复用段保护、两纤/四纤双向复用段共享保护环，以及保护与恢复相结合等。其中，在ASON内根据业务配置的需要，可酌情选用下路和续传功能。对于ASON中承载的业务，也可采用保护与恢复相结合的方式。

3. 跨域业务的建立

跨域业务的建立是实现ASON域和传统光网络区域之间的自动端到端连接建立和管理，可以采用如下两种方式。

（1）在网管上将该业务分成两类分别建立，一类为传统光网络上的端到端连接建立，采用PC方式；一类为ASON上的端到端连接建立，采用SPC方式。

（2）在网管系统上增加集中式控制代理，使传统网络具有智能。业务在传统光网络和ASON上可通过网管实现端到端SPC建立，也可通过UNI接口发起连接的建立。

在电信业务 IP 化趋势的推动下，传送网承载的业务从以 TDM 为主向以 IP 为主转变。传统 TDM/SDH 独享管道的网络扩容模式难以支撑新的发展需求，分组传送网（Packet Transport Network，PTN）凭借丰富的业务承载类型、强大的带宽扩展能力和完备的服务质量保障能力，成为本地传输网的一种选择。

本章首先介绍 PTN 的基本概念，然后论述了 PTN 的体系结构、实现技术及关键技术，最后研究了 PTN 设备基本功能、PTN 组网模式及业务定位。

7.1 PTN 的基本概念

7.1.1 PTN 的产生背景

随着语音、图像、数据业务在 IP 层面的不断融合，各种业务都向 IP 化方向发展，业务的 IP 化和传送的分组化已成为目前网络演进的主线。

移动网络在演进过程中，其带宽瓶颈已经从手机与基站的空间接口之间，转移到基站与基站控制器之间，这一段网络就是无线接入网络（Radio Access Network，RAN），也称为移动回传网。所谓移动回传是指在基站与基站控制器之间来回传递通信信息的过程。简单说，移动回传网在 2G 时代是指基站收发信机（Base Transceiver Station，BTS）到基站控制台（Base Station Controller，BSC）之间的网络；在 3G 时代是指 Node B（节点 B，即基站）到无线网络控制器（Radio Network Controller，RNC）之间的网络；在 LTE 阶段是指 eNodeB（演进型 Node B，即基站）至核心网（Evolved Packet Core，EPC）之间以及基站与基站之间的网络，如图 7-1 所示。

2G 时代的移动回传网主要承载 TDM 语音业务，此时数据通信需求较低，接口主要为 E1 接口，因此，采用 SDH 技术承载 2G RAN 网络即可满足要求。3G 时代初期，随着数据业务逐渐增加，每个基站的数据带宽一般保持在 10Mbit/s～20Mbit/s，此时采用基于 SDH 的 MSTP 技术承载 3G RAN 网络可满足要求。然而当 3G 进入 HSDPA 阶段，业务颗粒度向 100Mbit/s 发展，业务接口由 E1 向 FE 变化时，由于 MSTP 传送网的 IP 化仅停留在接口方面，其内核依旧是时分交叉连接复用，不具备统计复用功能，且其不同接口间的带宽不能共享，带宽利用率低，所以不能满足 IP 化业务带宽突发性、高峰均值比的特点。

随着 3G 网络向 LTE 的演进，移动网络的 ALL IP 发展趋势越来越明显，LTE RAN 的分组化传送需求大大增加。在 IP 化的大趋势下，国内通信运营商采用分组技术的选择不尽相同。目前，中国移动的回传网络建设以 PTN 为主，中国电信以 IP RAN 为主，中国联通大规模建设 IP RAN，同时部分引入 PTN。本章主要介绍 PTN，IP RAN 将在第 8 章进行介绍。

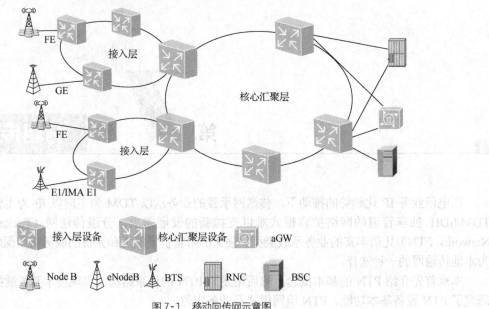

图 7-1 移动回传网示意图

7.1.2 PTN 的概念及特点

1. PTN 的概念

PTN 是分组传送网的简称，基于分组的交换核心是 PTN 技术最本质的特点。

PTN 是指这样一种光传送网络架构和具体技术：它是在 IP 业务和底层光传输介质之间架构的一个层面，它针对分组业务流量的突发性和统计复用传送的要求而设计，以分组业务为核心并支持多业务提供；PTN 具有适合各种粗细颗粒业务、端到端的组网能力，提供更加适合于 IP 业务特性的"柔性"传输管道；同时秉承光传输电信网络的传统优势，包括高可用性和可靠性、高效的带宽管理机制和流量工程、可扩展、较高的安全性等。简单来讲，可以将 PTN 理解为是一种以分组为传送单位，承载电信级以太网业务为主，兼容 TDM、ATM 和快速以太网等业务的综合传送技术。

2. PTN 的特点

为了适应分组业务的传送，PTN 除了保留传统 SDH 传送网的一些基本特征，还引入了针对分组业务的一些特征。PTN 的具体特点如下。

（1）通过分层和分域提供了良好的网络可扩展性。

（2）具有电信级的 OAM 能力，支持多层次的 OAM 及其嵌套，实现快速的故障定位、故障管理和性能管理等。

（3）可靠的网络生存性，支持快速保护倒换。

（4）不仅可以利用网络管理系统配置业务，还可以通过智能控制面灵活地提供业务。

（5）针对分组业务的突发性，支持基于分组的统计复用功能。

（6）提供面向分组业务的 QoS 机制，同时利用面向连接的网络提供可靠的 QoS 保障。

（7）支持运营级以太网业务，通过电路仿真机制支持 TDM、ATM 等传统业务。

（8）通过分组网络的同步技术提供频率同步和时间同步。

7.2　PTN 的体系结构

7.2.1　PTN 的分层结构

1. 传送网的通用分层架构

传送网的功能层次一般分为 3 层。

（1）信道层（Channel）：也称为电路层或业务信道，主要为用户提供端到端的传送网络业务。

（2）通路层（Path）：提供传送网络隧道（Trunk、Tunnel），该层将一个或多个用户业务汇聚到一个更大的隧道中，以便于传送网实现更经济有效的传送、交换、OAM、保护和恢复。

（3）传输介质层：包括段层和物理介质层，其中段层主要保证通路层在两个节点之间信息传递的完整性，物理介质层即物理层，指支持段层的具体传输介质。

2. PTN 的分层结构

PTN 作为传送网，其功能层次也分为 3 层，分层结构如图 7-2 所示。

各层功能如下。

（1）PTN 电路层：也称为分组传送信道层（Packet Transport Channel，PTC），将用户信号封装进虚信道（Virtual Channel，VC），并进行传送，为用户提供端到端的传送，即端到端的性能监控和端到端的保护。

（2）PTN 通路层：也称为传送通路层（Package Transport Path，PTP），提供多个 VC 业务的汇聚，将 VC 封装、复用进虚通路（Virtual Path，VP），并进行传送和交换，提供可扩展性和业务生存性，如保护、恢复、OAM 等。

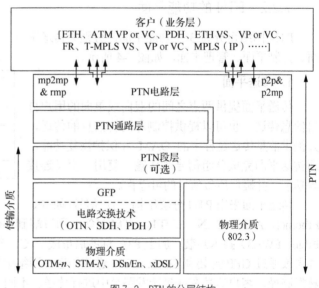

图 7-2　PTN 的分层结构

（3）传输介质层：也包括 PTN 段层（Package Transport Section，PTS）和物理介质层，其中 PTS 提供虚段（Virtual Section，VS）的信号的 OAM 功能，物理介质层可以采用以太网技术（IEEE 802.3），也可以通过 GFP 协议架构在 PDH/SDH 和 OTN 上。

PTN 上面是业务层，包括以太网等分组业务以及 PDH、SDH 等 TDM 业务，PTN 可以为这些业务提供点到点"专线"（p2p）、点到多点"分发"（p2mp）、多点"汇聚"（rmp）、多点到多点"任意到任意"（mp2mp）等方式的接入服务。

网络分层后，每一层网络依然比较复杂，地理上可能覆盖很大的范围。为此，在分层的基础上，可以再将 PTN 分割为若干分离的部分，即分域，且大的域又可以继续分割为多个小的子域，图 7-3 所示某业务提供商为一个大域，该大域又分为若干子域，并由不同网络运营商负责运营，这种网络的分层和分域使 PTN 具有良好的可扩展性。

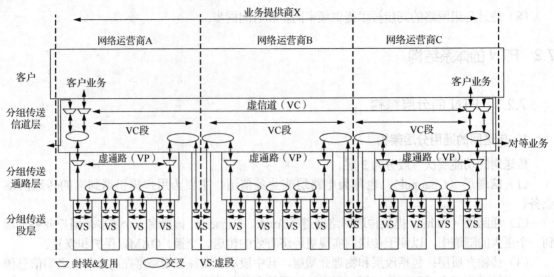

图 7-3　PTN 的分层和分域示意图

7.2.2　PTN 的功能平面

PTN 网络可分为 3 个功能平面，分别为传送平面、控制平面、管理平面，如图 7-4 所示。

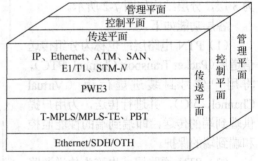

图 7-4　PTN 的 3 个功能平面

1. 传送平面

传送平面提供两点之间的双向或单向的用户分组信息传送，也可以提供控制和网管信息的传送，并提供信息传送过程中的 OAM 和保护恢复功能，即传送平面完成分组信号的传输、复用、交叉连接等功能，并确保所传信号的可靠性。

传送平面采用 PTN 分层结构，用户信号（如 IP、Ethernet、ATM、SAN、E1/T1、STM-N 等）通过端到端伪线仿真（Pseudo-Wire Emulation Edge to Edge，PWE3）技术封装，加上 PTC 标签后形成 PTC，多个 PTC 复用成 PTP，再封装到以太网物理层或通过 GFP 封装到 SDH、OTN 进行传送。网络中间节点交换 PTC 或 PTP 标签，建立标签转发路径，客户信号在标签转发路径中进行传送。不同实现技术采用的分组传送标签不同，PBT 采用共 60 位的目的 MAC 地址和 VLAN ID，T-MPLS 采用 20 位的 MPLS 标签，这两种实现技术将在 7.3 节进行介绍。

2. 控制平面

控制平面由提供路由和信令等特定功能的一组控制元件组成，并由一个信令网络支持。控制平面的主要功能包括：通过信令支持建立、拆除和维护端到端连接的能力；通过选路为连接选择合适的路由；网络发生故障时，执行保护和恢复功能；自动发现邻接关系和链路信息，发布链路状态信息，例如可用容量以及故障等，以支持连接建立、拆除和恢复。

3. 管理平面

管理平面执行传送平面、控制平面以及整个系统的管理功能，同时提供这些平面之间的协同操作。管理平面执行的功能包括：性能管理、故障管理、配置管理、计费管理和安全管理。

7.3 PTN 的实现技术

PTN 的实现技术主要有两种：基于以太网面向连接的分组传送技术（Provider Backbone Transport，PBT）和基于 MPLS 面向连接的分组传送技术（Transport MPLS，T-MPLS/MPLS-TP），其中 T-MPLS/MPLS-TP 技术作为由 ITU-T 标准化的电信级、跨运营商的包交换传送技术，具有成为 PTN 核心技术的潜力，目前被厂商和运营商广泛支持，因此，本节先简要介绍这两种实现技术，后续章节将主要基于 T-MPLS/MPLS-TP 技术进行阐述。

7.3.1 PBT 技术

PBT 称为运营商骨干传输，遵循 IEEE 802.1Qay 标准，别名为运营商骨干桥接-流量工程（Provider Backbone Bridging-Traffic Engineering，PBB-TE）。

PBT 是基于以太网面向连接的包传输技术。从传统以太网到 PBT 这种电信级网络，IEEE 以太网技术经历了一系列演进，下面分别进行介绍。

1. IEEE 802.1Q VLAN

VLAN 在逻辑上把网络资源和网络用户按照一定的原则进行划分，其帧格式见第 3 章图 3-12。VLAN 帧在以太网帧的基础上增加了一个标签（TAG）域，其中包含 12 位的 VLAN ID，范围为 0～4 095，每个支持 802.1Q 的交换机发送出来的数据包都会包含这个域，以指明自己属于哪一个 VLAN。

在 802.1Q 中，一个物理网最多可支持 4 096 个 VLAN，不同 VLAN 之间的流量是隔离的。

2. IEEE 802.1ah PB

IEEE 802.1ah PB 称为运营商桥接，也称为 QinQ，是第一个面向电信运营商的以太网桥接技术。QinQ 帧结构在以太网帧中堆叠了两个 802.1Q 报头，使 VLAN 的数目最多可达 4 096×4 096 个，有效扩展了 VLAN 数目。

QinQ 帧结构在 802.1Q 帧结构中增加了一个由运营商分配的标签域，将运营商的 VLAN 与用户 VLAN 隔离，并且允许运营商将多个用户 VLAN 业务通过同一个运营商 VLAN 传送。

然而运营商标签域同样只包含 12 位的 VLAN ID，最多只能提供 4 096 个运营商 VLAN，再加上进行数据帧转发时，网络中的核心节点需要根据用户目的地址和运营商 VLAN ID 来转发帧，因此节点需要维护一个庞大的转发表，可见 QinQ 技术仍然不能满足电信网络的扩展性要求。

3. IEEE 802.1ah PBB

IEEE 802.1ah PBB 称为运营商骨干桥接，也称为 MACinMAC，其基本思路是将用户的 VLAN 以太网数据帧封装进运营商的 VLAN 以太网数据帧，形成两个 MAC 帧。

MACinMAC 封装方式完全屏蔽了用户侧的信息，网络核心节点根据运营商 MAC 帧目的地址和运营商 VLAN ID（共 60 位）来转发帧，只在网络边缘节点才需要学习用户的 MAC 目的地址，从而减轻了用户 MAC 地址对核心网转发表的压力，且 60 位的地址实现了网络的可扩展性。此外，在封装的运营商 MAC 帧头中还增加了业务标签（I-TAG），其中包含的业务 VLAN ID 扩展到 24 位，实现对业务的标识和业务的可扩展性。

4. IEEE 802.1Qay PBT

PBT 遵循 IEEE 802.1Qay 标准，是 PBB 加入一系列电信网络特征后的产物。作为 PBB 的扩展，PBT 的别名为 PBB-TE，其中 TE 指流量工程，流量工程在概念上是指一套工具和方法，无论网络设备和传输线路是在正常情况还是失效情况下，它都能从给定的基础设施中提取最佳的服务。PBT 仍然采用以太网转发机制，因此，从本质上讲，PBT 是 PBB 网络的一种通过网管进行配置的工作模式。

由上述以太网技术的演进过程可见，现有传统的以太网交换设备不能有效传送 TDM 业务，不具有"运营级"的网络特征。而 PBT 是一种面向连接的分组传送技术，具备很好的可扩展性和端到端的 QoS 支持，有一套与 SONET/SDH 类似的操作与维护机制，具备了电信网络的可靠性和可管理性。

7.3.2 T-MPLS/MPLS-TP 技术

1. T-MPLS 的基本概念

T-MPLS 称为传送-多协议标签交换，是基于 MPLS 的面向连接的分组传送技术。T-MPLS 标准最初由 ITU-T 于 2005 年 5 月起开发，是 ITU-T 从传送网的需求入手，结合 MPLS 技术开发的一系列标准。2008 年 4 月，ITU-T 与 IETF 成立联合工作组（Joint Working Team，JWT），共同进行 T-MPLS 标准的开发，将 T-MPLS 和 MPLS 技术进行融合。IETF 改进现有 MPLS 技术，吸收 T-MPLS 中的 OAM、保护和管理等传送技术，并将技术更名为 MPLS-TP 以增强其对传送需求的支持。ITU-T 继续标准化 T-MPLS，其标准化工作和 IETF 的 MPLS-TP 标准化工作保持协调一致。鉴于此，本章在提到基于 MPLS 的面向连接的分组传送技术时仍继续使用 T-MPLS 这个术语。

T-MPLS 是 MPLS 的一个子集，它利用 MPLS 的标签栈和标签进行数据转发。T-MPLS 是面向连接的 MPLS，建立端到端的连接，去掉了 MPLS 中与 IP 相关的功能，支持端到端的 OAM 机制以及保护倒换。

2. T-MPLS 的分层结构

T-MPLS 在逻辑上分为 3 层，分层结构与 PTN 的分层结构一致。PTN 中的 PTC、PTP、PTS 分别对应 T-MPLS 的 TMC 电路层、TMP 通路层、TMS 段层。T-MPLS 的分层结构示意图如图 7-5 所示。

TMC 层提供 T-MPLS 传送网业务通道，表示业务的特性，一个 TMC 的连接传送一个客户业务实体。采用伪线（Pseudo Wire，PW）技术实现多业务承载和透明性，可以承载以太

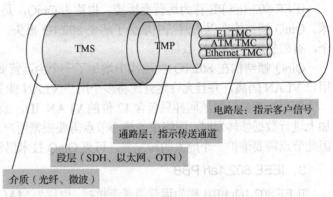

图 7-5 T-MPLS 的分层结构

网业务以及 ATM、PDH、SDH 等业务。TMP 层提供传送网连接通路，类似于 MPLS 中的隧道层，表示端到端逻辑连接的特性。一个 TMP 连接在 TMP 域的边界之间传送一个或多个 TMC 信号。TMS 层提供两个相邻 T-MPLS 节点之间的 OAM 监视。物理介质层表示传输的介质，如光纤、微波或铜线等。

3. T-MPLS 的帧结构

对应 T-MPLS 的分层结构，T-MPLS 的帧结构如图 7-6 所示。在 TMC 层打上内层标签，实现对业务的区分，标识类似 SDH 的"低阶电路"，进一步在 TMP 层打上外层标签，标识类似 SDH 的"高阶电路"。双层标签共 20 位，为局部标签，在各节点可重用。

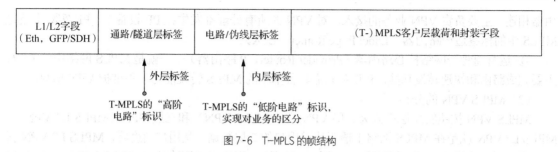

图7-6 T-MPLS的帧结构

T-MPLS网络利用网管系统或者动态的控制平面建立双层标签转发路径（Label Switched Path，LSP），包括电路层和通路层。电路层仿真客户信号的特征，通路层指示分组转发的隧道。T-MPLS LSP可以承载在以太网物理层中，也可以在SDH VCG中，还可以承载在DWDM/OTN的波长通道上。分组数据流在这条LSP上根据标签进行转发，在网络边缘进行双层标签的添加和删除，经过网络中间设备转发时，内层标签可以不换。

7.4 PTN的关键技术

PTN的关键技术主要包括PWE3、保护技术、OAM实现、QoS策略、同步技术等，下面分别进行介绍。

7.4.1 端到端伪线仿真

PWE3称为端到端伪线仿真，其中PW表示伪线，E3（Emulation Edge to Edge）代表3个E，表示端到端仿真。PWE3是一种端到端的二层业务承载技术，能够在分组交换网络（Packet Switched Network，PSN）中尽可能真实地模仿ATM、帧中继FR、以太网、低速TDM电路和SDH等业务的基本行为与特征，通过它可以将传统的网络和分组交换网络互连起来，从而实现资源的共享和网络的拓展。PWE3技术的基础是MPLS L2 VPN，下面我们首先介绍MPLS VPN。

1. MPLS VPN的基本概念

（1）MPLS VPN的概念

虚拟专用网（Virtual Private Network，VPN），是一种通过对网络数据的封包或加密传输，在公共网络上传输私有数据、达到私有网络的安全级别，从而利用公众网络构筑企业专网的组网技术。

隧道技术是构建VPN的关键技术，它用来在公共网络上仿真一条点到点的通路，实现两个节点间的安全通信，使数据报在公共网络上的专用隧道内传输。隧道技术的实质是利用一种网络层协议来传输另一种网络层协议，其基本功能是封装和加密，主要利用网络隧道协议来实现，其中封装是构建隧道的基本手段。从隧道的两端来看，通过封装来创建、维持和撤消一个隧道以实现信息的隐蔽和抽象；加密是使公共网络中的隧道具有隐秘性，以实现VPN的安全性和私有性。

MPLS为每个IP数据报加上一个固定长度的标签，并根据标签值转发数据报，可见MPLS支持隧道技术，利用MPLS技术建立的VPN就是MPLS VPN。MPLS VPN定义了3种常用的设备角色。

① 用户边缘路由器（Custom Edge Router，CE路由器）——CE路由器为用户提供到PE路由器的连接，CE路由器不使用MPLS，它可以只是一台IP路由器，也不必支持任何VPN的特定路由协议或信令。

② 运营商网络边缘路由器（Provider Edge Router，PE路由器）——PE路由器直接与CE路

由器相连，主要负责 VPN 业务的接入，对 VPN 的所有处理都发生在 PE 设备上。PE 实际上就是 MPLS 中的标签边缘路由器（Label Edge Router，LER）。

③ 运营商骨干网络核心路由器（Provider Router，P 路由器）——就是 MPLS 网络中的 LSR，主要完成路由和快速转发功能。P 设备只需具备基本的 MPLS 转发能力，不维护 VPN 信息。

（2）MPLS VPN 的分类

MPLS VPN 按照实现层次分为二层 VPN（MPLS L2 VPN）和三层 VPN（MPLS L3 VPN）。MPLS L2 VPN 就是在 MPLS 网络上透明传递用户的二层数据。从用户角度看，MPLS L2 VPN 就是一个二层交换网络，可以在不同 VPN 用户（站点）之间建立二层连接。MPLS L3 VPN 使用 BGP 在 PE 路由器之间分发路由信息，使用 MPLS 技术在 VPN 站点之间传送数据，因而又称为 BGP/MPLS VPN。

2. PWE3 工作原理

（1）PWE3 中的连接

PWE3 属于点到点方式的 L2 VPN，建立的是一个点到点的通道，在分组传送网的两台 PE 中，通过隧道模拟 CE 端的各种二层业务，使 CE 端的二层数据在分组传送网中透明传递。

在 MPLS VPN 的基础上，PWE3 定义了 3 种连接，如图 7-7 所示。

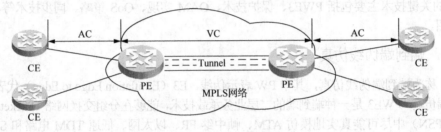

图 7-7 PWE3 中的连接

① 接入链路（Attachment Circuit，AC）——一条连接 CE 和 PE 的独立链路或电路，AC 接口可以是物理接口或逻辑接口。

② 虚电路（Virtual Circuit，VC）——两个 PE 节点之间的一种逻辑连接。VC 提供用户二层数据穿越运营商骨干网络的通道，可以将其简单地理解为连接两个 AC 接口的虚拟线路（点到点连接），将两条用户侧的 AC "短接" 起来，因此，在 MPLS L2 VPN 的实现中，VC 又被称为 PW，可以说 PW 是在接口到接口之间建立的。

③ 隧道（Tunnel）——用于在 PE 之间透明地传输用户数据，可以说隧道是在节点到节点之间建立的。

PW 和隧道是有方向的，需要开通双向业务时需要创建两条方向相反的 PW 和隧道。PW 进一步可分为静态 PW 和动态 PW，其中动态 PW 通过信令协议（通常是远程 LDP）进行参数协商，静态 PW 不使用信令协议建立，而是通过手工命令指定相关信息，数据通过隧道在 PE 之间传递。对于 PE 设备，PW 连接建立后，用户 AC 和 PW 的映射关系就确定下来了，对于 P 设备，只需要依据 MPLS 标签进行 MPLS 转发，不需要了解 MPLS 报文内部封装的二层用户报文。

（2）PWE3 的工作原理

PWE3 的工作原理如图 7-8 所示。

PWE3 的工作流程如下。

① CE2 把需要仿真的业务（TDM/ATM/Ethernet/…）通过 AC 接入到 PE1。

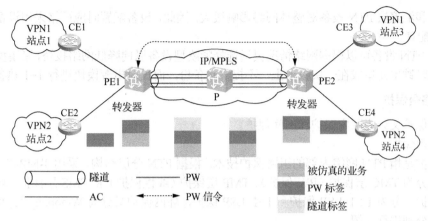

图7-8 PWE3工作原理

② PE1 接收到业务数据后，由其中的转发器（Forwarder）选择相应的 PW 进行转发，转发器实际上就是 PWE3 的转发表。

③ PE1 再根据 PW 的转发表项生成两层标签，对业务数据进行封装，其中内层标签（PW 标签）用来标识不同的 PW，外层标签（隧道标签）指导报文的转发。

④ 通过公网隧道，报文会被包交换网络转发到达 PE2，并剥离外层隧道标签（隧道标签在 P 设备上经倒数第二跳弹出）。

⑤ PE2 根据内层 PW 标签选择相应的 AC，剥离 PW 标签后通过 AC 转发到 CE4。

PTN 使用 PWE3 技术提供多种业务的统一承载，可支持运营级以太网业务、TDM 业务、ATM 业务等。通过统一的承载架构，有助于运营商在使用 PTN 网络解决带宽瓶颈的同时，保护其已有投资和利润来源。

7.4.2 保护技术

网络的生存性是衡量网络质量是否优良的重要指标之一。为了提升网络的生存性，PTN 形成了一套完善的自愈保护策略，具体来说，PTN 网络的保护技术分为设备级保护和网络级保护，具体分类如表 7-1 所示。

表 7-1　　　　　　　　　　　　　　　　PTN 保护技术分类

设备级保护	主控单元 1+1 热备份		
	交换单元 1+1 热备份		
	时钟处理单元 1+1 热备份		
	电源与风扇单元 1+1 热备份		
网络级保护	网内保护	PW 保护	PW 1∶1
		线性保护	1∶1 LSP 保护
			1+1 LSP 保护
		环网保护	Wrapping 保护
			Steering 保护
	网间保护	支路板卡的 TPS 保护	
		LMSP 保护	
		LAG 保护	

1. 设备级保护

设备级保护主要是指对 PTN 设备的核心单元配置 1+1 的热备份保护。

核心层和汇聚层 PTN 设备对整体网络影响很大，因此，设备配置时应严格采用设备核心单元 1+1 热备份配置。

接入层 PTN 设备可以根据网络情况灵活选择紧凑型设备以便降低网络投资，紧凑型设备将主控、交换和时钟单元集成在一块板卡上，不提供热备份，而仅对电源模块进行 1+1 热备份。

2. 网络级保护

网络级保护又分为网内保护和网间保护。

（1）网内保护

网内保护是指 PTN 网络内部的组网保护技术。根据 PTN 分层结构，采用 T-MPLS 实现技术，网内保护又分为 TMC 层保护（PW 保护）、TMP 层保护（线性保护）和 TMS 层保护（环网保护）。其中线性保护又分为 1:1 LSP 保护和 1+1 LSP 保护，环网保护又分为 Wrapping 保护和 Steering 保护，下面分别进行介绍。

① PW 保护

PW 保护采用 1:1 保护方式，使用双向转发检测（Bidirectional Forwarding Detection，BFD）机制快速检测 PW 故障，使 PW 具备端到端的故障检测功能。其中 BFD 能够快速检测到相邻设备间的通信故障，缩短了整个保护措施所需的时间，BFD 工作原理请参见本书第 8 章。

PW 保护配置数据量很大，难以管理，通常不建议大规模使用。

② 1:1 LSP 保护

基于 LSP 的 1:1 保护倒换类型采用双向倒换，即受影响和未受影响的连接方向均倒换至保护路径。双向倒换需要 APS 协议用于协调连接的两端。正常工作时，源节点只把业务发送到工作路径，不在保护路径上并发。当工作路径出现故障时，宿节点通过保护路径向源节点发送 APS 倒换请求信息，源节点接收到该请求信息后，从工作路径倒换到保护路径，通过保护路径发送业务，同时也从保护路径上接收业务。宿节点也通过保护路径接收业务和发送业务，从而实现双向倒换。

为避免单点失效，工作连接和保护连接应走分离的路由。

③ 1+1 LSP 保护

基于 LSP 的 1+1 保护倒换类型采用单向倒换，即只有受到影响的连接方向倒换至保护路径。正常工作时，源节点将业务同时发送到永久桥接的工作路径和保护路径上，宿节点从工作路径接收业务。当工作路径出现故障时，宿节点发生倒换，从保护路径接收业务。

为避免单点失效，工作连接和保护连接应走分离的路由。

④ Wrapping 保护

发生故障时，Wrapping 保护通过 APS 协议在发生故障点的相邻两个网元处实现倒换，流量在本地环回，不需要重新计算路径。其优点是倒换时间小于 50ms，缺点是迂回路径可能较长，会占用环内较多的带宽。Wrapping 保护原理如图 7-9（a）所示。

⑤ Steering 保护

发生故障时，Steering 保护通过 APS 协议在上下话路业务的网元处实现倒换，流量从环上反方向环回，需要重新计算路径。其优点是倒换后业务不产生迂回，占用带宽较少，缺点是当上下话路业务的网元距离故障点之间的网元较多时，倒换时间会较长，难以保证在 50ms 以内，且支持的厂商较少。Steering 保护原理如图 7-9（b）所示。

PTN 组网策略与 MSTP 相比，最大的变化是汇聚层不再采用环网保护方式，而是选用线性端到端保护机制。这种结构的优点是减少业务调度层次，得到了网络扁平化的效果，减少了很多穿通节点，提高了路由管理的效率。

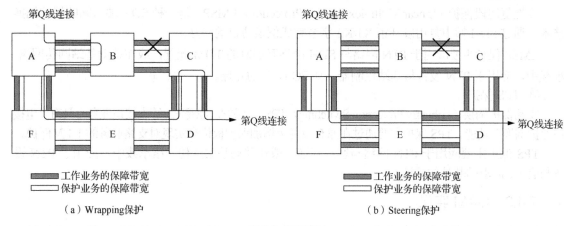

第Q线连接

第Q线连接

第Q线连接

第Q线连接

■ 工作业务的保障带宽
□ 保护业务的保障带宽

■ 工作业务的保障带宽
□ 保护业务的保障带宽

（a）Wrapping保护

（b）Steering保护

图 7-9　环网保护

（2）网间保护

网间保护又称网络边缘互连保护，是指 PTN 与其他网络互连时为保证安全性而采用的保护技术，主要有 LAG 保护、LMSP 保护和 TPS 保护，如图 7-10 所示，下面分别进行介绍。

① LAG 保护

链路聚合组（Link Aggregation Group，LAG），是指将一组相同速率的物理以太网接口捆绑在一起作为一个逻辑接口来增加带宽，并提供链路保护的一种方式。

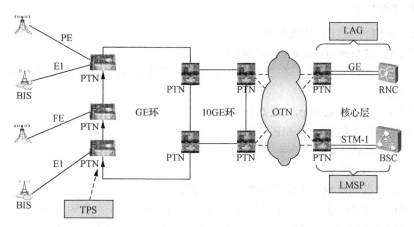

图 7-10　PTN 网间保护示意图

以太网 LAG 保护又分为负载分担和非负载分担两种模式。负载分担模式中，设备会自动将逻辑端口上的流量负载分担到聚合组中的多个物理端口上。当其中一个物理端口发生故障时，故障端口上的流量会自动分担到其他物理端口上。当故障恢复后，流量再重新分配，保证流量在聚合的各端口之间的负载分担。非负载分担模式中，聚合组中只有一条活动链路有流量存在，其他链路处于备份状态，当活动链路失效时，系统将从备份状态中的链路中选出一条作为活动链路，以屏蔽链路失效，这实际上提供了一种"热备份"的机制。

LAG 保护主要应用于 PTN 网络与路由器的互连，或在移动基站回传网络承载中，应用于 PTN 设备与基站控制器，如 3G RNC 的互连。

② LMSP 保护

线性复用段保护（Linear Multiplex Section Protection，LMSP）是一种 SDH 端口间的保护倒换技术，通过 SDH 帧中复用段开销 K1/K2 字节完成倒换协议的交互。

LMSP 保护主要应用于 PTN 网络与 SDH 网络互连时的 TDM 配置，或在移动基站回传网络承载中，应用于 PTN 设备与基站控制器，如 2G BSC 的互连。

③ TPS 保护

支路保护倒换（Tributary Protection Switching，TPS），保护对象是 E1 等电接口业务，具有"电接口保护倒换"功能。TPS 保护主要通过在原有设备上增加保护板位来实现对支路业务的 $1:N$ 保护。

TPS 保护主要应用于 PTN 网络与客户互连，或在移动基站回传网络承载中，应用于 PTN 设备与有 E1 需求的基站的互连。

7.4.3 OAM 实现

OAM 是指为保障网络与业务正常、安全、有效运行而采取的生产组织管理活动，即运行、管理和维护，或简称运维管理。ITU-T 对 OAM 功能的定义是：性能监控并产生维护信息，根据这些信息评估网络的稳定性；通过定期查询的方式检查网络故障，产生各种维护和告警信息；通过调度或切换到其他实体，旁路失效实体，保证网络的正常运行；将故障信息传递给管理实体。

PTN 作为传送网，虽然以分组为传送单位，但应提供传统 SDH 传送网类似的 OAM 功能，即应具有端到端的 OAM 能力、层次化的 OAM 功能、达到基于硬件处理的 OAM 功能要求水平等。PTN 通过定义特殊的 OAM 帧来完成相应的 OAM 功能，在网络分层结构中的每一层都插入 OAM 帧，提供网络性能、故障、告警等相关的功能。

1. OAM 对象术语

PTN 中的 OAM 涉及以下对象术语。

（1）维护实体（Maintenance Entity，ME）

一个需要被管理维护的实体。在 T-MPLS 中，基本的 ME 是 T-MPLS 路径。ME 之间可以嵌套，但不允许交叠。

（2）维护实体组（ME Group，MEG）

MEG 是满足下列条件的一组 ME：

① 属于同一管理域；

② 属于同一 MEG 层次；

③ 属于相同的点到点或点到多点的 T-MPLS 连接。

一个 T-MPLS 网络可以分成多个管理域，MEG 可能存在于一个管理域的一对边界连接点之间，也可能存在于分属两个相邻管理域的一对边界连接点之间。对于点到点的 T-MPLS 连接，一个 MEG 包括一个 ME；对于点到多点的 T-MPLS 连接，一个 MEG 包括多个 ME。

（3）维护实体组端点（MEG End Point，MEP）

表示一个 MEG 的开始和结束，能够生成和终结 OAM 帧。

（4）维护实体组中间点（MEG Intermidiate Point，MIP）

源和宿 MEP 之间的节点为 MIP。MIP 不能生成 OAM 帧，但能够对某些 OAM 帧选择特定的动作，对途径的 T-MPLS 帧可透明传输。

（5）维护实体组等级（MEG Level，MEL）

多 MEG 嵌套时，使用 MEL 区分嵌套的 MEG。

2. OAM 帧

OAM 信息包含在特定的 OAM 帧中，并以帧的形式进行传送。OAM 帧中前 20 位是 Label 字段，取值为 14 时表示是 OAM 帧，接下来的 3 位是 MEL 字段。每个 MEG 工作在 MEL=0 层次，即：

- 所有 MEG 的 MEP 处生成的 OAM 帧的 MEL=0，且所有 MEG 的 MEP 仅终止 MEL=0 的 OAM 帧。

- 所有 MEG 的 MIP 仅对 MEL=0 的帧选择动作。

当出现嵌套时，低层 MEG 将接入的上层 MEG 的 OAM 帧隧道化，即源 MEP 将 MEL 值加 1，宿 MEP 将 MEL 值减 1。

OAM 帧的发送周期分别对应 3 种不同应用，分别是故障管理的缺省周期 1s（1 帧/s），性能监控的缺省周期 100ms（10 帧/s），保护倒换的缺省周期 3.33ms（300 帧/s）。

3. OAM 功能

PTN 支持层次化的 OAM 功能，对于一个采用 T-MPLS 技术的 PTN，其层次化涉及 TMC、TMP、TMS 和接入链路层，每层支持独立的 OAM 功能，如图 7-11 所示。

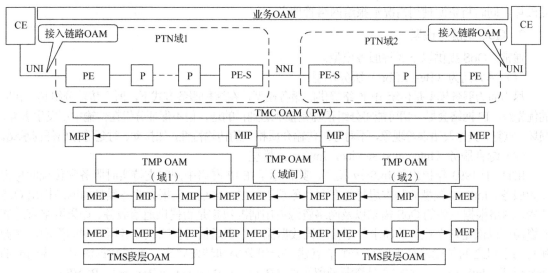

图 7-11　PTN 网络的层次化 OAM 技术

OAM 功能具体如下。

（1）提供与故障管理相关的 OAM 功能

OAM 技术可实现网络故障的自动检测、查验、故障定位和通知的功能。

OAM 技术通过连续性检测（Continuity Check，CC）功能，能够快速检测到网络端口、节点或链路处的故障并触发保护；通过环回检测（Loopback Detection，LB）功能，能够准确定位到故障发生的端口、节点或链路。

（2）提供与性能监视相关的 OAM 功能

OAM 技术可实现网络性能的在线测量和上报功能。通过对丢包率、时延等性能指标进行检测，能够实现对网络运行质量的监控，当网络性能劣化时触发保护。

（3）提供告警和告警抑制相关的 OAM 功能

OAM 技术可实现网络发生故障时产生告警的功能，如告警指示信号（Alarm Indication Signal，AIS）功能和远端故障指示（Remote Defect Indication，RDI）功能等。网络底层故障会产生大量的上层故障，上游故障会产生大量的下游故障，告警机制通过网络发生故障时产生告警，能够及时、有效关联到故障影响的业务。

（4）提供用于日常维护的 OAM 功能

OAM 技术可实现为日常网络检查提供更为方便的维护操作手段的功能，如环回、锁定等操作。

7.4.4　QoS 策略

1. QoS 基本概念

ITU-T 将服务质量（Quality of Service，QoS）定义为决定用户对服务的满意程度的一组服务性能参数。常用的网络 QoS 参数有吞吐量、时延、抖动、丢包率等。

与传统电信网相比，基于目前 IP 技术组成的承载网，在 QoS 保证方面，无法针对每个业务实现 QoS 保证，无法对每个业务流实现呼叫接纳控制（Call Admission Control，CAC）。所谓 CAC 是指对于一个已知的呼叫连接请求，按照其 QoS 要求，并根据整个网络资源是否满足现已连接的业务质量来决定是否接纳一个新的连接。其主要任务是在呼叫申请阶段根据系统当前资源情况判断是否接纳本次呼叫，判断标准为既保证当前呼叫的业务质量，又使已经建立连接的业务质量不受破坏，同时将资源使用情况汇报给网络管理者。

2. QoS 的服务模型

通常，QoS 提供以下 3 种服务模型。

（1）尽力而为（Best Effort）服务模型

尽力而为服务模型是传统 IP 网络提供的服务模型，在这种服务方式下，所有传输分组具有相同的优先级，IP 网络会尽一切可能将分组正确完整地送到目的地，但不保证分组在传输中不发生丢弃、损坏、重复、失序及错误等现象，不对分组传输介质相关的传输特性，如抖动、时延等做出任何承诺。

（2）综合服务（Integrated Service，IntServ）模型

IETF 于 1993 年提出了 IntServ 模型，其目标是在 IP 网络中同时支持实时服务和传统的尽力而为服务。IntServ 模型的基本思想是在两业务端进行通信之前，需根据业务类型向网络提出 QoS 要求，网络根据业务的 QoS 需求以及网络资源占用情况决定是否提供通信服务。如果网络有足够的资源可以满足这个业务的需求，则接纳该数据流，并在通信时保障该业务所申请的资源，在源和目的主机之间传输路径上的每一个节点建立分组分类和转发状态，为该数据流提供端到端的 QoS 保证。IntServ 模型的核心是资源预留协议（Resource Reservation Protocol，RSVP）。

IntServ 模型的优点是能够提供绝对有保证的端到端的 QoS。缺点是当数据流量很大时，由于转发节点需要对每一个流维持一个转发状态，所以大大增加了它的消耗，扩展性不好。

（3）区分服务（Differentiated Service，DiffServ）模型

IETF 为了克服 IntServ 模型扩展性差的缺点，提出了 DiffServ 模型。DiffServ 模型的基本思想是任何类型的数据流都可以自由进入网络，但是数据流要按照 QoS 要求划分不同的优先级。在区分服务域（DS 域）的网络边缘入口设备进行流量的分类和标记，网络内部的设备无须进行复杂的流分类，只需要根据数据包的标记执行相应的每一跳行为（Per-hop Behavior，PHB），PHB 主要是指带宽的分配、发生阻塞时的丢包处理等，从而使得不同优先级业务获得了有区别的处理。

在 DS 域中，每一个转发设备都会根据报文的 DSCP 字段（IP 报文头中的区分服务字段）执行相应的转发行为，主要包括以下 3 种转发行为。

① 加速转发（Expedited Forwarding，EF）：主要用于低时延、抖动和丢包率的业务，这类业务一般运行一个相对稳定的速率，需要在转发设备中进行快速转发。

② 确保转发（Assured Forwarding，AF）：此类业务在没有超过最大允许带宽时能够确保转发，

一旦超出最大允许带宽,则将转发行为分为4类,即分别使用4个不同的队列传输4类业务(AF1x、AF2x、AF3x、AF4x),且每个队列(类)提供3种不同的丢弃优先级,因此可以构成12个确保转发类。

③ 尽力转发(Best Effort Forwarding,BEF):主要用于对时延、抖动和丢包不敏感的业务。

DiffServ模型的优点是提供有限的服务优先级,状态信息较少,且只在网络的边界处才需要复杂的分类、标记等操作,因此实现简单,扩展性较好。缺点是难于提供基于流的端到端的QoS保证。

3. IP QoS 框架

ITU-T定义了IP QoS框架,如图7-12所示。

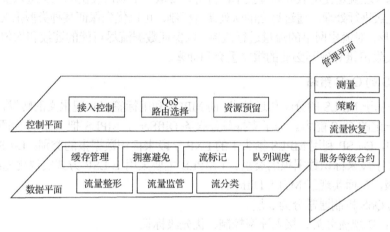

图7-12 IP QoS 框架

IP QoS框架共分为以下3个平面。

(1)控制平面

控制平面主要包括以下3种功能。

① 接入控制:决定业务是否被允许接入网络。

② QoS路由选择:根据网络的当前状况和用户的QoS需求,为业务选择相应的路由。

③ 资源预留:在相关网络节点上,为接入的业务进行资源预留。

(2)管理平面

管理平面主要包括以下几种功能。

① 服务等级合约(Service Level Agreement,SLA):用户与网络服务提供商或网络服务提供商之间签订的关于服务质量的协议。合约包括对网络资源的定量描述(如带宽、时延等)以及一些商业服务约定。

② 测量:通过测量,可获得网络性能和服务质量的相关指标。根据测量过程中测试设备是否主动发送探测包,测量可分为主动测量和被动测量;按照测试设备所处的位置,测量又可分为基于路由器的测量和端到端的测量。

③ 流量恢复:当网络节点或链路发生故障时,使用自动保护倒换等技术尽量减少业务所受的损失。

④ 策略:用于管理和控制网络资源使用的一系列规则。

(3)数据平面

数据平面涉及以下几种功能。

① 流分类和流标记:根据业务类型或用户的具体需求对数据包进行分类,之后再在数据包分组的某些位上进行标记,即对分组报文进行服务等级的映射和优先级标记,以实现不同业务的QoS区分。

② 流量监管：监督进入网络的流量规格，将其限制在合理范围内。当流量超出设定值时，可以采取限制或惩罚措施，控制大流量业务的突发，保护网络资源。通过流量监管，对业务流进行了速率限制，从而实现了对每个业务流的带宽控制。

③ 拥塞避免：流量从高速端口流向低速端口时会在低速端口处产生拥塞。拥塞避免是通过监视网络资源（如队列或内存缓冲区）的使用情况，在拥塞发生或有加剧的趋势时主动丢弃报文，通过调整网络的流量来解除网络过载的一种流量控制机制。如传统的丢包策略采用尾部丢弃的方法，当队列的长度达到某一最大值后，所有新到来的报文都将被丢弃。

④ 拥塞管理：当拥塞发生时，多个报文会同时竞争使用资源，导致得不到资源的某些业务报文被丢弃。拥塞管理就是使用队列调度技术，将所有要从一个端口发出的报文进入多个队列，按照各个队列的优先级进行处理。通过适当的队列调度机制，可以优先保证某种类型报文的 QoS 参数。

⑤ 流量整形：对流出网络的流量进行监控，以保证数据流尽可能的连续和均匀，有助于降低下游网元由于突发流量导致不必要的报文丢弃和拥塞。

4. T-MPLS 的 QoS 策略

T-MPLS 是基于 MPLS 的分组传送技术，而 MPLS 利用标签来实现报文的转发，因此 T-MPLS 自然就获得了一定的 QoS 能力。为了支持差分服务 DiffServ，MPLS 把 LSP 分为两大类：E-LSP 和 L-LSP。其中，E-LSP 利用 MPLS 帧头中的 EXP 字段来标识数据报的类别；L-LSP 利用 MPLS 帧头中的 Label 字段来标识数据报的类别。T-MPLS 主要采用 E-LSP 方式实现优先级划分，一般支持 8 个优先级，从而实现了 MPLS DiffServ。

T-MPLS 的 QoS 机制通常分为 3 层。

* 客户层：实现流分类、接入速率控制、优先级标记。
* TMC 层：客户优先级到 TMC 优先级映射、带宽管理、TMC EXP 优先级调度。
* TMP 层：TMC 优先级到 TMP 优先级映射、带宽管理、TMP EXP 优先级调度。

此外，T-MPLS 网管系统一般提供各层 QoS 的核查，即 CAC 机制。

在基于 T-MPLS 技术的 PTN 网络中实现 QoS 策略一般涉及用户侧和网络侧两个方面。

用户侧 QoS 策略主要通过层次化 QoS 同时实现差分用户和差分业务。传统的 QoS 只能区分业务优先级，无法区分用户，层次化 QoS 采用多级调度方式，可以精细区分不同用户和不同业务的流量，提供区分的带宽管理。

网络侧 QoS 策略主要通过感知区分服务的 MPLS 流量工程（MPLS DiffServ-Aware TE，DS-TE）技术建立带宽预定性质的连接，每个节点都会执行 CAC，以确保资源的确实可用。

DS-TE 技术是指在一个大的 LSP 隧道上应用 TE（流量工程），而在隧道内再采用 Diffserv 模式来区分对待承载在 PW 上的每个业务类型。DS-TE 是 MPLS DiffServ 和 MPLS TE 技术的结合。

MPLS DiffServ 可以对业务进行区分，通过分配优先级保证高优先级业务优先转发，但是无法事先约定带宽。在流量超出带宽允许范围的情况下，只能通过降低低优先级业务的 QoS，如增大延时、提高丢包率等来保证高优先级业务的转发。然而在极端情况下，即使是高优先级业务也可能会被延时和丢包。MPLS TE 根据用户需求及网络资源的情况，能够通过 RSVP 扩展建立一条跨越骨干网的从 LER 到 LER 的隧道，通过将网络流量合理引导，使隧道绕开拥塞节点，从而确保隧道约定的带宽资源。但是 MPLS TE 没有识别业务的能力，在隧道中各种业务是不分优先级的，因此，当隧道内的实际流量超出预约流量时，QoS 敏感的业务将直接受到影响。如 EF、AF、BE 业务都承载在一个隧道中，当流量超出预约时，EF 和 AF 业务将受到 BE 业务的影响。

因此，将 MPLS DiffServ 和 MPLS TE 技术相结合的 DS-TE，才能使 PTN 核心网既能识别业务类型，又能根据业务的优先级进行转发并预留资源，最终使得网络资源根据用户的需求得到最优的利用。

7.4.5 同步技术

1．PTN 同步技术概述

同步网是通信网的重要支撑网，它通过同步链路将同步节点连接起来，向业务网提供标准同步参考信号。

PTN 在初始设计时以承载无同步要求的分组业务为主，但现实中仍存在大量 TDM 业务需要 PTN 承载，同时很多应用场景也需要 PTN 提供同步功能，典型情况就是移动回传网络对时间同步有高精度需求，因此需要 PTN 提供基本的同步功能。

同步包括频率同步和时间同步两个概念。

（1）频率同步

频率同步也称为时钟同步，是指信号之间的频率或相位上保持某种严格的特定关系，信号在其相对应的有效瞬间以统一速率出现，以维持通信网络中所有的设备以相同的速率运行，即信号之间保持恒定的相位差。频率同步传递的信息是频率和相位。

（2）时间同步

时间同步也称为相位同步或时刻同步，是指信号之间的频率和相位都保持一致，即在理想的状态下使得信号之间相位差恒定为零。可见，时间同步既要求频率同步又要求相位同步，时钟的相位以数值表示，即时间的时刻。时间同步传递的信息是年、月、日、时、分、秒。

目前在 PTN 中实现同步的主要方法有同步以太网和 IEEE 1588v2 两种方式，下面分别进行介绍。

2．同步以太网

从精度和可靠性方面考虑，物理层同步是解决频率同步的最好方式，而同步以太技术就可以满足分组网络实现物理层同步的要求。

（1）同步以太网的原理

传统以太网属于异步网络，节点间不存在同步关系，但实际上很多以太网光口 PHY 芯片具备时钟恢复能力，能够从串行数据码流中恢复出时钟，只是以太网缺乏全网同步的机制。而同步以太技术使上游时钟和下游时钟产生级联，实现以太网的同步，从而构成同步以太网（SyncE）。同步以太网原理如图 7-13 所示。

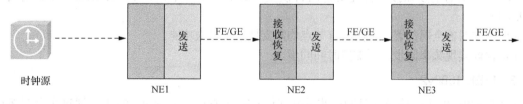

图 7-13 同步以太网原理

图中 NE 为网元，此处指同步以太网设备，能够从来自上游设备经以太网链路传送的物理层串行码流中提取时钟，并向下游设备发送参考时钟。同步以太网设备中的时钟板结构如图 7-14 所示。

发送侧，一个时钟模块（时钟板）统一输出一个高精度系统时钟给所有的以太接口卡，以太接口卡中配置时钟锁相模块（Phase Locked Loop，PLL）锁定频率，PHY 芯片利用这个高精度时钟将数据发送出去；接收侧，以太网接口的 PHY 芯片将时钟恢复出来，分频后上报给时钟板，时钟板要判断各个接口上报时钟的质量，选择一个精度最高的，将系统时钟与其同步。

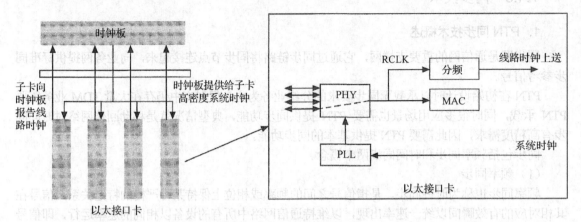

图 7-14　同步以太网设备时钟板结构

（2）同步状态信息

同步以太网中，如果高等级的时钟源失效，下游设备应正确选择时钟源以进行相应的操作（跟踪、倒换或保持），因此，同步以太网在传递时钟信息的同时，必须传递能够反映时钟质量信息的同步状态信息（Synchronization Status Message，SSM）。SSM 信息代表各种网元的系统时钟质量等级，一般指时钟的保持和自由振荡时的性能。与 SDH 网采用带外开销字节（复用段 S1 字节）传递 SSM 信息不同，以太网没有带外通道，只能通过构造携带 SSM 信息的以太网帧的方式进行传递，同步以太网的 SSM 就通过 ESMC 的特殊以太网帧传递。ESMC 是 ITU-T 在 IEEE 802.3ay 标准定义的专用慢协议的基础上，扩展得到的用于以太网同步信令的规范。SSM 采用 4bit 编码，共 16 种信号，反映同步定时链路中的定时信号等级，使同步网中各同步以太网设备时钟通过解读 SSM 获取上游设备时钟同步状态信息，根据该信息对本设备的时钟进行相应的操作，并将本设备的时钟同步状态信息传给下游设备。

（3）同步以太网的优缺点

同步以太网传递时钟的机制是成熟的，恢复出来的时钟性能是可靠的，不会受网络负载变化的影响。但同步以太网也有其局限性，主要体现在以下几方面。

① 不是所有的以太接口都能支持时钟恢复，如 10Mbit/s 电口、半双工以太网接口等可能无法支持。

② 部署时需全网部署，网内所有节点均需支持同步以太功能。

③ 仅能实现频率同步，不支持时间同步。

3. IEEE 1588v2

IEEE 1588v2 是一种精确时间同步协议（Precision Time Protocol，PTP）。通过主从设备间 IEEE 1588 消息传递，利用网络链路的对称性和时延测量技术，实现主从时钟的频率和时间同步。

IEEE 1588 是 IEEE 标准委员会颁布的标准，全称是"网络测量和控制系统的精确时钟同步协议标准"，其 v1 版本最初是用于满足测量仪器和工业控制所需要的时间同步精度，v2 版本引入了透传时钟，增加了故障容限、单播功能、安全认证等相关内容，具有更优的时间精度，可达亚微秒级的精度，更适合应用于电信网络环境。

（1）IEEE 1588v2 的工作原理

IEEE 1588v2 的基本工作原理如图 7-15 所示，具体步骤如下。

① 主时钟发送 Sync 报文，并记录实际发送时刻 t_1。

② 从时钟于 t_2 时刻接收到该 Sync 报文。

③ 主时钟发送 Follow_Up 报文，携带 t_1 时间戳。

④ 从时钟发送 Delay_Req 报文，记录实际发送时刻 t_3。

⑤ 主时钟接收 Delay_Req 报文，记录接收时刻 t_4。

⑥ 主时钟将 t_4 时刻通过 Delay_Resp 报文发给从时钟。

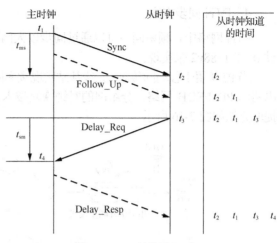

图 7-15 PTP 协议原理示意图

⑦ 从时钟根据 $t_1 \sim t_4$ 计算单程时延 Delay 和偏移量 Offset，并使用 Offset 纠正本地时间。

假设主从时钟之间的链路延迟是对称的，可得下述公式：

$$t_2-t_1=\text{Delay}+\text{Offset}$$
$$t_4-t_3=\text{Delay}-\text{Offset}$$

经整理后可得：

$$\text{Delay}=[(t_2-t_1)+(t_4-t_3)]/2$$
$$\text{Offset}=[(t_2-t_1)-(t_4-t_3)]/2$$

从时钟可以根据上述公式计算出 Delay 和 Offset。

主从时钟周期性发送 PTP 报文，从时钟根据 Offset 修正本地时间，使本地时间与主时钟同步。

（2）IEEE 1588v2 的时钟模式

IEEE 1588v2 定义了 3 种时钟模式。

① 普通时钟（Ordinary Clock，OC）：网络始端或末端时钟设备，只有一个 1588v2 端口，或者作为主时钟，或者作为从时钟。

② 边界时钟（Boundary Clock，BC）：网络中间节点时钟设备，有多个 1588v2 端口，其中一个可作为从时钟，其他作为主时钟。设备系统时钟的频率和时间同步于上一级设备，并实现逐级时间传递。

③ 透传时钟（Transparent Clock，TC）：网络中间节点时钟设备，与 BC 不同的是，它不对过往的 PTP 报文进行终结和处理。TC 又分为 E2E TC（End to End TC）和 P2P TC（Peer to Peer TC），其中 E2E TC 对普通报文直接透传，对事件报文，则将其在本节点的驻留时间填入报文头部以告知下游设备，而 P2P TC 除驻留时间外，还计算与上游相邻节点间的链路时延，并将二者累加结果填入事件报文头部以告知下游设备。TC 模式能够解决报文在中间站点驻留引起的时延问题，消除了网络设备内部的延时不确定性（Packet Delay Variance，PDV）。

（3）IEEE 1588v2 的优缺点

IEEE 1588v2 的优点是支持频率同步和时间同步，同步精度高，网络报文时延差异 PDV 的影响可通过逐级的恢复方式解决，是统一的业界标准。缺点是不支持非对称网络，其工作过程需要硬件支持。

4. PTN 同步方案

PTN 网络中，频率同步可以通过同步以太网和 IEEE 1588v2 两种方式来实现，时间同步则通过 IEEE 1588v2 来实现。

当 PTN 用于移动回传时，无线基站实现频率同步的方式主要有本地设置 GPS 时钟、使用 TDM 电路和 PDH/SDH 网络、分组网的时钟恢复技术、将分组网构建成同步以太网模式。具体的时钟提取方法如图 7-16 所示。

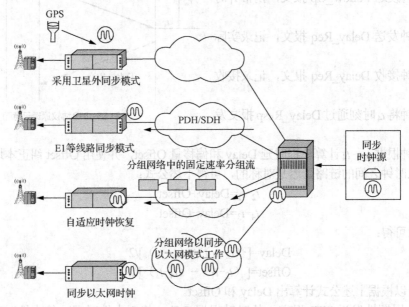

图 7-16　PTN 用于移动回传时频率同步的时钟提取方法

当 PTN 用于移动回传时，其时间同步解决方案如图 7-17 所示。

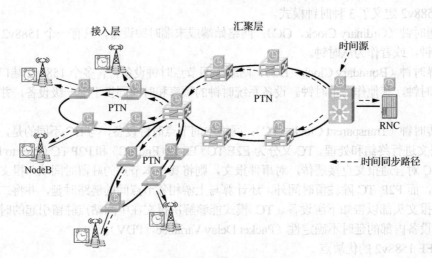

图 7-17　PTN 时间同步解决方案

此时，PTN 作为移动回传网络，可分为接入层和汇聚层。时间源通过汇聚层节点注入，并通过 PTN 网络传递到其他站点，基站从与之相连的 PTN 设备接收时间同步信息，最终达到同步。

7.5 PTN 设备基本功能

传统的传送设备包括基于 SDH 的传送设备和纯以太网交换设备。基于 SDH 的传送设备包括 SDH 设备和 MSTP 设备，其中 SDH 设备只提供 TDM 业务接口，内部采用 TDM 的基于 VC 的交叉连接；MSTP 设备可以提供除 TDM 以外的 ATM、以太网业务接口，但设备内部仍采用基于 TDM 的交叉连接方式。基于 SDH 的传送设备在数据业务大幅增长需要进行网络扩容时，会因为数据吞吐量不够而发生阻塞。而纯以太网交换设备因其既无连接特性，又不能有效传送 TDM 业务，无法很好地解决时钟同步、可靠性、可扩展性和可管理等问题。

PTN 设备作为一种传送设备，将业务交换节点与传送节点相结合，不仅提供与 MSTP 设备相同的 TDM、ATM、以太网业务接口，而且在设备内部采用分组交换方式。

1. PTN 设备基本功能

PTN 设备基本功能模块如图 7-18 所示。

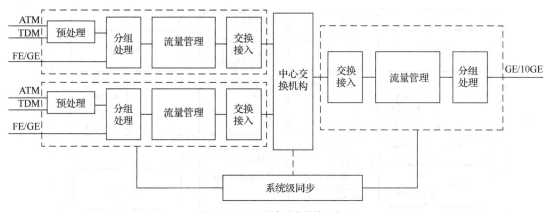

图 7-18 PTN 设备功能结构示意图

PTN 设备中各模块的功能如下。

（1）预处理模块：实现对 TDM、ATM、以太网业务的预处理，如 TDM 业务的封包处理等。

（2）分组处理模块：实现报文的处理，如 MAC 地址学习，传统的 IP/MPLS 设备还需要实现 IP 地址的查表功能等。

（3）流量管理模块：进行流量管理，实现业务流的 QoS 策略。

（4）交换接入模块：将报文按交换矩阵的要求进行封装、发送。

（5）中心交换机构模块：实现业务的交换。

2. PTN 设备分类

PTN 设备按功能可分为终端设备和交换设备。

（1）终端设备（Termination Equipment，TE）：提供信道封装、信道复用和通道封装功能。

（2）交换设备分为信道交换设备、通路交换设备和信道通路交换设备。

① 信道交换设备（Channel Switching Equipment，CSE）：提供信道交换功能。

② 通路交换设备（Path Switching Equipment，PSE）：提供通路交换功能。

③ 信道通路交换设备（Channel Path Switching Euquipment，CPSE）：用于同时进行信道和通路交换。

TE 设备不提供交换功能，因此一般应用在用户网络边缘等简单网络环境下。CSE 和 PSE 可以应用在运营商网络边缘、网络核心或用户网络边缘，提供交换和组网能力。

7.6 PTN 组网模式及业务定位

7.6.1 PTN 组网模式

在现网结构的基础上，将 PTN 设备引入到城域传输网，总体上可分为混合组网、独立组网和联合组网 3 种模式，下面分别进行介绍。

1. 混合组网模式

混合组网模式是指在原有的 SDH/MSTP 网络层面上，为满足接入点 IP 业务的需求，部分接入点通过板卡升级或替换为 PTN 设备，与 SDH/MSTP 混合组网，并逐步演进成全 PTN 化的网络模式。演进过程可分为 4 个阶段，示意图如图 7-19 所示。

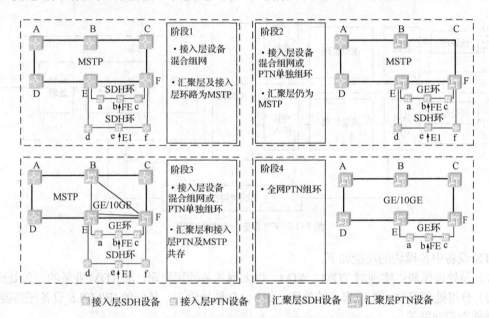

图 7-19　混合组网模式的 4 个演进阶段示意图

阶段 1：演进初期，基站 IP 化和全业务刚刚启动，接入层有零星的 IP 业务接入需求，因此 PTN 设备的引入主要集中在接入层，与既有的 SDH 设备组建 SDH 环，汇聚层以上仍采用 MSTP 组网方式。

阶段 2：随着基站 IP 化和全业务的深入，接入层除由 PTN 和 SDH 混合组建的 SDH 环之外，在部分业务发达地区将形成由 PTN 单独构建的 GE 环。该阶段整个汇聚层仍然为 MSTP 组网，但相关节点（如节点 E、节点 F）需要配置汇聚型的 PTN 设备，接入层 GE 环的 FE 业务需要在汇聚节点 E、F 处通过业务终结板转化成 E1 模式后，再通过汇聚层传输。

阶段 3：在 IP 业务的爆发期，为满足接入层 IP 业务传输的带宽需求，汇聚层部分 PTN 节点可采用独立组网的模式，通过加载 T-MPLS，实现高质量 IP 业务的端到端透传和电信级保护。如汇聚层 B、E、F 节点 PTN 设备单独组建 GE 或 10GE 环，与原有 MSTP 环在资源上共享，业务上分离承载。接入层仍然存在 SDH 环和 GE 环两种环路类型。

阶段 4：在网络发展远期，全网实现 ALL IP 化后，汇聚层和接入层形成全 PTN 设备构建的先进分组传送网，此时网络投入产出比大大提高，管理维护进一步简化。

总体上，混合组网模式有利于 SDH/MSTP 网络向全 PTN 网络的平滑演进，允许不同阶段、不同设备、不同类型环路的共存，投资分步进行，风险较小。但在网络演进初期，由于 PTN 设备必须兼顾 SDH 功能，因此无法发挥 PTN 内核 IP 化的优势，而在网络发展后期，又涉及大量业务割接，大大增加网络维护的压力。

鉴于此，混合组网模式比较适合现网资源缺乏（如局房机位紧张、电源容量受限、光缆路由不具备条件）导致无法单独组建 PTN，或者因为投资所限必须分步实施 PTN 建设的区域。

2. 独立组网模式

独立组网模式是指新建分组传送平面，单独规划，从接入层至核心层全部采用 PTN 设备，与原有的 SDH/MSTP 网络长期共存、共同维护的模式。该模式下，PTN 独立组网的接入层采用 GE 或 10GE环，汇聚层以上采用 10GE 或 100GE 环，各层面间以相交环的形式进行组网。原有 MSTP 网络继续承载传统的 2G 业务，新增的 IP 化业务则由 PTN 承载。独立组网模式示意图如图 7-20 所示。

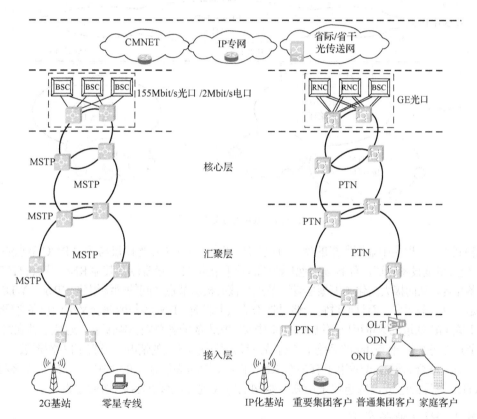

图 7-20 独立组网模式示意图

独立组网模式的网络结构清晰，易于实现端到端的业务管理和维护，符合无线网络 IP 化发展需求。但由于需要新建独立的 PTN 网络，从而占用大量网络资源，一次性投资较大。且与SDH/MSTP 具有多级组网速率不同，PTN 目前只有 GE、10GE 两级组网速率，当组建二级以上的PTN 网络时会引发其中一层环路带宽资源消耗过快或者大量闲置的问题。此外，当 PTN 应用于大型城域网时，由于 RNC 节点较多时，一方面 PTN 骨干层节点与所有 RNC 节点相连导致环路节点过多，利用率下降；另一方面，环路上任一节点业务量增加需要扩容时，整体环路都需要扩容，导致扩容成本较高。

鉴于此，独立组网模式适合于 IP 化进程较快，且现网资源能满足 PTN 单独建网需求的区域。在此基础上，独立组网模式比较适用于在核心节点数量较少的中小型城域网内组建二级 PTN 网络，或者作为在 IP over WDM/OTN 没有建设且短期内无法覆盖到位的过渡组网方案。

3. 联合组网模式

联合组网模式是指汇聚/接入层采用 PTN 组网，核心/骨干层利用 IP over WDM/OTN 将上联业务调度至 PTN 网络所属业务落地机房的模式。联合组网模式示意图如图 7-21 所示。

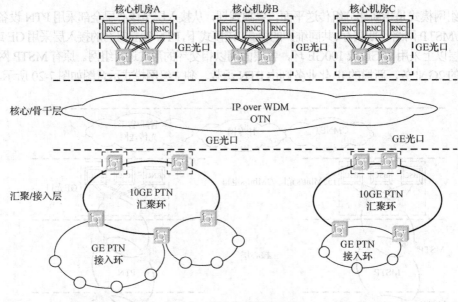

图 7-21　联合组网模式示意图

该模式下，汇聚层中虚框所指的骨干节点 PTN 设备，通过 GE 光口仅与所属 RNC 节点的核心机房 PTN 交叉落地设备相连，而不与其他汇聚环的骨干节点 PTN 设备以及其他 RNC 节点的 PTN 交叉落地设备相连，从而极大简化了汇聚层骨干节点与核心机房节点之间的网络组建。IP over WDM/OTN 不仅仅是一种承载手段，而且通过它能够对骨干节点上联的 GE 业务与所属交叉落地设备之间进行调度，其上联 GE 通道的数量可以根据该 PTN 中实际接入的业务总数按需配置，避免了独立组网模式中，某节点业务容量升级引起的环路上所有节点设备都必须升级的情况，节省了网络投资。

鉴于此，联合组网模式适用于有多个 RNC 机房、网络规模较大的大中型城域网。在有 IP over WDM/OTN 资源的区域，均建议采用联合组网的方式进行城域 PTN 网络的建设。

7.6.2　PTN 业务定位

根据业务类型、带宽需求、QoS 机制等指标，PTN 能够承载的 IP 化业务大致分为 3 类：基站业务（主要是 IP 化语音）、重要集团类业务及全业务接入业务。为描述方便，下面对业务定位的介绍均以联合组网模式为例。

1. 基站业务

以 FE 为主的 IP 化基站业务可直接进入 PTN 传送网，通过不同的方式承载。图 7-22 展示了其中一种承载方式。该示例采用类似于 SDH 网络中的全程通道保护方式，自基站 PTN 设备发起，经接入环、汇聚环以及核心骨干层所承载的 10GE 通道，至核心节点 PTN 交叉落地设备，全程建立主、备两条 LSP 路由，落地设备和 RNC 之间建立 1+1 的 TRUNK 保护备份。

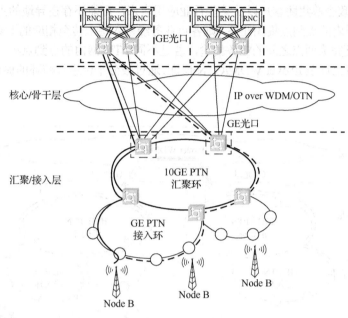

图 7-22 基站业务承载示例

2. 重要集团类业务

重要集团类业务由高端集团客户产生，业务种类虽多，但流量相对稳定、可靠，且安全性要求高，此类业务以 FE、GE 为主。

高端集团客户业务可经过 OLT 汇聚后的上行业务，采用专线方式接入就近的基站/汇聚点，经接入环和汇聚环到达某核心骨干层节点。如果核心节点处设置了城域数据网的接入路由器，则该业务可直接进入数据城域网，如图 7-23 所示。

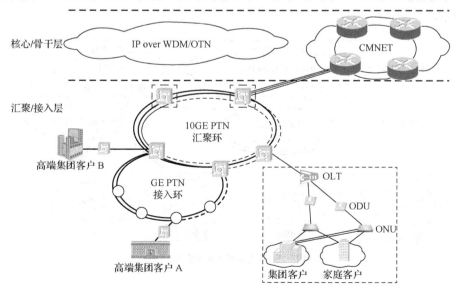

图 7-23 重要集团类业务专线承载示例

上例中，如果 PTN 汇聚环内没有可以接入城域数据网的设备，那么上行业务只能通过 IP over WDM/OTN 层面调度至城域数据网。

此外，金融、政企等集团客户以及某些行业应用客户，可能还存在异地的点到点业务需求。若是同一个 PTN 网内的点到点集团业务，则各点业务经接入层上传至相应的汇聚层，再可以通过汇聚层 PTN 的调度完成两点之间的业务传输，若是不同 PTN 网内的点到点集团业务，则只能通过各自的 PTN 网络上行至 IP over WDM/OTN 层面，通过波分平台进行跨环的调度，示例如图 7-24 所示。

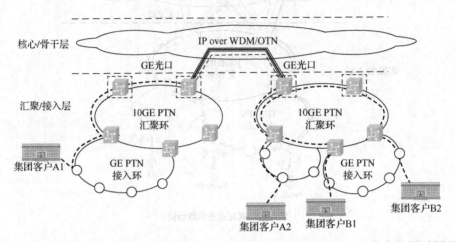

图 7-24　重要集团类业务点到点专线承载示例

3. 全业务接入业务

IP 城域网的宽带接入业务以及经过 PON 汇聚后的 OLT 上行业务对传输质量、可靠性要求高，业务颗粒大。当 PTN 部署到位时，上述业务可通过 PTN 传送至 IP 城域网路由器，若 IP over WDM/OTN 覆盖到汇聚层面，上述业务也可以通过 IP over WDM/OTN 调度至 IP 承载网，示例如图 7-25 所示。

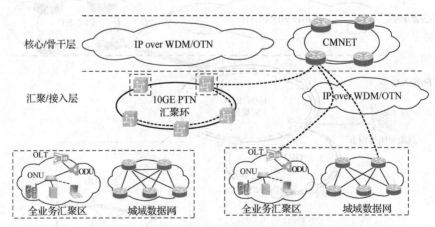

图 7-25　全业务接入业务承载示例

第 8 章 IP RAN

目前互联网技术与应用迅猛发展，通信业务加速 IP 化、宽带化、综合化、智能化，在电信级业务的承载网络中引入三层功能，能够更有效地实现多业务承载，而且可降低网络配置复杂度，快速调整业务路由，由此侧重于三层路由功能的 IP RAN（IP Radio Access Network，IP 化的无线接入网）悄然兴起。

本章首先介绍 IP RAN 产生背景、概念和特点，以及 IP RAN 的分层结构等，然后分析 IP RAN 的路由部署，阐述 MPLS 三层 VPN 技术及 IP RAN 的业务承载方案，进而研究 IP RAN 的保护技术与同步技术，最后探讨 IP RAN 组网方案。

8.1 IP RAN 概述

在本书第 7 章分组传送网中介绍过 RAN 的概念。为了使读者学习本章内容更加方便，在此简单回顾一下，RAN 在 2G 时代是指 BTS 到 BSC 之间的网络；在 3G 时代指 Node B（节点 B，即基站）到 RNC 之间的网络；在 LTE 阶段是指 eNodeB（演进型 Node B，即基站）至 EPC 之间以及基站与基站之间的网络。LTE 系统中，eNodeB 与 EPC 之间的接口为 S1，eNodeB 与 eNodeB 之间接口为 X2。

目前，中国三大通信运营商分别采用分组传送技术建设 RAN，以满足移动网络基站的分组数据业务以及集团客户业务等的承载需求。基于各种原因，中国移动选择 PTN 技术，而中国电信选择 IP RAN 技术，中国联通则大规模建设 IP RAN，同时部分引入 PTN。

8.1.1 IP RAN 的产生背景

IP RAN（IP Radio Access Network）的产生主要基于以下几个需求。

（1）移动网络向 IP 化演进带来的不断增加的传输带宽需求

移动运营商的业务正逐渐由以传统语音业务为主转向以数据业务为主，而且随着语音、视频、数据业务在 IP 层面的不断融合，各种业务均向 IP 化发展，各类新型的业务也都是建立在 IP 基础上的，业务的 IP 化和传送的分组化已成为目前网络演进的主线，随之而来的则是移动互联网的带宽将呈现爆炸式增长。

（2）以 IP 为核心的移动分组数据业务承载需求

在 3G 初期，移动运营商利用 MSTP 传输网作为承载网络。虽然 MSTP 可以承载 IP/以太网业务，但由于其采用的是时分复用技术，不具备统计复用功能，所以 MSTP 的带宽利用率低，而且不能适应 IP 化业务呈现的带宽突发性等特点，难以满足以 IP 为核心的移动分组数据业务迅猛增长的承载需求。

（3）LTE 的 RAN 传送需求

LTE 充分考虑了移动互联网的需求，突出了网络的高效率、高带宽、低时延、高可靠性等特征。为此，LTE 要求 RAN 传送技术能够提供更多 IP 方面的支持，即能实现三层功能。

总而言之，随着通信业务加速 IP 化、宽带化、综合化，从网络建设角度考虑，三层功能的引入，使得多业务承载成为可能；从网络运维角度考虑，三层功能的引入可降低配置复杂度，快速调整业务路由。因此，在电信级业务的承载网络中引入三层功能是非常必要的。

8.1.2　IP RAN 的概念及特点

1. IP RAN 的概念

广义的 IP RAN 是实现 RAN 的 IP 化传送技术的总称，指采用 IP 技术实现无线接入网的数据回传，即无线接入网 IP 化。目前普遍将采用 IP/MPLS 技术的 RAN 承载方式称为 IP RAN（IP RAN 的狭义概念）。

IP RAN 的定位体现在以下几个方面。

（1）应用范围

IP RAN 是城域网内以基站回传为主且能满足综合业务承载的路由器解决方案。

（2）技术核心

IP RAN 是路由器架构，采用 IP/MPLS 技术的路由协议、信令协议，动态建立路由、转发路径，执行故障检测和保护等功能。

（3）业务承载方式

IP RAN 承载的业务主要包括基站回传业务及集团客户业务等，采用 MPLS VPN 承载、标签转发方式。

2. IP RAN 的设备形态

IP RAN 的设备形态是具备多种业务接口的突出 IP/MPLS/VPN 能力的新型路由器。

3. IP RAN 的特点

IP RAN 具有以下主要特点。

（1）采用路由器架构，IP 三层转发和 MPLS 二层转发相结合，支持动态路由。

（2）可与 IP 城域网对接互通，两张网络融合度较高。

（3）接入方式灵活，可支持传统业务和多种以太网业务，即可提供 L2 VPN（二层 VPN），也可以提供 L3 VPN（三层 VPN）业务。

（4）具备完善的二、三层保护技术和精细化的 QoS 解决方案。

（5）提高了 OAM 及同步等能力。

8.1.3　IP RAN 的分层结构

与其他本地传输网一样，IP RAN 也采用分层结构，分为接入层、汇聚层和核心层，有些小型的 IP RAN 可以将汇聚层与核心层合二为一，称为核心汇聚层。IP RAN 分层结构示意图如图 8-1 所示。

1. 接入层

IP RAN 接入层的主要作用是负责 2G/3G/4G 基站业务、集团客户业务等接入。

接入层设备：中国电信称为 A 设备（IP RAN 接入路由器），中国联通称为基站侧网关（Cell Site Gateway，CSG）。

接入层组网结构主要有环形、树形双归和链形。一般采用环形结构，若光缆网不具备环形条件可以采用链形结构，但应尽量避免长链结构。

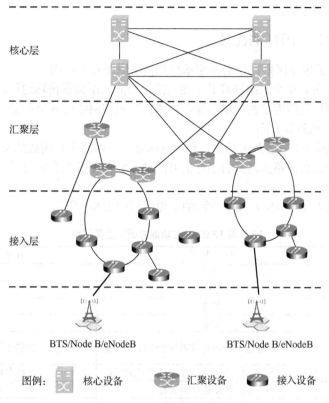

图 8-1 IP RAN 分层结构示意图

2. 汇聚层

IP RAN 汇聚层主要负责接入层业务的汇集和转发。

汇聚层设备：中国电信称为 B 设备（IP RAN 汇聚路由器），中国联通称为汇聚侧网关（Aggregation Site Gateway，ASG）。

汇聚层可以采用口字形、树形双归和环形与两个核心设备相连。

3. 核心层

IP RAN 核心层主要负责汇聚层业务转发，通过各类 CE 设备与 BSC/RNC/MME（Mobility Management Entity，移动性管理实体）对接，以及与其他网络互连。

核心层设备：中国电信称为边界路由器（Edge Router，ER）（相对于中国电信下一代承载网 CN2，中国电信将 IP RAN 的核心层设备称为 ER），中国联通称为无线侧业务网关（Radio Service Gateway，RSG）。

核心层设备的数量一般控制在 2～4 个，设备之间宜采用网状网（Mesh）结构，或树形双归、口字形，以保证可靠性，提高业务转发效率。

以上介绍了 IP RAN 的分层结构，中国电信与中国联通的 IP RAN 具体组网方案有所不同，将在本章 8.5 中具体介绍。

这里有两点需要说明：BSC CE 是接入 BSC/RNC 的路由设备；EPC CE 是用于接入 LTE 的 EPC 中 MME 的路由设备。图 8-1 未画出各类 CE 设备及核心层设备通过 CE 与 BSC/RNC/MME

的连接情况。本章在进行原理介绍时，为了简化，图中一般不画连接 BSC/RNC/MME 的各类 CE 设备及具体连接情况，而且将接入层、汇聚层、核心层的路由器统称为接入层设备、汇聚层设备、核心层设备（详见本章 8.5）。

8.1.4 IP RAN 与 PTN 的比较

IP RAN 与 PTN 的根本区别在于对网络承载和传输原理有所不同。

PTN 侧重二层业务，整个网络构成若干庞大的综合的二层数据传输通道，这个通道对于用户来讲是透明的，升级后支持完整的三层功能，技术方案重在网络的安全可靠性、可管可控性以及更好的面向未来 LTE 承载等方面。

IP RAN 则主要侧重于三层路由功能，整个网络是一个由路由器构成的基于 IP 数据报的三层转发体系，对于用户来讲，路由器具有很好的开放性，业务调度也非常灵活，但是在安全性和管控性方面则略显不足。

归纳起来，PTN 与 IP RAN 在功能方面的主要区别如表 8-1 所示。

表 8-1　　　　　　　　　　　　PTN 与 IP RAN 在功能方面的主要区别

功能		PTN 方案	IP RAN 方案
接口功能	ETH	支持	支持
	POS	支持	支持
	ATM	支持	支持
	TDM	支持	支持
三层转发及路由功能	转发机制	核心汇聚设备通过升级可支持完整的 L3 功能	支持 L3 全部功能
	协议	核心汇聚设备通过升级可支持全部三层协议	支持全部三层协议
	路由	核心汇聚设备全面支持	支持
	IPv6	核心汇聚设备全面支持	支持
QoS		支持	支持
OAM		采用层次化的 MPLS-TP OAM，实现类似于 SDH 的 OAM 管理功能	采用 IP/MPLS OAM，主要通过 BFD 技术作为故障检测和保护倒换的触发机制
保护恢复	保护恢复方式	支持环网保护、链路保护、线性保护等类似 SDH 的各种保护方式	支持 FRR 保护、VRRP 等
同步	频率同步	支持	支持
	时间同步	支持	支持
网络部署	组网	支持规模组网，规划简单	支持规模组网，规划略复杂
	业务承载	端到端 L2 业务（PWE3），子网部署，在核心层启用三层功能	接入层采用 PW 或 L3 VPN 承载，核心汇聚层采用 L3 VPN 承载
网管控制		集中控制，设备无控制层面	分布式控制，设备有控制层面

总之，PTN 与 IP RAN 各有其特点及优势，因此中国三大通信运营商根据各自的网络状况等因素选择不同的技术。

8.2 IP RAN 的路由部署

基于 IP RAN 主要侧重于三层路由功能，本节首先介绍 IP 网路由选择协议基本概念，然后讲述几种常见的路由协议，并分析它们在 IP RAN 中的部署及应用。

8.2.1　IP 网路由选择协议的特点及分类

1. IP 网路由选择协议的特点

（1）自治系统（Autonomous System，AS）的概念

由于 IP 网规模庞大，为了路由选择的方便和简化，一般将整个 IP 网划分为许多较小的区域，称为 AS。每个 AS 都有唯一的 AS 号（自治系统编号），这个编号是由 IP 网授权的管理机构分配的。

每个自治系统内部采用的路由选择协议可以不同，自治系统根据自身的情况有权决定采用哪种路由选择协议。

（2）IP 网的路由选择协议的特点

IP 网路由选择协议具有以下几个特点。

① IP 网路由选择属于自适应的（即动态的）

自适应式路由选择即动态路由选择，是依靠当前网络的状态信息进行决策，从而使路由选择结果在一定程度上适应网络拓扑与网络通信量的变化。动态路由选择的特点是能较好地适应网络状态的变化，但实现起来较为复杂，开销也比较大。

② IP 网路由选择是分布式路由选择

分布式路由选择是每一节点通过定期地与相邻节点交换路由选择的状态信息来修改各自的路由表，这样使整个网络的路由选择经常处于一种动态变化的状况。

③ IP 网采用分层次的路由选择协议

IP 网采用分层次的路由选择协议，即分自治系统内部和自治系统外部路由选择协议。

2. IP 网路由选择协议的分类

IP 网路由选择协议分为两大类。

（1）内部网关协议（Internal Gateway Protocol，IGP）

IGP 是在一个自治系统内部使用的路由选择协议，具体的协议有路由信息协议（Routing Information Protocol，RIP）、开放最短路径优先（Open Shortest Path First，OSPF）协议和中间系统到中间系统（Intermediate System to Intermediate System，IS-IS）协议等。

（2）外部网关协议（External Gateway Protocol，EGP）

EGP 是两个自治系统（使用不同的内部网关协议）之间使用的路由选择协议。使用最多的是边界网关协议（Border Gateway Protocol，BGP）（目前使用的是 BGP 版本 4，即 BGP-4）。注意此处的网关实际指的是路由器。

在 IP RAN 中应用的路由协议主要有属于 IGP 的 OSPF 协议和 IS-IS 协议，属于 EGP 的 BGP。下面分别介绍这 3 种路由协议的基本概念及在 IP RAN 中的应用。

8.2.2　OSPF 协议

1. OSPF 协议的要点

OSPF 协议是分布式的链路状态协议。"链路状态"是说明本路由器都和哪些路由器相邻，以及该链路的"度量"。"度量"的含义较广泛，它可表示距离、时延、费用、带宽等。

OSPF 协议有以下几个要点。

（1）当链路状态发生变化时，OSPF 协议使用洪泛法向本自治系统中的所有路由器发送信息，即每个路由器都向所有其他相邻路由器发送信息（但不再发送给刚刚发来信息的那个路由器）。所发送的信息就是与本路由器相邻的所有路由器的链路状态。

（2）各路由器之间频繁地交换链路状态信息，所有的路由器最终都能建立一个链路状态数据库（Link State Data Base，LSDB），它与全网的拓扑结构图相对应。每一个路由器使用链路状态数据库中的数据，利用最短路径优先 （Shortest Path First，SPF）算法，可计算出到达任意目的地的路由，构造出自己的路由表。

（3）OSPF 协议还规定每隔一段时间，如 30min，要刷新一次数据库中的链路状态，以确保链路状态数据库的同步（即每个路由器所具有的全网拓扑结构图都是一样的）。

2．OSPF 协议的区域

（1）OSPF 协议的区域划分

对于规模较大的网络，OSPF 协议通常将一个自治系统进一步划分为若干个区域（Area），将利用洪泛法交换链路状态信息的范围局限于每一个区域而不是整个自治系统，减少了整个网络上的通信量。而且该区域的 OSPF 路由器只保存本区域的链路状态，每个路由器的链路状态数据库都可以保持合理的大小，路由计算的时间、报文数量也都不会过大。

在区域划分时，设一个骨干区域（Backbone Area），其他为常规区域（Normal Area）。区域的命名可以采用整数数字，如 1、2、3 等，也可以采用 IP 地址的形式，如 0.0.0.1、0.0.0.2 等，区域 0（或者为 0.0.0.0）代表骨干区域。

所有的常规区域必须直接与骨干区域相连（物理或者逻辑连接），常规区域只能与骨干区域交换链路状态通告（Link State Advertisement，LSA），常规区域与常规区域之间即使直连也不能互换 LSA。例如，图 8-2 中 Area1、Area2、Area3、Area4 只能与 Area0 互换 LSA，然后再由 Area0 转发，Area0 就像是一个中转站。

在 OSPF 协议中，非骨干区域可以细分为多种类型，包括非末梢区域和末梢区域（Stub Area，SA），末梢区域又分成完全末梢区域（Totally Stub Area，TSA）和非纯末梢区域（Not So Stub Area，NSSA）。

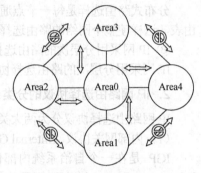

图 8-2　OSPF 区域划分示意图

（2）OSPF 路由器类型

根据一台路由器的多个接口归属的区域不同，路由器可以分为以下几种类型：

① 内部路由器（Internal Router，IR）：内部路由器属于单个区域，该路由器所有接口都属于同一个区域。

② 区域边界路由器（Area Border Router，ABR）：区域边界路由器属于多个区域，即该路由器的接口不都属于一个区域，ABR 可以将一个区域的 LSA 汇总后转发至另一个区域。

③ 自治系统边界路由器（Autonomous System Boundary Router，ASBR）：OSPF 路由器能将外部路由协议重分布进 OSPF 协议（重分布是指在采用不同路由协议的自治系统之间交换和通告路由选择信息），则称为 ASBR。但是如果只是将 OSPF 协议重分布进其他路由协议，则不能称为 ASBR。

OSPF 协议中的路由器类型如图 8-3 所示。

（3）OSPF 协议的路由类型

① Intra-Area Route：是同区域的路由，在路由表中使用 O 来表示。

② Inter-Area Route 或 Summary Route：是不同区域的路由，在路由表中使用 OIA 来表示。

③ External Route：是非 OSPF 的路由，或者是不同 OSPF 进程的路由，只是被重分布到 OSPF，在路由表中使用 OE2 或 OE1 来表示。

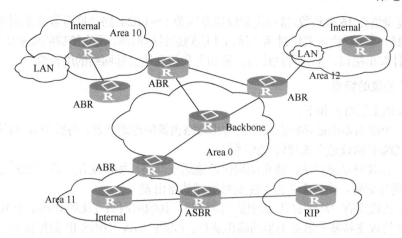

图 8-3 OSPF 协议中的路由器类型

若到达同一目的地存在多种路由，OSPF 协议将根据先后顺序选择要使用的路由。上述路由的先后顺序为 0-OIA-OE1-OE2。

3. Router ID

每一个 OSPF 路由器都必须有一个唯一标识，这就是 Router ID，被定义为一个 4 字节（32bit）的整数，它在网络中不能重名，通常使用 IP 地址的形式来表示。

在完成网络规划之后，为了方便管理，会为每一台路由器创建一个 Loopback 接口，并在该接口上单独指定一个 IP 地址作为管理地址。Loopback 接口是一个类似于物理接口的逻辑接口，该接口地址被视为路由器的标识。

现网应用（如 IP RAN）中一般将 Router ID 配置为该路由器的 Loopback0 接口的 IP 地址，由于 IP 地址是唯一的，所以这样就很容易保证 Router ID 的唯一性。例如，路由器 A 的 Loopback0 的 IP 地址为 10.16.152.1，Router ID 一般也配置为 10.16.152.1。

4. OSPF 协议的工作原理

OSPF 协议的工作原理可以分成 3 步，即建立邻接关系、泛洪链路状态信息和计算路径。

（1）建立邻接关系

OSPF 路由器通过互相发送问候（Hello）报文，验证参数后建立邻接关系。

（2）链路状态信息泛洪

OSPF 链路状态信息泛洪（也称为洪泛）过程为：通过 IP 数据报的组播对各种 LSA 进行泛洪（OSPF 协议的 LSA 报文是封装在 IP 数据报中的），LSA 用于描述 OSPF 接口上的信息，包括接口上的 IP 地址、子网掩码、网络类型、链路度量值（Cost）等信息。

OSPF 路由器是将自己所知道的链路状态全部发给邻居（即相邻路由器），邻居将收到的链路状态全部放入链路状态数据库，同时再发给自己的所有邻居，并且在传递过程中，不对链路状态进行更改。通过这样的过程，最终网络中全部 OSPF 路由器都拥有本网络所有的链路状态，并且根据此链路状态能描绘出相同的全网拓扑图。

（3）计算路径

一个网络节点完成链路状态数据库的构建和更新后，根据链路状态数据库的信息运行 SPF 算法（Dijkstra 算法），找到网络中每个目的地的最短路径，并建立路由表。

在此介绍一下链路度量值的概念。度量值是在每台路由器的接口上单独配置的，用于衡量出接口方向的开销。一般情况下，一条链路两端的接口均要求配置一样的度量值。

OSPF 的度量值为 16 位整数，接口度量取值范围为 1～1 024，路径度量取值范围为 1～65 535，度量值越小越好。如果路由器要经过两个接口才能到达目标网络，两个接口的度量值要累加起来，在累加时，只计算出接口，不计算进接口，累加之和为到达目标网络的度量值。

5. OSPF 协议的特点

OSPF 协议的主要特点如下。

（1）由于一个路由器的链路状态只涉及与相邻路由器的连通状态，与整个 IP 网的规模并无直接关系，所以 OSPF 协议适合规模较大的网络。

（2）OSPF 协议是动态算法，能自动和快速地适应网络环境的变化。具体说就是链路状态数据库能较快地进行更新，使各个路由器能及时更新其路由表。

（3）OSPF 协议没有"坏消息传播得慢"的问题，其响应网络变化的时间小于 100ms。

（4）OSPF 协议支持基于服务类型的路由选择。OSPF 协议可根据 IP 数据报的不同服务类型将不同的链路设置成不同的代价，即对于不同类型的业务可计算出不同的路由。

（5）如果到同一个目的网络有多条相同代价的路径，OSPF 协议可以将通信量分配给这几条路径——多路径间的负载平衡，最多允许同时选 6 条链路。

（6）有良好的安全性。OSPF 协议规定，路由器之间交换的任何信息都必须经过鉴别，OSPF 协议支持多种认证机制，而且允许各个区域间的认证机制可以不同，这样就保证了只有可依赖的路由器才能广播路由信息。

8.2.3 IS–IS 协议

1. IS-IS 协议的概念

IS-IS 协议是中间系统（相当于 IP 网中的路由器）间的路由协议，与 OSPF 协议一样，IS-IS 协议也是一种链路状态路由协议，由路由器收集其所在网络区域上各路由器的链路状态信息，生成 LSDB，利用 SPF 算法，计算出网络中每个目的地的最短路径。

2. IS-IS 协议的地址结构

IS-IS 协议在交换 IP 路由信息时，使用无连接网络协议（ConnectionLess Network Protocol，CLNP）地址来标识路由器并建立拓扑表和链路状态数据库，所以一个运行 IS-IS 协议的路由器必须拥有一个 CLNP 地址。

IS-IS 协议将 CLNP 地址也称作 NET 地址，其结构如图 8-4 所示。

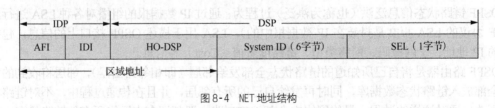

图 8-4 NET 地址结构

NET 地址由初始域部分（Initial Domain Part，IDP）和特定域部分（Domain Specific Part，DSP）组成。IDP 和 DSP 的长度都是可变的，NET 地址总长最多是 20 个字节，最少 8 个字节。

（1）IDP 相当于 IP 地址中的网络号，它由权限和格式标识符（Authority and Format Identifier，AFI）与初始域标识符（Initial Domain Identifier，IDI）组成，AFI 表示地址分配机构和地址格式，IDI 用来标识初始路由域。

（2）DSP 相当于 IP 地址中的子网号和主机地址，它由 DSP 高阶部分（High Order Part of DSP，

HO-DSP）、System ID 和 SEL 3 个部分组成。HO-DSP 用来分割区域；System ID 长度为 6 字节，用来标识路由器；选择器（SELector，SEL）字段长度为 1 字节，用于标识 IS-IS 应用的网络。若该字段设置为 0，表明应用的是 IP 网络。

将 AFI、IDI 与 HO-DSP 合在一起作为区域地址（Area address）或区域号（Area ID），长度为 1 字节～13 字节。IS-IS 协议中，1 个路由器最多可以拥有 3 个区域 ID。

3. IS-IS 协议的分层

（1）IS-IS 协议的分层路由域

IS-IS 协议允许将整个路由域分为多个区域，其路由选择是分层次（区域）的，IS-IS 协议的分层路由域如图 8-5 所示。

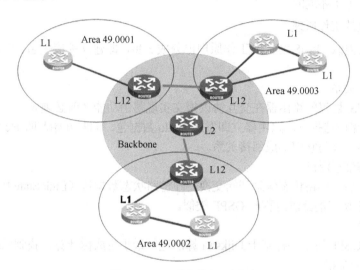

图 8-5　IS-IS 协议的分层路由域

IS-IS 协议的路由选择分为如下两个区域等级。

① Level-1：普通区域（Area）称为 Level-1（或 L1），由 L1 路由器组成。

② Level-2：骨干区域（Backbone）称为 Level-2（或 L2），由所有的 L2（及 L12）路由器组成。

Level-1 路由选择是负责区域内的路由选择，在同一个路由选择区域中，所有设备的区域地址都相同。区域内的路由选择是通过查看地址中的 System ID 后，然后选择最短的路径来完成的。

Level-2 路由选择是在 IS-IS 区域之间进行的，路由器通过 L2 路由选择获悉 L1 路由选择区域的位置信息，并建立一个到达其他区域的路由表。当路由器收到数据包后，通过查看数据包的目标区域地址（非本区域的区域地址），选择一条最短的路径来路由数据包。

值得说明的是，一个 IS-IS 协议的路由域可以包含多个 Level-1 区域，但只有一个 Level-2 区域。

（2）IS-IS 路由器类型

由于 IS-IS 协议负责 Level-1 和 Level-2 等级的路由，IS-IS 路由器等级（或称 IS-IS 路由器类型）可以分为 3 种：L1 路由器、L2 路由器和 L12 路由器。

① L1 路由器

属于同一个区域并参与 Level-1 路由选择的路由器称为 L1 路由器，类似于 OSPF 中的非骨干内部路由器。L1 路由器选择负责收集本区域内的路由信息，只关心本区域的拓扑结构，它将去往其他区域的数据包发送到最近的 L12 路由器上。

② L2 路由器

L2 路由器（也称为骨干路由器）属于不同区域的路由器，它类似于 OSPF 中的骨干路由器，负责收集区域间的路径信息，通过实现 Level-2 路由选择来交换路由信息。

③ L12 路由器

同时执行 Level-1 和 Level-2 路由选择功能的路由器为 L12 路由器，L12 路由器类似于 OSPF 中的 ABR，它的主要职责是收集本区域内的路由信息，然后将其发送给其他区域的 L12 路由器或 L2 路由器；同样，它也负责接收从其他区域的 L2 路由器或 L12 路由器发来的区域外路由信息。

所有 L12 路由器与 L2 路由器组成了整个网络的 Backbone。需要注意的是，对于 IS-IS 协议来说，骨干必须是连续的，也就是说具有 Level-2（L2）路由选择功能的路由器（L2 路由器或 L12 路由器）必须是物理上相连的。

4. IS-IS 协议的工作原理

与 OSPF 协议类似，IS-IS 协议的工作原理也分成 3 步，即建立邻接关系、泛洪链路状态信息和计算路径。

（1）建立邻接关系

两台运行 IS-IS 协议的路由器在交互协议报文实现路由功能之前必须先建立邻接关系，当接口启动 IS-IS 协议路由选择时，路由器立即发送 Hello 数据包，同时开始监听 Hello 数据包，寻找任何连接的邻接体，并与它们形成邻接关系。

（2）链路状态信息泛洪

邻接关系建立后，链路状态信息开始交换，即链路状态数据包（Link State PDU，LSP）的扩散——泛洪，IS-IS 协议的泛洪过程与 OSPF 类似。

（3）计算路径

IS-IS 协议与 OSPF 协议一样基于 Dijkstra 算法进行最小生成树计算，找到网络中每个目的地的最短路径（最小 Cost）。

5. IS-IS 协议与 OSPF 协议对比

（1）IS-IS 协议与 OSPF 协议的相同点

虽然 IS-IS 协议与 OSPF 协议在结构上有着差异，但从 IS-IS 协议与 OSPF 协议的功能上讲，它们之间存在着许多相似之处。

① IS-IS 协议与 OSPF 协议同属于链路状态路由协议，它们都是为了满足加快网络的收敛速度、提高网络的稳定性、灵活性、扩展性等需求而开发出来的高性能的路由选择协议。

② IS-IS 协议与 OSPF 协议都使用链路状态数据库收集网络中的链路状态信息，链路状态数据库存放的是网络的拓扑结构图，而且区域中的所有路由器都共享一个完全一致的链路状态数据库。IS-IS 协议与 OSPF 协议都使用泛洪的机制来扩散路由器的链路状态信息。

③ IS-IS 协议与 OSPF 协议都是采用 SPF 算法（Dijkstra 算法）来根据链路状态数据库计算最佳路径。

④ IS-IS 协议与 OSPF 协议都采用分层级区域结构来描述整个路由域，即骨干区域和非骨干区域（普通区域）。

⑤ 基于两层的分级区域结构，所有非骨干区域间的数据流都要通过骨干区域进行传输，以防止区域间路由选择的环路。

（2）IS-IS 协议与 OSPF 协议的主要区别

OSPF 协议的骨干区域就是 Area 0，是一个实际的区域，区域边界位于路由器上，也就是 ABR 上。IS-IS 协议与 OSPF 协议最大的区别就是 IS-IS 协议的区域边界位于链路上。IS-IS 协议的骨干区域是由所有具有 L2 路由选择功能的路由器（L2 路由器或 L12 路由器）组成的，而且必须是物理上连续的，可以说 IS-IS 协议的骨干区域是一个虚拟的区域。由于 IS-IS 协议的骨干区域是虚拟的，所以更加利于扩展，灵活性更强。当需要扩展骨干时，只需添加 L12 路由器或 L2 路由器即可。

8.2.4 IP RAN 中 IGP 的部署

IP RAN 的路由规划包括控制层面和管理层面的路由协议规划，由于篇幅所限，这里仅介绍控制层面为业务转发而进行的业务路由部署。

实际应用中，IP RAN 以汇聚层边缘节点设备为界，接入层与核心层采用不同的 IGP。接入层部署 OSPF 协议；汇聚层、核心层部署 IS-IS 协议，汇聚层边缘节点设备分属于核心层和接入层的 IGP 域。

1．汇聚设备及汇聚设备以下 IGP 部署

在 IP RAN 中，边缘汇聚设备和接入层采用 OSPF 协议部署业务路由，建议选择 OSPF 单进程多区域方式。单进程多区域是指整个网络采用一个 OSPF 进程，在这个进程中划分不同的区域。在一个 OSPF 进程中，两个边缘汇聚设备间部署骨干 0 区域，接入层依次部署其他 OSPF Totally Stub 区域。

（1）单进程组网下的汇聚侧部署

① 接入层到汇聚层推荐双挂，即汇聚设备-汇聚设备之间为标准成对关系：进程号采用 31，两个边缘汇聚设备间 Loopback1 接口地址加入为 OSPF Aera 0。

② 边缘汇聚设备与接入层设备互连接口加入 OSPF 的不同域中。

（2）单进程组网下的接入侧部署

① 同一汇聚设备下挂的接入环，不同接入环配置不同的 Area，Area ID 可从 1～200 之间选择一个固定值作为起始值，并在此基础上逐一递增。

② 成对汇聚设备之间为 OSPF 骨干域，各接入环均为非骨干 Stub 域，推荐设置为 Totally Stub，默认只发布缺省路由。

③ 同一组汇聚设备下不同接入环间的路由应相互屏蔽（各接入环之间的路由通过 Stub 域天然隔离），防止接入侧发生双点故障时出现业务流量跨环绕转的情况。

2．汇聚设备及汇聚设备以上 IGP 部署

在 IP RAN 中，一般在汇聚层和核心层部署 IS-IS 协议，具体部署方案如下。

（1）边缘汇聚设备及边缘汇聚设备以上采用 IS-IS 协议，核心、汇聚层部署 IS-IS Level-2（L2）。

（2）汇聚设备、核心设备以及连接 BSC/RNC/MME 的各类 CE 配置在相同的 IS-IS 域，汇聚设备-汇聚设备、汇聚设备-核心设备、核心设备-核心设备、核心设备-相应 CE 等互联链路统一开启 IS-IS Level-2。

（3）边缘汇聚设备-边缘汇聚设备互联接口开启 2 个子接口，面向接入侧的子接口运行业务转发 OSPF Area 0，面向骨干侧的子接口运行 IS-IS Level-2。

IP RAN 中 IGP 业务路由部署如图 8-6 所示（图中省略了连接 BSC/RNC/MME 的各类 CE）。

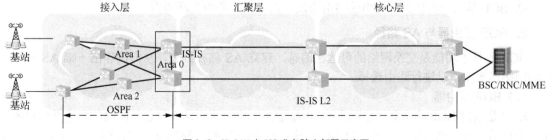

图 8-6 IP RAN 中 IGP 业务路由部署示意图

在边缘汇聚设备上把 OSPF 路由向 IS-IS 域做重分发，向接入层 OSPF 域则发布默认路由（主备桥接点默认路由的优先级要区分）。

3. IGP Cost 值的设置

在 IP RAN 中，通过 IGP Cost 值的设置，保证流量优先在本接入环或本汇聚环内转发，不在汇聚设备之间或核心设备之间绕行。

IGP Cost 值设置原则如下。

（1）接入层链路统一使用 Cost 值 100。

（2）汇聚设备对之间用于接入环 OSPF 进程的互联子接口 Cost 值应大于接入环所有链路 Cost 值之和。

（3）核心层、汇聚层根据双平面设计原则，汇聚设备-核心设备等不同层级节点间的对称电路 Cost 值应相等。

（4）为保证横穿流量尽量靠近接入层，相同层级节点之间互联电路，从各类 CE 对、核心设备对、汇聚设备对，Cost 值逐级减小。

（5）成对核心设备之间的链路 Cost 值设置小于最小的汇聚环 Cost 值总和。

8.2.5　BGP 基本概念及在 IP RAN 中的应用

1. BGP 的概念及特征

（1）BGP 的概念

BGP 是不同自治系统的路由器之间交换路由信息的协议，BGP V4（BGP 版本 4，或者叫 BGP4，习惯简称 BGP）是目前使用的唯一的一种 EGP。

BGP 是一种路径向量路由选择协议，其路由度量方法可以是一个任意单位的数，它指明某一个特定路径中供参考的程度。可参考的程度可以基于任何数字准则，例如：最终系统计数（计数越小时路径越佳）、数据链路的类型（链路是否稳定、速度快和可靠性高等）及其他因素。

因为 Internet 的规模庞大，自治系统之间的路由选择非常复杂，要寻找最佳路由很不容易实现，而且自治系统之间的路由选择还要考虑一些与政治、经济和安全有关的策略，所以 BGP 与 IGP 不同，它只能是力求寻找一条能够到达目的网络且比较好的路由，而并非要寻找一条最佳路由。

（2）BGP 的特征

BGP 并没有发现和计算路由的功能，而是着重于控制路由的传播和选择最好的路由。另外，BGP 是基于 IGP 之上的，进行 BGP 路由传播的两台路由器首先要 IGP 可达，并且建立起 TCP 连接。

BGP 的基本特征如下。

① 不生成路由，只传播路由。

② 可扩展性好，可以运载附加在路由后的任何信息作为可选的 BGP 属性，丰富的路由过滤和路由策略功能，实行灵活的控制。

③ BGP 是唯一支持大量路由的路由协议，具有强大的组大网能力。

2. BGP 路由器与 AS 路径

BGP 的基本功能是交换网络的可达性信息，建立 AS 路径列表，从而构建出一幅 AS 和 AS 间的网络连接图，以进行路由选择。

（1）BGP 路由器

BGP 是通过 BGP 路由器（也称为 BGP Speaker）来交换自治系统之间网络的可达性信息的。每一个自治系统要确定至少一个路由器作为该自治系统的 BGP 路由器，一般就是自治系统边界路由器。

BGP 路由器和自治系统 AS 的关系如图 8-7 所示。

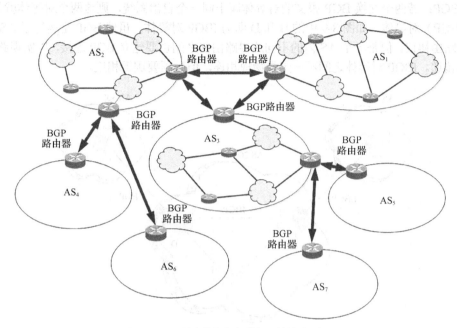

图 8-7　BGP 路由器和自治系统 AS 的关系示意图

由图 8-7 可见，一个自治系统可能会有几个 BGP 路由器，且一个自治系统的某个 BGP 路由器可能会与其他几个自治系统相连。每个 BGP 路由器除了运行 BGP 外，还要运行该系统所使用的 IGP。

（2）AS 路径（AS-Path）

BGP 路由器互相交换网络可达性的信息（就是要到达某个网络所要经过的一系列自治系统）后，各 BGP 路由器根据所采用的策略就可从收到的路由信息中找出到达各自治系统的比较好的路由，即构造出自治系统的连通图，如图 8-8 所示是对应图 8-7 的自治系统连通图。

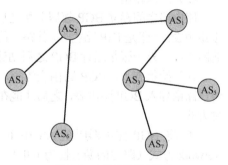

图 8-8　自治系统的连通图

BGP 的路由信息可能会从一个 AS 发往另外一个 AS，从而穿越多个 AS。但是由于运行 BGP 的网络一般规模较大，路由信息从一个 AS 发出，在经过转发之后，可能又回到了最初的 AS 之中，最终形成路由环路。

为了防止出现环路，BGP 定义了 AS-Path 属性，它按一定次序记录了某条路由从本地到目的地址所要经过的所有 AS 号。BGP 在将路由信息发往其他 AS 时，要在路由中写上自己的 AS 号码（自己的 AS 总是添加在 AS-Path 的最前面），如果 BGP 收到的路由的 AS-Path 中包含自己的 AS 号码，就认为路由信息被转发回来了，断定出现了路由环路，丢弃收到的路由。

3. BGP 工作原理

（1）建立 BGP 连接

BGP 连接是建立在 TCP 连接之上的，TCP 端口号为 179。使用 TCP 连接交换路由信息的两个 BGP 路由器，彼此成为对方的邻站或对等体（Peer）。BGP 并不像 IGP 一样能够自动发现邻居和路由，需要人工配置 BGP 对等体。

BGP 连接有两种类型。

① IBGP：若两个交换 BGP 报文的对等体属于同一个自治系统，则这两个对等体就是 IBGP（Internal BGP）对等体，如图 8-9 中的 B 和 D 即为 IBGP 对等体。虽然 BGP 是运行于 AS 自治系统之间的路由协议，但是一个 AS 内的不同边界路由器之间也要建立 BGP 连接，以实现路由信息在全网的传递。IBGP 对等体之间不一定是物理相连，但必须要逻辑相连。

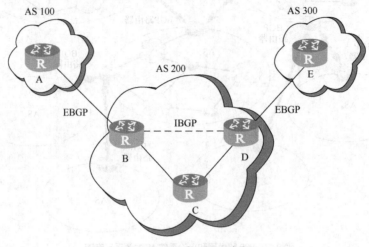

图 8-9 IBGP 和 EBGP 示意图

② EBGP：若两个交换 BGP 报文的对等体属于不同的自治系统，它们就是 EBGP（External BGP）对等体，如图 8-9 中的 A 和 B。EBGP 对等体之间一般要实现物理连接，EBGP 则建立在互连的接口上。

（2）注入路由

路由器之间建立 BGP 邻居关系之后，就可以相互交换 BGP 路由。BGP 路由器会同时拥有两张路由表：一张是 IGP 路由表，其路由信息只能从 IGP 和手工配置获得，并且只能传递给运行 IGP 的网络；另外一张是运行 BGP 之后创建的路由表，称为 BGP 路由表。

在初始状态下，BGP 路由表为空，没有任何路由，要让 BGP 传递相应的路由信息，只能先将该路由导入 BGP 路由表，之后才能在 BGP 邻居之间传递。将路由导入 BGP 路由表，主要有两种方式。

① 将 BGP 路由器所在 AS 中 IGP 路由表中的路由手工导入 BGP 路由表，路由注入称为 Network 方式（路由的源属性为 IGP）。

② BGP 路由表中引入其他 AS 使用的路由协议（IS-IS 协议、OSPF 协议等）的路由信息，路由注入称为 Import 方式（路由的源属性为 Incomplete）。

（3）路由通告

由 BGP 路由器将自己获取的 BGP 路由告诉别的 BGP 对等体，BGP 的路由通告应遵循相应的原则。

（4）路由更新

在 BGP 刚刚运行时，BGP 的邻站是交换整个的 BGP 路由表。以后在路由发生变化时，只需要更新有变化的部分（增加、修改、删除的路由信息），即 BGP 不要求对整个路由表进行周期性刷新。大大减少了 BGP 传播路由时所占用的带宽和路由器的处理开销。

4．BGP 在 IP RAN 中的应用

（1）BGP 在 IP RAN 中的应用场合

在 IP RAN 中，主要在以下两个地方应用 BGP。

① 使用扩展后的 BGP 即多协议的 BGP（Multiprotocol Internal BGP，MP-BGP）进行三层 VPN 的路由传播和标签分配（此部分内容将在本章 8.3 中介绍）。

BGP 侧重于控制路由的传播，可扩展性好，这两个特点都是基于 BGP 路由属性去实现的。BGP 路由属性是一组参数，是 BGP 进行路由决策和控制的重要信息，它对特定的路由做了进一步描述，使得 BGP 能够对路由进行过滤和选择，所以利用 BGP 的扩展团体属性可实现 MPLS 三层 VPN。

② 在与 IP 骨干承载网等其他数据通信网络进行对接时使用 EBGP。

（2）BGP 选路原则

① 优选本地优先级（Local Preference）最高的路由。

② 选择 AS 路径较短的路由。

③ 本地 Network 方式注入优先级高于本地 Import 方式注入。

④ 依次选择源属性类型为 IGP、EGP、Incomplete 的路由。

⑤ 优选 MED（相当于 IGP 使用的度量值 Cost）值最低的路由。

⑥ MED 值相同，优选 EBGP 而不是 IBGP 路由。

⑦ 优选下一跳 Cost 值最低的路由。

8.3　IP RAN 的业务承载

IP RAN 主要有两大类业务承载需求。

① 基站业务的承载需求——要求 IP RAN 具备 IP 化、以太化基站的接入能力，提供高可靠、大容量的基站回传流量的承载；能够满足 LTE 网络的承载需求，实现基站间灵活互访、基站多归属、基站组播等承载能力。

② 集团客户业务（政企业务）的承载需求——要求 IP RAN 提供高可靠、大容量的二、三层 VPN 接入能力，能够满足点到点、点到多点、多点到多点等二、三层 VPN 的组网需求。

概括地说，IP RAN 采用 PWE3 技术（MPLS 二层 VPN）进行 TDM 业务承载，采用 L3 VPN（MPLS BGP VPN 技术）进行以太业务承载。

第 7 章介绍了 MPLS VPN 的概念和分类，我们已知 MPLS VPN 分成 MPLS 二层 VPN 和 MPLS 三层 VPN。有关 MPLS 二层 VPN（PWE3 技术）的原理参见第 7 章 7.4，下面重点介绍 MPLS 三层 VPN 的相关内容，然后在此基础上讨论 IP RAN 的业务承载方案。

8.3.1　MPLS 三层 VPN 技术

1．MPLS 三层 VPN 的基本概念

（1）MPLS 三层 VPN 的概念

MPLS 三层 VPN 遵循 RFC 2547bis 标准，使用路由协议 BGP 通过运营商骨干网在 PE 路由器之间发布 VPN 路由信息，使用 MPLS 技术在 VPN 之间传送 VPN 业务，因而又称为 MPLS BGP VPN（或 BGP/MPLS VPN）。

MPLS 三层 VPN 组网方式灵活、可扩展性好，而且支持 MPLS QoS 和 MPLS-TE（TE 即流量工程）。

（2）分层 VPN（HVPN）

IP RAN 实际部署时，一般采用分层 VPN 实现对业务的承载。通常是以边缘汇聚设备为衔接点，分两段实现 VPN。

根据接入层设备性能及客户需求不同，分层 VPN 有两种方案：H-VPN 和 HVPN（Hierarchy of VPN，分层 VPN，也称 HoVPN）。

① H-VPN 方案是接入层设备接受全部明细路由的分层 VPN 方案。

② HVPN 是接入层设备只接受默认路由或者聚合路由的分层 VPN 方案，目前推荐部署 HVPN。

（3）MPLS VPN 中的设备角色

在第 7 章介绍了 MPLS VPN 中定义的 3 种设备角色：CE 路由器、PE 路由器和 P 路由器。为了分析它们与 IP RAN 中路由设备的关系，而且为了论述 MPLS 三层 VPN，这里对 MPLS VPN 中的设备角色进一步加以说明，如图 8-10 所示。

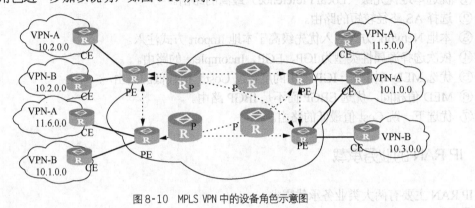

图 8-10　MPLS VPN 中的设备角色示意图

① CE 路由器

CE 路由器（简称 CE）是直接与服务提供商相连的用户端路由器，为用户提供到 PE 路由器的连接，CE 路由器不使用 MPLS 技术，也不必支持任何 VPN 的特定路由协议或信令。

② PE 路由器

PE 路由器（简称 PE）是与 CE 路由器相连的服务提供者（运营商）边缘路由器，主要负责 VPN 业务的接入，所有 VPN 的构建、连接和管理工作都是在 PE 路由器上进行的。PE 路由器根据存放的路由信息将来自 CE 路由器的 VPN 数据处理后进行转发，同时负责和其他 PE 路由器交换路由信息。它需要能够支持 MPLS 协议、BGP、一种或几种 IGP。

在 HVPN 中，PE 路由器可细分为 UPE、SPE 和 NPE 路由器。直接连接 CE 路由器的 PE 路由器称为下层 PE（Underlayer PE）或用户侧 PE（User-end PE）路由器，简称 UPE；连接 UPE 并位于网络内部的设备称为上层 PE（Superstratum PE）或运营商侧 PE（Service Provider-end PE）路由器，简称 SPE。网络核心 PE（Network Provider Edge，NPE）也是位于网络内部的设备（有时候将 NPE 也称为 SPE）。

③ P 路由器

P 路由器是指运营商骨干网络中的核心路由器，主要完成路由和快速转发功能。P 路由器不与 CE 路由器直接相连，只需要具备基本的 MPLS 转发能力，它根据数据报的外层标签对 VPN 数据进行透明转发，只维护到 PE 路由器的路由信息而不维护 VPN 相关的路由信息。

值得说明的是，物理上的一个路由器，在不同的网络体系中有各自不同的名称，各种网络中设备角色的对应关系如下。

- 在 MPLS 网络中，通常 PE 路由器是 LER，P 路由器是 LSR。
- 在 IP RAN 中的 3 种设备角色：A 设备（或 CSG）为 IP RAN 中的接入层设备，是 MPLS VPN 中的 PE（UPE）路由器；B 设备（或 ASG）为 IP RAN 中的汇聚层设备，也是 MPLS VPN 中的 PE（SPE）路由器；ER（或 RSG）为 IP RAN 中的核心层设备，是 MPLS VPN 中的 PE（NPE）路由器。

在大型的 IP RAN 组网中，可能会设立单独的核心路由器作为 P 路由器，即只做转发不做业务接入；但并不是所有的 IP RAN 组网都会有单独的 P 路由器，对于小型 IP RAN 组网，核心层设备 ER（或 RSG）通常兼做 P 路由器和 PE 路由器。

（4）站点（Site）

从 PE 路由器的角度来看，用户的一个连通的 IP 系统被视为一个 Site，每一个 Site 通过 CE 路由器与 PE 路由器相连（一个 Site 可以包含多个 CE 路由器，但一个 CE 路由器只属于一个 Site）。

Site 是构成 VPN 的基本单元，一个 VPN 是由多个 Site 组成的，一个 Site 也可以同时属于不同的 VPN。属于同一个 VPN 的两个 Site 通过服务提供商的公共网络相连。

（5）MPLS 三层 VPN 的特点

在 VPN 之间进行报文转发前，MPLS 三层 VPN 需进行路由信息的发布（PE 路由器要参与 VPN 路由处理），三层 VPN 具有以下特点。

① 动态性——需要传播（发布）VPN 私网路由信息。

② 独立性——VPN 是一种私有网络，不同的 VPN 独立管理自己的地址范围，也称为私有 IP 地址空间，不同 VPN 的私有地址空间可能会在一定范围内重合。

③ 安全性——PE 路由器将私网路由信息在公网中传播，再传播到其他 PE 路由器，但私网路由信息不能泄露到公网上。

④ 低成本——不同 CE 路由器可以共享 PE 路由器（即不同 VPN 可以连接在同一台 PE 路由器上）。

2. MPLS BGP VPN 原理

为了实现 MPLS 三层 VPN，需要解决以下问题。

① 本地路由冲突问题——在同一台 PE 路由器上如何区分不同 VPN 的相同路由？

② 网络中不同 VPN 的相同路由的区分——两个不同 VPN 的相同路由信息都在网络中发布，接收者如何进行分辨？

③ 当 PE 路由器接收到一个 IP 数据报（也称报文）时，由于存在地址空间重叠问题，它如何判断此报文该发给哪个 VPN？

为了解决这些问题，在 MPLS 三层 VPN 中使用由路由协议 BGP 扩展而来的 MP-BGP，因此 MPLS 三层 VPN 称为 MPLS BGP VPN（或 BGP/MPLS VPN）。

（1）MPLS BGP VPN 的解决思路

① 本地路由冲突问题——可以利用 VPN 路由转发实例（VPN Routing and Forwarding instance，VRF）解决。VRF 通过在同一台路由器上创建不同的路由表，不同的接口分属不同的路由表，这就相当于将一台共享 PE 路由器模拟成多台专用 PE 路由器，使得不同 VPN 可以连接在同一台 PE 路由器上。

② 网络中不同 VPN 的相同路由的区分——在路由信息传播的过程中，可以通过 MP-BGP 为这条路由再添加一个标识（路由标识符 RD），以使接收者区别不同的 VPN。

③ IP 数据报目的地址相同的问题——要解决此问题，可以在 IP 报头之外加上一些信息，由始发的 VPN 打上标记（VPN 私网标签），PE 路由器在接收报文时便可根据此标记转发到相应 VPN，

这是通过 MPLS 实现的（由于 MPLS 支持多层标签的嵌套，VPN 私网标签可作为 MPLS 报文的内层标签）。

（2）VPN 路由转发实例

VPN 路由转发实例 VRF 简称 VPN 实例，也称为 VPN 路由转发表。针对每一个 Site，PE 路由器都创建一个与之对应的 VRF，一个 VRF 包括一张路由表和一张转发表、一组使用这个 VRF 的接口集合以及一组与之相关的路由协议。

VRF 不是直接对应于 VPN，而是综合了和它所对应 Site 的 VPN 成员关系与路由规则。VRF 为每个 Site 维护逻辑上分离的路由表，每一个 VRF 维护独立的地址空间，在 VRF 中应当包含了到达所有与本 Site 属于同一个 VPN 的 Site 路由信息。在 PE 路由器上，来自 CE 路由器的报文就可以根据相应的 VRF 实例进行转发，而不用担心不同 VPN 之间地址空间的冲突。VPN 实例示意图如图 8-11 所示。

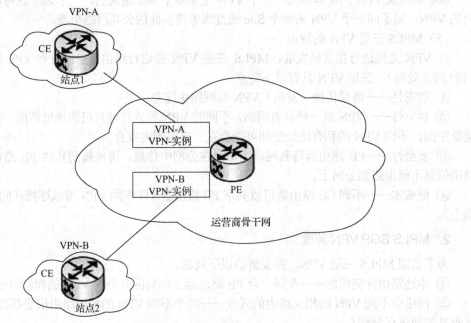

图 8-11　VPN 实例示意图

每个 PE 路由器可以维护一个或多个 VRF，每个 VRF 可以被看作是一个虚拟的路由器，好像是一台专用的 PE 路由器。PE 路由器上存在多个转发表，包括一个或多个 VRF，以及一个公网路由转发表（也叫全局路由表）。PE 路由器上的各 VPN 实例之间相互独立，并与公网路由转发表相互独立。公网路由表中包括所有 PE 和 P 路由器的路由，由骨干网的 IGP 产生。

（3）路由标识符

不同 VPN 的私有地址空间可能会在一定范围内重合，例如 VPN1 和 VPN2 都使用 10.160.20.0/24 网段地址，这就发生了地址空间的重叠。但是 BGP 无法区分不同 VPN 中相同的 IP 地址前缀，即不能正确处理地址空间重叠的 VPN 的路由。

为解决这一问题，MPLS BGP VPN 使用了路由标识符（Route Distinguisher，RD），将非唯一的 IP 地址转化为全局唯一地址，实现 VPN 的地址空间独立。

RD 用于区分使用相同地址空间的 IPv4 前缀，RD 加上 IPv4 地址构成了 VPN-IPv4 地址。

VPN-IPv4 地址共有 12 字节，包括 8 字节的 RD 和 4 字节的 IPv4 地址前缀，如图 8-12（a）所示。

RD 的结构包括类型域（两字节）、管理者域和编码域，如图 8-12（b）所示。管理者域和编码域的长度由类型域决定，RD 有两种格式。

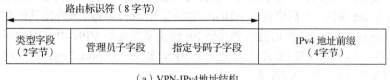

路由标识符（8 字节）

类型字段 （2字节）	管理员子字段	指定号码子字段	IPv4 地址前缀 （4字节）

（a）VPN-IPv4地址结构

类型（2字节）	管理员字段	指定号码字段
0	2字节AS号	4字节用户自定义数字
1	4字节IP地址	2字节用户自定义数字

（b）RD的结构

图 8-12　VPN-IPv4 地址结构

① 类型字段（Type Field）为 0 时，管理员（子）字段占 2 字节，指定号码（子）字段占 4 字节，格式为 16bit 自治系统号:32bit 用户自定义数字，例如 108:1。

② 类型字段（Type Field）为 1 时，管理员（子）字段占 4 字节，指定号码（子）字段占 2 字节，格式为 32bit 的 IPv4 地址:16bit 用户自定义数字，例如 176.5.2.1:1。

网络运营商可以独立地分配 RD（必须保证 RD 全局唯一），对 PE 中每个 Site 的路由表来说，对应一个 IP 地址只有唯一的 VPN-IPv4 地址。这样，即便来自不同网络运营商的 VPN 使用了相同的 IPv4 地址空间，PE 路由器也保证能够向各 VPN 发布不同的路由。

VPN-IPv4 地址族主要用于 PE 路由器之间传递 VPN 路由，仅用于运营商骨干网内部。在 PE 路由器发布路由时添加，在 PE 接收路由后放在本地路由表中，用来与后来接收到的路由进行比较。CE 路由器不知道使用的是 VPN-IPv4 地址。

需要注意，VPN-IPv4 地址仅用于控制平面的路由通告（VPN-IPv4 地址仅在运营商骨干网中运行的路由协议中承载），在转发平面，VPN 数据流量穿越运营商骨干网时，包头中并不携带 VPN-IPv4 地址，而是通过私网标签进行区分（VPN-IPv4 地址并不在 VPN 数据业务的包头中承载）。

（4）路由目标

路由目标（Route Target，RT）是 BGP 的一种扩展团体属性，MPLS 三层 VPN 使用 RT 的路由过滤对 PE 路由器之间的 VPN 路由信息发布进行控制（在 PE 路由器上使用特定的策略规则来协调各个 VRF 之间的关系）。RT 的结构如图 8-13 所示。

类型（2字节）	管理员字段	指定号码字段
0x0002	2字节AS号	4字节用户自定义数字
0x0102	4字节IP地址	2字节用户自定义数字

图 8-13　RT 的结构

与 RD 类似，VPN Target（路由目标 RT）也有两种格式。

● 16bit 自治系统号:32bit 用户自定义数字，例如 108:1。

● 32bit 的 IPv4 地址:16bit 用户自定义数字，例如 176.5.2.l:1。

VPN 的 Route Target 适用于同一 PE 上不同 VPN 之间的路由发布控制，Route Target 属性有以下两类。

① Export Target：本地 PE 路由器从与自己直接相连的 Site 学习到 VPN-IPv4 路由，首先为这些路由设置 Export Target 属性，然后将其作为 BGP 的扩展团体属性随路由发布给其他 PE 路由器。

② Import Target：本地 PE 路由器收到其他 PE 路由器发布的 VPN-IPv4 路由时，需要检查其 Export Target 属性，当此属性与 PE 路由器上某个 VPN 实例的 Import Target 匹配时，才允许把路由加入到相应的 VPN 路由表（VPN 实例）中。

（5）VPN 私网标签

通过 VRF、RD 和 RT 已经解决了私网路由的本地冲突和网络传播问题，但如果一个 PE 路由器的两个本地 VPN 实例同时存在 10.16.20.0/24 的路由，当它接收到一个目的地址为 10.16.20.1 的报文时，它怎么知道应该把这个报文发给与哪个 VPN 实例相连的 CE 路由器？

为了解决这个问题，还需要在被转发的报文中增加一个标识。由于 MPLS 支持多层标签的嵌套，这个标识可以定义成 MPLS 标签的格式，也就是私网标签。

在第 3 章介绍过公网标签（外层标签）可以通过 LDP 或者 MPLS-TE 架构中的 RSVP-TE 协议进行分配。三层 VPN 主要使用由 BGP 扩展而来的 MP-BGP（由于公网通常使用 IBGP 进行 VPN 路由传播，所以也称为 MP-IBGP）作为内层标签分发协议，MP-IBGP 在 PE 路由器之间传播 VPN 组成信息和 VPN-IPv4 路由。

3. MPLS BGP VPN 的实现过程

在 MPLS BGP VPN（或 BGP/MPLS VPN）中有两个基本的业务流。

① 在控制平面中用于 VPN 路由发布及 LSP 建立的控制流。控制流包括两个子流：第一个控制子流负责在 CE 与 PE 路由器间的路由信息交换及 PE 路由器间穿过运营商骨干网的路由信息交换；第二个控制子流负责 PE 路由器间穿过运营商骨干网建立 LSP。

② 在用户平面中用于转发 VPN 数据业务的数据流。

（1）MPLS BGP VPN 路由信息的交换（发布）过程

MPLS BGP VPN 路由信息的交换涉及 CE 和 PE 路由器，其路由信息的发布过程可以分为 3 部分，即本地 CE 路由器到入口 PE 路由器、入口 PE 路由器到出口 PE 路由器、出口 PE 路由器到远端 CE 路由器。

① 本地 CE 路由器到入口 PE 路由器的路由信息交换

CE 路由器与直接相连的 PE 路由器建立邻接关系后，把本站点的 VPN 路由信息发布给 PE 路由器。CE 和 PE 路由器之间的路由信息交换如图 8-14 所示。

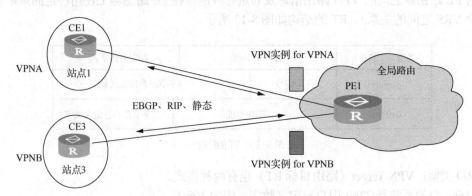

图 8-14　CE 和 PE 路由器之间的路由信息交换

CE 与 PE 路由器之间采用的路由协议可以是静态路由协议、RIP、OSPF 协议、IS-IS 协议或 EBGP，通常使用 EBGP。CE 路由器发布给 PE 路由器的是标准的 IPv4 路由。

② 入口 PE 路由器到出口 PE 路由器的路由信息交换

● 入口 PE 路由器从 CE 路由器学习到 VPN 路由信息后，使用 MP-BGP 与其他 PE 路由器交换路由信息。具体过程为：为标准 IPv4 路由增加 RD 转换成 VPN-IPv4 路由，把下一跳改为 PE 路由器自己（Loopback），然后加上私网标签和 RT 属性（上述过程称为将 VRF 路由注入 MP-IBGP），最后入口 PE 通过 MP-IBGP 把 VPN-IPv4 路由发布给出口 PE 路由器。

● 出口 PE 路由器收到 MP-IBGP 路由后，基于该路由中承载的 BGP 扩展团体属性 RT 执行路由过滤，即根据接收到的路由的 Export Target 属性与自己维护的 VPN 实例的 Import Target 相比较，若相同，则根据私网标签将该路由放入到对应的接口中，然后将 VPN-IPv4 地址还原为普通 IPv4 地址（上述过程称为将 MP-IBGP 路由注入 VRF）。

③ 出口 PE 路由器到远端 CE 路由器的路由信息交换

出口 PE 路由器将 VPN 路由转发给相应的 CE 路由器，方法与本地 CE 路由器到入口 PE 路由器的路由信息交换相同。远端 CE 路由器可以依照静态路由协议、RIP、OSPF 协议、IS-IS 协议和 EBGP 等多种路由协议，从出口 PE 路由器学习 VPN 路由。

（2）LSP 的建立

为了使用 MPLS 技术在提供商骨干网中进行 VPN 业务转发，必须在学习到某条路由的 PE 路由器及广播该路由的 PE 路由器（对端 PE 路由器）之间建立 LSP。（有关 LSP 建立的相关内容，请参见第 3 章 3.6.1）

（3）MPLS BGP VPN 报文转发

在控制平面中，完成了路由信息的交换（发布）及 LSP 的建立，用户平面（转发平面）则进行 VPN 报文转发。

在 MPLS BGP VPN 骨干网中，P 路由器并不知道 VPN 路由信息，VPN 报文通过隧道在 PE 之间转发。下面以 LSP 隧道为例，简单介绍 VPN 报文的内、外层标签的作用和转发过程。

● 外层标签在骨干网内部进行交换，用于指示从 PE 路由器到对端 PE 路由器的一条 LSP，即公网隧道。VPN 报文依据外层标签，沿 LSP 到达对端 PE 路由。

● 在从出口 PE 路由器（对端 PE 路由器）到达远端 CE 路由器时使用内层标签，它指示报文应到达哪一个 CE 路由器，即对端 PE 路由器根据内层标签确认从哪个接口转发报文。

VPN 报文转发的过程如图 8-15 所示。

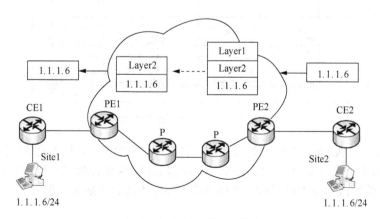

图 8-15　VPN 报文转发示意图

① Site2 发出一个目的地址为 1.1.1.6 的报文，由 CE2 路由器将报文发送至 PE2 路由器（具体是与 CE2 路由器相连的 VRF 接口）。

② PE2 路由器根据报文到达的接口及目的地址查找本 VRF 的路由表，得到了该路由的公网下一跳地址（即对端 PE1 的 Loopback 地址）和私网标签。在把该报文封装一层私网标签后，在公网的标签转发表中查找下一跳地址，再封装一层公网标签后，交与 MPLS 网络转发。

③ 该报文在 MPLS 网中沿着 LSP 转发，并根据途经的每一台设备的标签转发表进行标签交换。到达对端 PE1 路由器后将外层标签弹出（其实报文在到达 PE1 前一跳时已经被剥离外层标签，仅含内层标签）。

④ PE1 路由器根据内层标签和目的地址查找 VRF 的路由表，确定报文的出接口，去掉私网标签后，将报文转发至相应的 CE1 路由器。

⑤ CE1 路由器根据普通的 IP 转发过程将 IP 数据报传送到目的地。

这里要注意一点，上面介绍的控制层面的路由发起是 CE1 发给 CE2，CE2 知道有 1 条到达 CE1 的路由后，报文转发是从 CE2 到 CE1 的方向。

以上介绍了 MPLS 三层 VPN 技术，下面来讨论 IP RAN 的业务承载方案。

8.3.2 LTE 的业务承载

LTE 承载的基站业务均为以太数据业务（即 PS 业务），包括 LTE S1 业务（基站到核心网 EPC 之间的业务）和 LTE X2 业务（基站与基站之间的业务）。

1. LTE S1 业务承载

LTE S1 业务主要是无线业务的信令、语音、视频流量，需发送到 MBB Core 作身份认证和交互各类业务数据。

LTE S1 业务流量通过接入设备到核心设备之间部署层次化的 L2 VPN/L3 VPN，实现业务控制传输。LTE S1 业务承载方案如图 8-16 所示。

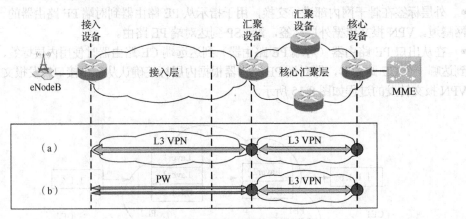

图 8-16 LTE S1 业务承载方案

方案（a）为三层到边缘 HVPN，即采用层次化 L3 VPN 的方式，接入设备与汇聚设备间采用一段 L3 VPN，核心汇聚层采用另一段 L3 VPN，两段 L3 VPN 的衔接点在边缘汇聚设备。此方案可直接为基站提供 MPLS L3 VPN 接入，在相同接入环内的相邻基站 X2 接口流量直接在本接入环中转发。

方案（b）为接入 PW+核心汇聚 L3 VPN，即采用 L2 VPN（PW）+L3 VPN 的方式，LTE 基

站业务以 PW 专线的方式接入（即接入设备与汇聚设备间采用 PW 方式承载业务），在边缘汇聚设备通过 L2/L3 桥接进入 L3 VPN。此时，相邻基站 X2 接口流量需要在汇聚环中转发。

方案（a）承载 LTE 业务的承载效率最高，但三层功能对接入层设备要求高。方案（b）对接入层设备要求只具备二层处理能力即可。所以推荐采用方案（b），即接入 PW+核心汇聚 L3 VPN。

2．LTE X2 业务承载

LTE X2 业务承载方案如图 8-17 所示。

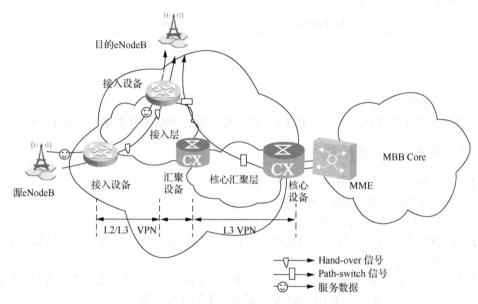

图 8-17 LTE X2 业务承载方案

LTE X2 数据业务流量通过汇聚设备到不同接入设备之间的 L2 VPN/L3 VPN 业务控制传输。

LTE X2 业务只是源 eNodeB 和目的 eNodeB 因切换产生的流量，当源 eNodeB 缓存数据释放后，会从目的 eNodeB 到 MME 建立 LTE S1 业务。

8.3.3 2G/3G 基站的业务承载

1．3G 基站的以太业务承载

Node B 上的 3G 以太数据业务与 LTE S1 业务承载方式相同。

2．2G/3G TDM 业务承载方案

2G/3G 基站和 BSC/RNC 之间的 TDM 业务（CS 业务）在接入设备上通过 PWE3 进行业务承载。

2G/3G TDM 业务承载方案如图 8-18 所示。

（1）基站接入侧

接入设备通过 E1 口与 BTS/Node B 对接，简单方式下每 E1 2M 业务进行电路仿真映射到 PW。

（2）网络侧

接入设备与核心设备之间建立多段 PW：接入设备与汇聚设备之间建立 PW Segment1，汇聚设备与核心设备之间建立 PW Segment2，在汇聚设备上部署 PW 交换。

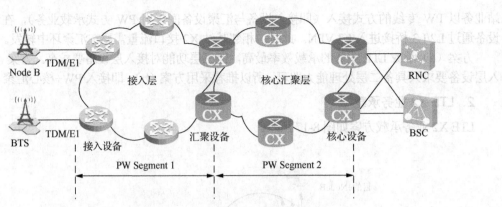

图 8-18　2G/3G TDM 业务承载方案

（3）基站控制器侧

核心层设备通过 CSTM-1 接口与 BSC/RNC 连接，进行 PWE3 解封装，恢复 E1 业务。

8.3.4　集团客户业务承载

集团客户业务承载方案如图 8-19 所示。

集团客户业务承载方案包括以下几种情况。

（1）L3 VPN 专线业务承载方案

对于 L3 VPN 专线业务，若接入点较少，而且接入层设备支持三层时，可以将 L3 VPN 直接接至接入层设备上，如图 8-19（a）所示。

而当接入点多，路由数量较大时，可以采用接入层 PW+核心汇聚层 L3 VPN 的方式实现，如图 8-19（b）所示。一般采用图 8-19（b）中方式承载 L3 VPN 业务。

（2）虚拟租用线（Vitual Leased Line，VLL）和虚拟专用局域网业务（Virtual Private LAN Service，VPLS）承载方案

对于 VLL 和 VPLS 业务，若业务数量少，一般采用单段 PW/VPLS 方式承载；如果业务数量较大，也可以采用层次化的 VPLS 或多段伪线承载方式。如图 8-19（c）所示。

（3）集团客户的 TDM 专线业务承载方案

对于集团客户的 TDM 专线业务，可以直接接入综合承载传送设备中，进行电路仿真映射到 PW，然后通过 PWE3 隧道传送到对端节点，再进行 PWE3 解封装，恢复 TDM 业务，如图 8-19（d）所示。

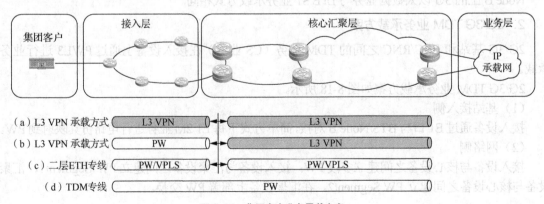

图 8-19　集团客户业务承载方案

8.4 IP RAN 的保护与同步技术

IP RAN 的关键技术主要包括保护技术、同步技术、OAM 实现与 QoS 策略等，其中 OAM 实现采用 IP/MPLS OAM，主要通过 BFD 技术作为故障检测和保护倒换的触发机制；IP RAN 的 QoS 策略与 PTN 的 QoS 策略原理类似。本节重点介绍 IP RAN 的保护技术和同步技术。

8.4.1 IP RAN 的保护技术

IP RAN 中使用的保护技术主要包括以下几个方面。

① 故障检测技术：双向转发检测（Bidirectional Forwarding Detection，BFD）。

② 快速切换技术：快速重路由（Fast Re Route，FRR）。

③ 网络冗余技术：虚拟路由器冗余协议（Virtual Router Redundancy Protocol，VRRP）等。

下面简单介绍这几种保护技术，然后在此基础上分析 IP RAN 保护技术的实现。

1. BFD 技术

（1）BFD 的作用

BFD 能够快速检测到与相邻设备间的通信故障，缩短了整个保护过程所需的时间。BFD 可以运行在许多类型的通道上，例如直接的物理链路、虚电路、隧道、MPLS LSP 以及非直接的通道等。

BFD 在很多方面与路由协议的邻居检测功能相似。双方系统在它们之间所建立会话的通道上周期性地发送 BFD 检测报文，如果其中一方在认定的时间内没有收到对端的检测报文，则认为通道发生了故障。BFD 检测时间一般小于 50ms。

（2）BFD 的应用

BFD 与各种技术相结合，可以实现故障的快速检测。常见的 BFD 应用有 BFD for 接口状态、BFD for Tunnel、BFD for IGP、BFD for VRRP、BFD for LSP、BFD for PW 等。

其中，BFD for LSP 是在 LSP 链路上建立 BFD 会话，利用 BFD 检测机制快速检测 LSP 链路的故障，提供端到端的保护。

2. FRR 技术

FRR 技术是为主用路由（或路径）建立备份路由（或路径），当主用路由发生故障时能够快速切换到备份路由上，当主用路由恢复正常后可以快速切换回来。

FRR 的实现方式主要有 TE FRR、LDP FRR、VPN FRR、IP FRR 等。下面主要介绍在 IP RAN 中应用较多的 TE FRR 和 VPN FRR。

（1）TE FRR

① TE FRR 的方式

在 MPLS 网络中，TE FRR（流量工程的快速重路由）技术可以为 LSP 提供快速保护倒换能力，属于传输通道保护（隧道保护）。TE FRR 的基本思路是：在两个 PE 路由器之间建立端到端的主用 TE 隧道（主用 LSP）的同时，建立好备用 LSP，当设备检测到主用 LSP 由于节点故障或者链路故障不可用时，则将流量倒换到备用 LSP 上，以实现业务的快速倒换。

TE FRR 的方式有两种：Bypass 方式和 Detour 方式。

• Bypass 方式：即 LSP 1∶n 保护，1 条预先配置的备用 LSP（保护路径）被用来保护多条 LSP（即多条主用 LSP 共用 1 条备用 LSP）。当链路失效时，主用 LSP 被路由到备用 LSP 上，通过备用 LSP 到达下一跳路由器，以达到保护的目的。

- Detour 方式：即 LSP 1：1 保护，为每 1 条被保护的 LSP 提供 1 条备用 LSP（保护路径）。

② TE FRR 保护范围

TE FRR 可以提供链路保护或节点保护。

- 链路保护：头节点（Point of Local Repair，PLR）和尾节点（Merge Point，MP）之间有直接链路连接，被保护的主用 LSP 经过这条链路，当此链路失效时，可以切换到备用 LSP 上。
- 节点保护：PLR 和 MP 之间通过某个路由器连接，主用 LSP 经过这个路由器。当路由器失效时，可以切换到备用 LSP 上。节点保护可以同时保护被保护节点、PLR 与被保护节点之间的链路，实际中一般采用这种保护。

（2）VPN FRR

VPN FRR 属于业务保护，主要用于 VPN 路由的快速切换保护。在 CE 路由器双归 PE 路由器的网络场景中，VPN FRR 通过预先在远端 PE 路由器中设置指向主用 PE 和备用 PE 路由器的主备用转发项，并结合 PE 路由器故障快速探测，可以实现对业务的保护。

3. VRRP 技术

由于用户设备一般通过网关设备（指路由器）与外部网络通信，所以当网关设备发生故障时，用户与外部网络的通信便会中断。为了提高可靠性，可以配置多个出口网关，但终端用户设备一般不支持动态路由协议，无法实现多个出口网关的选路。

VRRP 是 RFC 2338 定义的一种容错协议，通过物理设备和逻辑设备的分离，实现在多个出口网关之间选路，可以解决单一网关设备出现故障带来的业务中断问题。

4. 其他保护方式

（1）PW 冗余

PW 冗余（PW Redundancy）是指在 CE 双归场景中，主用和备用 PW 在不同的远端 PE 路由器终结，当 AC（接入链路）链路或远端 PE 路由器出现故障时，对 PW 提供保护功能。

PE 路由器上为主用 PW 建立 1 条备份 PW，形成 PW 的冗余保护。PW 冗余具有两种工作模式。

① 主/从模式：由本地确定 PW 的主备，并通过信令协议通告远端，远端 PE 路由器可以感知主备状态。

② 独立模式：本地 PW 的主备状态由远端 AC（接入电路）侧协商结果确定，远端通告主备状态到本地。

由于 PW 保护组与 AC 侧的一一对应关系，所以 PW 冗余保护也称为网络对于业务的保护。

（2）APS

APS 是指当链路出现故障时，本端发出保护倒换请求，并由对端设备进行倒换的保护机制。可以从不同的角度对 APS 进行分类。

- 按保护结果可分为 1+1 和 1：1 两种。
- 按倒换方向可分为单端倒换和双端倒换两种。
- 按照恢复模式可分为恢复式和非恢复式两种。

（由于篇幅所限，各种 APS 类别的具体情况不作详细介绍。）

（3）E-APS

加强型自动保护倒换 E-APS（Enhanced-Automatic Protection Switching，E-APS）是一种跨设备的自动保护倒换，指双机 APS，也就是在链路的一端工作路径和保护路径不在同一台设备上。

5. IP RAN 保护技术的实现

目前在运营商网络中，IP RAN 主要用于承载 2G/3G/4G 移动回传业务，包括 2G/3G 的 TDM

业务（CS 业务）和 3G/4G 的以太业务（PS 业务），下面分别介绍 IP RAN 中承载 TDM 业务和以太业务保护技术的实现。

（1）TDM 业务（CS 业务）保护方案

2G/3G 的 TDM 业务（CS 业务）一般由 E1 接口接入 IP RAN，通过电路仿真技术 PWE3 承载。常用方案包括单段 PW（SS-PW）和多段 PW（MS-PW）。在保护方案上，多段 PW 与单段 PW 基本类似，唯一的区别就是保护 PW 也需要分段建立。

TDM 业务保护措施如下。

● 采用隧道保护技术 LSP 1：1 对网络内部节点及链路故障进行保护。

● 采用业务保护技术 PW 冗余对核心设备故障进行保护，从接入设备建立到汇聚设备，再到主用核心设备的主用 PW（主用 PW 由两段 PW 连接而成），作为正常情况下的业务传送通道；从接入设备建立到汇聚设备，再到备用核心设备的保护 PW（保护 PW 也由两段 PW 连接而成），作为主用核心设备故障后的保护通道。

● 通过在核心设备 2 与核心设备 1 之间建立保护 PW 作为旁路 PW，当网络内部出现故障时用于流量迂回。

● 采用"网关"主备保护对两台核心设备与 BSC/RNC 之间实现 E-APS。

TDM 业务保护方案如图 8-20 所示（为了简化，图中未画连接 BSC/RNC/MME 的各类 CE，下同）。

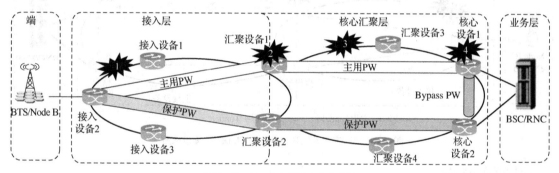

图 8-20　TDM 业务保护方案示意图

保护倒换分析如下。

故障一为接入设备 2 与接入设备 1 之间的链路或节点故障（接入设备 2→接入设备 1→汇聚设备 1）。此时，启用隧道保护技术 LSP 1：1 进行保护，新工作路径为接入设备 2→接入设备 3→汇聚设备 2→汇聚设备 1→汇聚设备 3→核心设备 1。

故障二为汇聚设备 1 节点故障。此时，主用两段 PW 均故障，通过业务保护技术 PW 冗余进行保护，启用保护 PW，新的工作路径为接入设备 2→接入设备 3→汇聚设备 2→汇聚设备 4→核心设备 2→核心设备 1。

故障三为汇聚设备 1 与核心设备 1 之间的链路或节点故障。此时，启用隧道保护技术 LSP 1：1 进行保护，新工作路径为接入设备 2→接入设备 1→汇聚设备 1→汇聚设备 2→汇聚设备 4→核心设备 2→核心设备 1。

故障四为 BSC/RNC 前核心设备 1 节点故障。此时，主用 PW 故障，通过业务保护技术 PW 冗余进行保护，启用保护 PW，新的工作路径为接入设备 2→接入设备 3→汇聚设备 2→汇聚设备 4→核心设备 2。核心设备与 RNC 直接启动 APS 协议，工作路径倒换到核心设备 2→BSC/RNC。

（2）以太业务（PS 业务）保护方案

3G 以太业务（PS 业务）/LTE 业务经 FE/GE 接口接入 IP RAN，由上述可知，IP RAN 对以太业务的承载方案有两种：L3 VPN 方案、L2 VPN+L3 VPN 方案。下面分别对两种方案的保护实现进行介绍。

① L3 VPN 保护方案

目前一般采用分层 VPN 业务提供方案，接入设备与汇聚设备间采用一段 L3 VPN，核心汇聚层采用另一段 L3 VPN，两段 L3 VPN 的衔接点在汇聚设备。

L3 VPN 保护方案包括隧道保护、业务保护及网关保护。

- 隧道保护用于网络内部链路及节点故障，保护倒换前后业务源宿节点不变，保护技术为 LSP 1：1，检测技术为 BFD for LSP。

- 业务保护用于汇聚设备节点故障，保护前后业务源宿节点发生变化，保护技术为 VPN FRR，检测技术为 BFD for Tunnel。

- 网关保护用于 RNC/MME 的网关（此处指核心设备）及 RNC/MME 与网关间链路故障，保护技术为 VRRP。

L3 VPN 保护方案如图 8-21 所示（两段 L3 VPN 的衔接点在汇聚设备 1 和汇聚设备 2）。

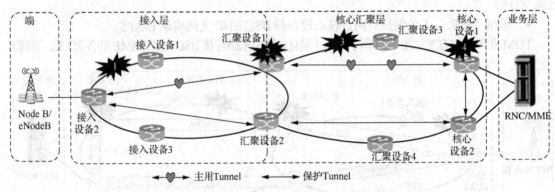

图 8-21　3G PS 业务/ LTE 业务 L3 VPN 保护方案示意图

保护倒换分析如下。

故障一为接入设备 2 与接入设备 1 之间的链路或节点故障。此时，启用隧道保护技术 LSP 1：1 进行保护，新工作路径为接入设备 2→接入设备 3→汇聚设备 2→汇聚设备 1→汇聚设备 3→核心设备 1。

故障二为汇聚设备 1 节点故障。此时，BFD for Tunnel 检测到该故障，触发 VPN FRR 倒换，启用保护 Tunnel，新的工作路径为接入设备 2→接入设备 3→汇聚设备 2→汇聚设备 4→核心设备 2→核心设备 1。

故障三为汇聚设备 1 与核心设备 1 之间的链路或节点故障。此时，启用隧道保护技术 LSP 1：1 进行保护，新工作路径为接入设备 2→接入设备 1→汇聚设备 1→汇聚设备 2→汇聚设备 4→核心设备 2→核心设备 1。

故障四为 RNC/MME 前核心设备 1 节点故障。此时，BFD for Tunnel 检测到该故障，触发 VPN FRR 倒换，启用保护 Tunnel，同时触发 VRRP，网关从核心设备 1 倒换到核心设备 2，新的工作路径为接入设备 2→接入设备 1→汇聚设备 1→汇聚设备 2→汇聚设备 4→核心设备 2。

② L2 VPN+L3 VPN 保护方案

L2 VPN（PW）+L3 VPN 业务提供方案：接入设备与汇聚设备间采用 L2 VPN，核心汇聚层采用 L3 VPN，L2 VPN 与 L3 VPN 的衔接点在汇聚设备。相应的保护方案是前述两种技术保护方案的组合。L2 VPN（PW）+L3 VPN 保护方案如图 8-22 所示。

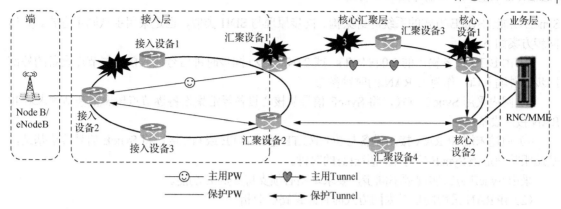

图 8-22 3G PS 业务/LTE 业务 L2 VPN+L3 VPN 保护方案示意图

保护倒换分析如下。

故障一为接入设备 2 与接入设备 1 之间的链路或节点故障。此时，启用隧道保护技术 LSP 1：1 进行保护，新工作路径为接入设备 2→接入设备 3→汇聚设备 2→汇聚设备 1→汇聚设备 3→核心设备 1。

故障二为汇聚设备 1 节点故障。此时，BFD for PW 检测到该故障，触发 PW 冗余，接入层启用保护 PW，BFD for Tunnel 检测到该故障，触发 VPN FRR 倒换，核心汇聚层启用保护 Tunnel，新的工作路径为接入设备 2→接入设备 3→汇聚设备 2→汇聚设备 4→核心设备 2→核心设备 1。

故障三为汇聚设备 1 与核心设备 1 之间的链路或节点故障。此时，启用隧道保护技术 LSP 1：1 进行保护，新工作路径为接入设备 2→接入设备 1→汇聚设备 1→汇聚设备 2→汇聚设备 4→核心设备 2→核心设备 1。

故障四为 RNC/MME 前核心设备 1 节点故障。此时，BFD for Tunnel 检测到该故障，触发 VPN FRR 倒换，启用保护 Tunnel，同时触发 VRRP，网关从核心设备 1 倒换到核心设备 2，新的工作路径为接入设备 2→接入设备 1→汇聚设备 1→汇聚设备 2→汇聚设备 4→核心设备 2。

8.4.2 IP RAN 的同步技术

IP RAN 的同步是为了满足基站的同步需求，根据基站采用的无线制式不同，可分为两种情况。

* 仅实现频率同步，对于 WCDMA、LTE-FDD 这样制式的基站可以仅支持频率同步。
* 既实现频率同步又实现时间同步，LTE-TDD 等制式的基站，就需要 IP RAN 既支持频率同步又支持时间同步。

在第 7 章介绍了有关频率同步和时间同步的概念，以及实现同步的主要方法：同步以太网（SyncE）和 IEEE 1588v2（PTP）。下面具体分析 IP RAN 同步的实现。

1. 仅满足频率同步需求的 IP RAN 同步实现

IP RAN 单纯频率同步的实现可以采用下面几种方式。

* SyncE 方式。
* ITU-T G.8265.1 方式。
* G.8275.1 的 1588v2 纯 PTP 方式。

这三种方式中，目前可行的方式是第 1 种，第 2 种和第 3 种还有待进一步研究。下面重点介绍第 1 种方式——SyncE 方式。

（1）采用 SyncE 方式实现频率同步的方案

在 IP RAN 中实现频率同步，推荐采用 SyncE 方式，要求 IP RAN 网内的所有节点均需支持

SyncE 功能。SyncE 方式的系统时钟架构、同步原理与 SDH 类似，也是采用主从同步方式。具体同步方案如下。

① 由 BITS 设备输出的 2 048 kbit/s（或 2 048 kHz）同步时钟信号接入核心层节点设备的外部同步时钟输入口，作为 IP RAN 的时钟参考。

② 网内采用 SyncE 方式，将 SyncE 信号从核心设备经汇聚设备逐节点传递至基站侧末端 IP RAN 接入设备。

③ 通过末端 IP RAN 接入设备与 3G 或 LTE 基站的 FE 或 GE 接口将 SyncE 信号传给基站，基站跟踪锁定该 SyncE 信号来同步自身的时钟。

采用 SyncE 方式实现频率同步，要求基站必须支持 SyncE 功能。

（2）IP RAN 采用同步以太网方式时钟跟踪路径分析

IP RAN 采用同步以太网方式时钟跟踪路径如图 8-23 所示。

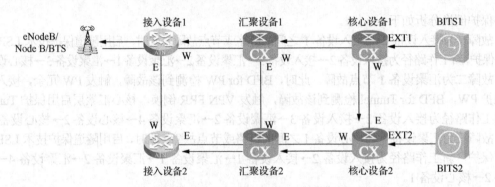

图 8-23 IP RAN 采用同步以太网方式时钟跟踪路径

IP RAN 采用双 BITS 备份时钟同步方案，（主用 BITS1 和备用 BITS2）。来自 BITS 的时钟源，通过核心设备上的外时钟口（EXT）输入，再通过各业务口传递到各下游网元（节点设备）。全网启用 SSM 功能，按规划值设置网元各端口的时钟优先级。网元各端口的时钟优先级如表 8-2 所示。

表 8-2 网元各端口的时钟优先级设置

网元	优先级设置
核心设备 1	EXT1，W（西向），Local
核心设备 2	E（东向），EXT2，Local
汇聚设备 1	W，E，Local
汇聚设备 2	E，W，Local
接入设备 1	W，E，Local
接入设备 2	E，W，Local

图 8-23 中的时钟跟踪路径如下。

- 核心设备 1 通过外时钟口（EXT1）接收主用 BITS1 的基准时钟。
- 核心设备 1→汇聚设备 1→接入设备 1→基站。
- 核心设备 1→核心设备 2→汇聚设备 2→接入设备 2。

全网启用 SSM 协议后，当发生时钟源或链路中断时，时钟跟踪路径能够得到相应的保护。在进行时钟链路规划时，要注意设计好主备用链路并防止时钟自环（定时环路）的现象发生。

下面以两种场景为例，说明当链路出现故障时，时钟跟踪路径是如何进行倒换的。

① 场景 1：主用 BITS1 与核心设备 1 之间链路出现故障。

若主用 BITS1 与核心设备 1 之间链路出现故障，时钟跟踪路径倒换如图 8-24 所示。

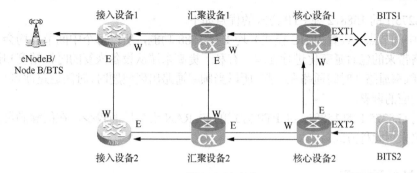

图 8-24　时钟跟踪路径倒换场景 1

核心设备 2 通过外时钟口（EXT2）接收备用 BITS2 的基准时钟，时钟跟踪路径如下。

- 核心设备 1 改为接收 W（西向）SyncE 信号，核心设备 1→汇聚设备 1→接入设备 1→基站。
- 核心设备 2→汇聚设备 2→接入设备 2。

② 场景 2：核心设备 1 与汇聚设备 1 之间链路出现故障。

若核心设备 1 与汇聚设备 1 之间链路出现故障，时钟跟踪路径倒换如图 8-25 所示。

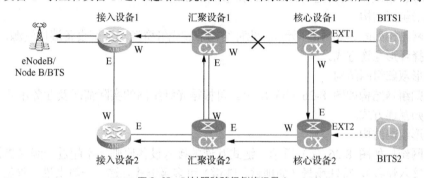

图 8-25　时钟跟踪路径倒换场景 2

核心设备 1 通过外时钟口（EXT1）接收主用 BITS1 的基准时钟，时钟跟踪路径如下。

- 核心设备 1→核心设备 2→汇聚设备 2→汇聚设备 1→接入设备 1→基站。
- 核心设备 1→核心设备 2→汇聚设备 2→接入设备 2。

2. 既满足频率同步又满足时间同步需求的 IP RAN 同步实现

既满足频率同步又满足时间同步需求的 IP RAN 同步实现方式主要有 SyncE+PTP 的方式和采用 G.8275.1 的 1588v2 纯 PTP 方式，一般建议采用 SyncE+PTP 的方式。但 G.8275.1 的纯 PTP 方式也有一定的优势。

（1）采用 SyncE+PTP 的方式

所谓 SyncE+PTP 方式，即频率同步采用 SyncE 的方式，1588v2（PTP）仅用来恢复时间，保证时间同步。

SyncE+PTP 方式的优点是时间信号精度比较高。在物理层频率同步基础上使用 1588v2(PTP)，可以加快协议收敛时间；而且能减少 1588 协议报文频度，降低带宽需求。

SyncE+PTP 方式的缺点是：频率通路在物理层，而时间通路在分组层，需要想办法解决它们之间的协同关系。

（2）采用 G.8275.1 的 1588v2 纯 PTP 方式

采用 G.8275.1 的 1588v2 纯 PTP 方式，末端 IP RAN 网元（接入设备）或基站除从 PTP 报文中恢复频率外，还需要恢复时间。

采用 G.8275.1 的 1588v2 纯 PTP 方式的优点如下。

① 由于中间节点（设置为 BC 模式）均支持 1588 功能，所以每个中间节点均会对链路的不对称性、网络带来的包时延变化进行处理，有利于提高末端从设备恢复的时钟精度和性能。

② 因为频率通路和时间通路在一起，所以当频率通路出现问题时，时间通路便可马上感知到，并能够作出相应的调整。

支持采用 G.8275.1 的 1588v2 纯 PTP 方式的 IP RAN 设备厂商较少，在能够满足同步应用的条件时，建议采用此种方式。

8.5 IP RAN 组网方案

8.5.1 IP RAN 的组网结构

1. 接入层组网结构

IP RAN 接入层组网结构主要有环形、树形双归和链形。

（1）环形组网结构

环形组网结构如图 8-26（a）所示。此种结构节省光纤资源和汇聚设备端口资源，IP RAN 接入层优先选择环形互连方式。

（2）树形双归组网结构

树形双归组网结构如图 8-26（b）所示。可根据光纤组网的实际情况及业务承载方案，灵活选择树形双归互连方式。

（3）链形组网结构

链形组网结构如图 8-26（c）所示。链式互连的接入设备原则上不超过一级（指接入设备下再连接一级接入设备），特殊场景（如地铁、隧道）可多级链式互连。一般来说，避免 3 个节点以上的长链结构。

环带链结构如图 8-26（d）所示，环形上接入设备的链式互连应最多不超过一级。

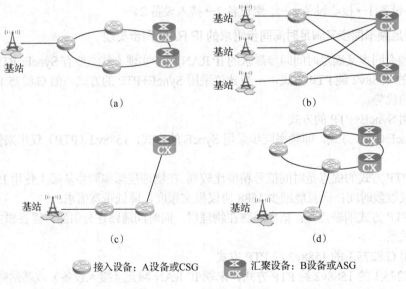

（a）   （b）

（c）   （d）

（接入设备：A设备或CSG）接入设备：A设备或CSG   （汇聚设备：B设备或ASG）汇聚设备：B设备或ASG

图 8-26 IP RAN 接入层组网结构

2. 汇聚层组网结构

IP RAN 汇聚层组网结构包括汇聚设备之间互连，以及汇聚设备上连到核心设备的形式，主要有口字形、双归和环形。

（1）口字形组网结构

汇聚设备一般成对部署，成对汇聚设备之间存在互连链路，每台汇聚设备上连到一台核心设备形成口字形，如图 8-27（a）所示。

（2）双归组网结构

部分情况下，汇聚设备无法做到成对部署，汇聚设备一般双归上连到两台核心设备，两条链路使用不同光缆路由，如图 8-27（b）所示。

（3）环形组网结构

汇聚层也可以采用环形连接，如图 8-27（c）所示。环上节点数一般控制在 6 台（即 4 个汇聚设备+2 个核心设备）以下。

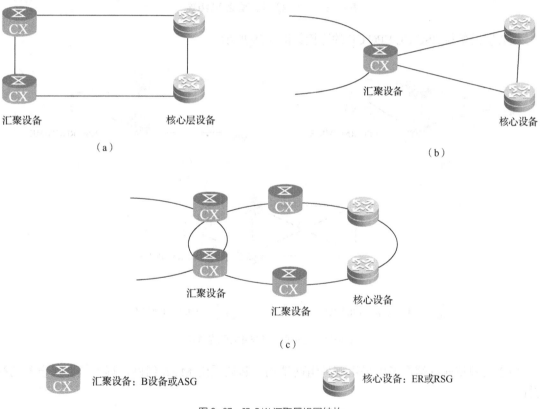

图 8-27 IP RAN 汇聚层组网结构

3. 核心层组网结构

IP RAN 核心层组网结构主要包括核心层设备之间的互连，也包括核心层设备与 BSC CE/EPC CE 的连接，主要有树形双归、口字形和 Mesh 组网。

IP RAN 核心层设备之间的互连如图 8-28 所示。

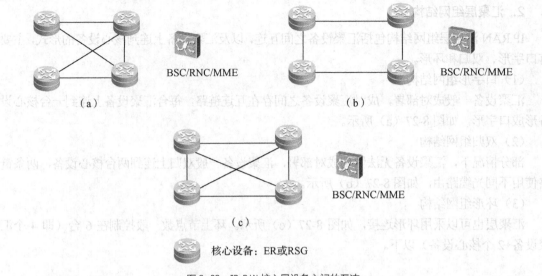

图 8-28　IP RAN 核心层设备之间的互连

核心层设备与 BSC CE/EPC CE 的连接如图 8-29 所示。

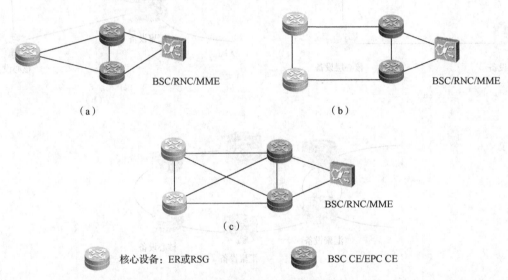

图 8-29　核心层设备与各类 CE 的连接

核心层根据光纤情况考虑采用哪种组网结构，建议采用 Mesh 组网，提高核心层设备的稳定性。

8.5.2　中国电信 IP RAN 组网方案

1．依托城域骨干网组建 IP RAN 方案

中国电信具有国内规模最大的数据网络，网络资源丰富。所以在建网初期，中国电信依托城域骨干网建设 IP RAN 综合接入网，其中包含接入 A 和汇聚 B 两个层次，由城域网完成核心层网络的承载。其网络架构如图 8-30 所示。

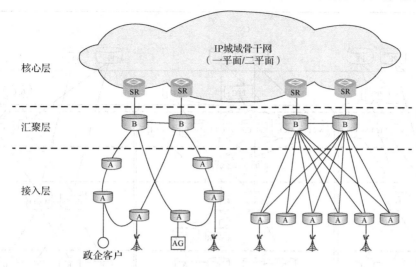

图 8-30　依托城域骨干网搭建 IP RAN 的网络架构

接入层由 A 设备（IP RAN 接入路由器）组成，汇聚层由 B 设备（IP RAN 汇聚路由器）组成；核心层依托城域骨干网的业务路由器（Service Router，SR）/核心路由器（Core Router，CR）进行搭建，实现汇聚设备间的互访。

依托城域骨干网组建 IP RAN 方案的优点是可以利用现有 IP 城域网的网络资源，建网速度快，节省投资。但是组网复杂，经过城域网跳数和业务路径不易明确；而且有些城域网设备陈旧，不能满足 LTE 的新要求。

2. 新建核心 RAN ER 的 IP RAN 组网方案

由于依托城域骨干网组建 IP RAN 存在上述缺点，中国电信提出全部新建核心 RAN ER 的 IP RAN 组网方案。该方案的优点是移动回传网络扁平化，业务经过跳数和路由规划简易清晰，因此逐步成为优选方案。

（1）中国电信 IP RAN 整体网络架构

由于 LTE 部署是以省份为单位统一规划，演进的分组核心网（Evolved Packet Core，EPC）放置在省会城市，其他非省会城市 RAN ER 要与省会城市的 EPC CE 互联，所以 IP RAN 涉及城市间省干层面的互联方案。

中国电信为满足 LTE 建设需求，依托中国电信下一代承载网（Chinatelecom Next Carrier Network，CN2）骨干网，以省为单位建设移动承载网络 IP RAN，城域内由 A、B、ER、BSC CE、EPC CE、MCE 等设备组成 IP RAN，城市各 IP RAN 间通过 CN2 骨干网进行互通。中国电信 IP RAN 整体架构如图 8-31 所示。

中国电信 IP RAN 分为接入层、汇聚层、核心层（包括城域核心层和省核心层）和 MCE 层（MCE 层不属于第 8 章 8.1.3 中介绍的 IP RAN 三层结构）。

① 接入层

接入层由 A 设备、POP 和 U 设备组成，A 设备用来接入 2G/3G/4G 基站，POP 用来接入 U 设备及其他设备等，U 设备用来接入政企客户（集团客户）。

② 汇聚层

汇聚层由用于汇聚 A 设备和 POP 设备的 B 设备组成。

③ 城域核心层

城域核心层由用于汇聚 B 设备的汇聚 ER 和城域 ER 组成。

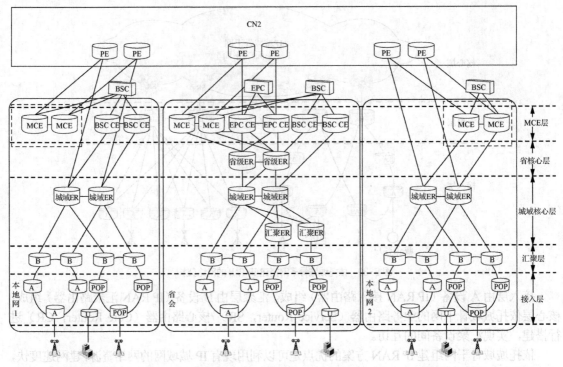

图 8-31　中国电信 IP RAN 整体网络架构

④ 省核心层

省核心层由省级 ER 组成，省级 ER 用于汇接省会城域 ER、省会 MCE 和 EPC CE 流量。

⑤ IP RAN MCE 层

MCE 层是用于直接接入无线网元、核心网和业务平台的网络层面，由 EPC CE、BSC CE、MCE 设备组成。

● BSC CE 是用于接入 BSC/RNC 的路由设备。

● EPC CE 是用于接入 LTE 的 EPC 中 MME 的路由设备。

● MCE 是综合业务 CE，狭义上特指接入 C 网电路域、分组域、业务平台以及无线网网元的路由设备；广义上包括 BSC CE、EPC CE 等 CE 类设备。

（2）接入层组网方案

接入层优先选择环形互连方式，对于 A-B 设备采用 CE+L3 VPN 方案的情况，可选择树形双归互连方式。若光纤资源有限，可酌情采用链式互连方式，但是互连的级数要受限制（参见 8.5.1）。

A-B 设备的互连链路速率一般为 1Gbit/s（运营商习惯称为 GE）；为了承载 LTE 业务，环形互连方式的链路速率可升级为 10Gbit/s。

（3）汇聚层组网

① B 设备间的互连要求

B 设备需成对进行组网，为实现故障冗余和保障业务快速恢复，一对 B 设备之间需配置物理直连链路；B 设备对接入的接入环为 3～10 个。

为防止不同 B 设备对之间的相互影响，应通过 ER 汇聚 B 设备对的方式实现 B 设备对间的互通，B 设备对之间一般不直接进行互连。

② B 设备的上连方式

B 设备应该就近接入两台 ER。B 设备与 ER 之间的互连优先采用 10Gbit/s 链路。部分业务量较少的 B 设备可以采用 1Gbit/s 或多条 Gbit/s 链路上连。为了承载 LTE 业务，汇聚层链路速率可升级至 100Gbit/s。

- 成对 B 设备部署：每台 B 设备上连到一台 ER 设备，成对 B 设备之间存在互连链路（口字结构），互连链路带宽应该不小于 B 设备上连链路带宽，如图 8-32（a）所示。
- 不成对 B 设备部署：假如 B 设备无法做到成对部署，B 设备应该双归上连到两台 ER（双归结构），两条链路使用不同光缆路由，如图 8-32（b）所示。

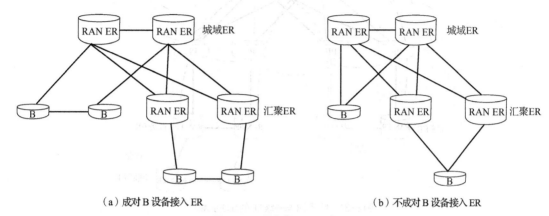

（a）成对 B 设备接入 ER　　　　　　（b）不成对 B 设备接入 ER

图 8-32　B 设备接入 ER 示意图

（4）城域核心层组网

① 城域 ER 与汇聚 ER 组网要求

移动承载网城域 ER 设备采用大容量、具备高密度端口和大带宽汇聚能力的路由器，接口速率为 10Gbit/s 或 100Gbit/s（为了承载 LTE 业务，采用 100Gbit/s 接口）。综合考虑 ER 端口资源的占用及投资建设等情况，确定采用一级 ER 或两级 ER 的组网方式。

方案一（一级 ER）：新建一对城域 ER 作为核心，直接汇聚 B 设备（如图 8-31 中的本地网 1 和本地网 2）。

方案二（两级 ER）：新建一对城域 ER 作为核心，在城域 ER 以下建设汇聚 ER，汇聚 ER 下连 B 设备（如图 8-31 中的省会城市）。

原则上本地网只部署一对城域 ER，要求部署在不同局点机楼。

② 城域 ER 和汇聚 ER 组网结构

若采用两级 ER，汇聚 ER 采用 10Gbit/s 或 100Gbit/s 链路交叉上连到城域 ER（树形双归），上连的两条 10Gbit/s 或 100Gbit/s 链路需要采用不同的物理光路路由。城域 ER 和汇聚 ER 组网结构如图 8-33 所示。

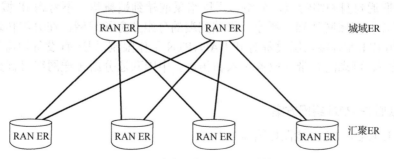

图 8-33　城域 ER 和汇聚 ER 组网结构

（5）省核心层组网

城域 ER 与省级 ER 的互连有两种方式：传输直连方式和 CN2 Overlay（覆盖）方式，如图 8-34 所示。

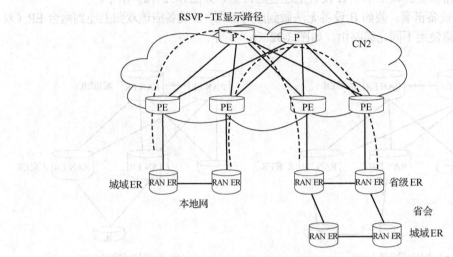

图 8-34　城域 ER 与省级 ER 的互联示意图

① 传输直连方式的城域 ER 与省级 ER 的互连

省会城市城域 ER 与省级 ER 的互连采用传输直连方式，利用传输链路作为城域 ER 到省级 ER 间的中继链路，城域 ER 与省级 ER 间按照口字形进行互连。为实现冗余保护，城域 ER 到省级 ER 的两条链路应该走不同的传输路由。链路速率为 10Gbit/s 或 100Gbit/s。

② CN2 Overlay 方式的城域 ER 与省级 ER 的互联

非省会城市城域 ER 与省级 ER 的互联采用 CN2 Overlay 方式（即通过 CN2 实现互联）。利用 CN2 VLL（虚拟租用线）作为城域 ER 到省级 ER 间的中继链路，城域 ER 与省级 ER 间（通过 CN2）按照口字形进行互联。

为实现 IP RAN 双平面保护的设计，要求同城域 ER 到省级 ER 的两条 VLL 有两个不同的网络路径。CN2 一般采用 RSVP-TE 显示路径方式使同城域的两个方向的 VLL 经过不重叠的物理节点。

8.5.3　中国联通 IP RAN 组网方案

1. 中国联通分组传送网络目标架构

由于中国联通自身网络特点，分组传送网络采取端到端新建，不考虑 IP 城域网的利旧，即中国联通在原有城域网基础上新建一张端到端的分组业务承载网。在分组传送网络的核心层、汇聚层采用 IP RAN，接入层设备对 IP RAN、PTN 不作限制，但所有设备均需支持 IP/MPLS 协议，实现经济、可靠的高带宽业务接入和传送。中国联通分组传送网络目标架构如图 8-35 所示。

2. 中国联通 IP RAN 组网方案

中国联通 IP RAN 参考结构图如图 8-36 所示。

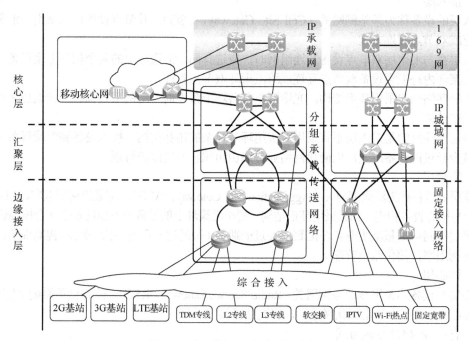

图 8-35 中国联通分组传送网络目标架构

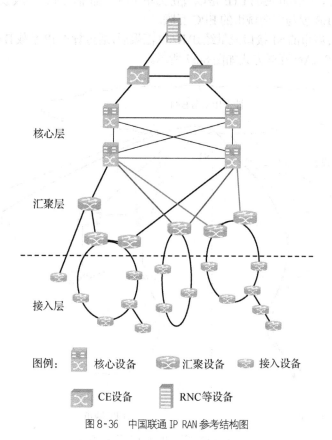

图 8-36 中国联通 IP RAN 参考结构图

（1）接入层

接入层的设备称为基站侧网关（Cell Site Gateway，CSG），其节点设备可以采用与汇聚层单节点互连或双节点互连方式。

接入层在与汇聚层双节点设备互连组网时，应选择同一汇聚环上的两个相邻汇聚设备，不宜在一个汇聚环内跨汇聚设备双节点互连或跨汇聚环双节点互连。

接入层网络一般采用环形结构，光缆网不具备环形条件而采用链形结构时，应避免3个节点以上的长链结构。

另外需要注意的是接入层不宜采用多级组环等复杂的拓扑结构，接入设备到汇聚设备的路由应尽量减少经过的设备跳数，以简化网络业务路由组织和方便维护管理。

（2）汇聚层

汇聚层的设备称为汇聚侧网关（Aggregation Site Gateway，ASG），可采用树形双归、口字形或环形结构与核心设备相连。如果采用环形结构，每个汇聚环上的设备应不超过6个（含核心设备）。

汇聚层组网应尽量减少业务在汇聚层经过的跳数（每经过一台设备为一跳），提高业务转发效率、设备利用率，简化路由管理。

（3）核心层

核心层的设备称为无线业务侧网关（Radio Service Gateway，RSG）。核心设备原则上应为2~4个，核心设备之间宜采用网状网结构，提高业务转发效率。

（4）省内IP RAN互联方式

与中国电信一样，中国联通的LTE是以省份为单位统一部署，EPC一般放置在省会城市，其他非省会城市RAN ER要与省会城市的EPC互联。

中国联通非省会城市的S1接口流量经IP RAN汇聚后，通过骨干IP承载B网转发到设置EPC城市落地。其省内IP RAN互联方式如图8-37所示。

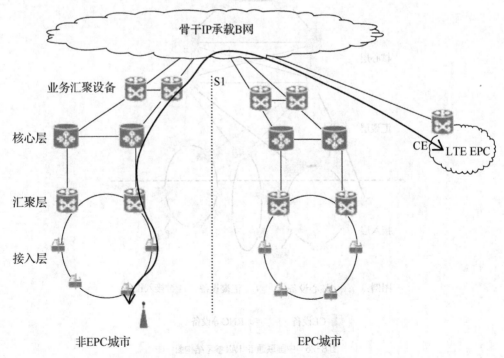

图8-37 中国联通省内IP RAN互联示意图

每个非省会城市的 IP RAN 通过一对业务汇聚设备与 IP 承载 B 网互通。业务汇聚设备与 IP 承载 B 网一对接入路由器（AR）采用 10GE 链路口子形组网方式连接。

3. 中国联通 IP RAN 组网实例

（1）中国联通推荐的 IP RAN 最优组网结构

中国联通推荐的 IP RAN 最优组网结构如图 8-38 所示。

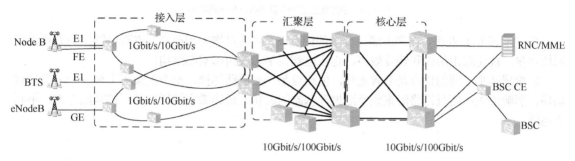

图 8-38　中国联通推荐的 IP RAN 组网最优结构

① 接入层

接入层采用环形结构，每个接入环连接到两台汇聚设备。

接入环速率为 1Gbit/s，为了承载 LTE 业务，速率可升级至 10Gbit/s。

BTS 采用 E1 接入 IP RAN；Node B 分别采用 FE、E1 传送数据、语音业务；eNodeB 分别采用 GE（即 1Gbit/s）接入 IP RAN。

② 汇聚层

汇聚层双上连到核心层，即每台汇聚层设备双归上连到两台核心层设备，减少路由动荡对其他节点的影响。

汇聚层链路速率一般为 10Gbit/s，为了承载 LTE 业务，汇聚层速率可升级至 100Gbit/s。

③ 核心层

核心层采用 Full-Mesh 组网，便于业务调度；核心层速率为 10Gbit/s，同样为了承载 LTE 业务，核心层速率可升级至 100Gbit/s。

这里有几点说明如下。

● RAN CE 是 MSTP 时代的遗留产物，其功能目前分组设备都可以完成。原则上联通新建 IP RAN 直接连接 RNC，若核心网配套建设有 CE 时，IP RAN 也可通过 CE 接入到 RNC 中。

● 2G 业务需要经 RAN CE（现在一般用 BSC CE）连接 BSC。

● 对于 LTE 业务，图 8-38 只是示意画出了 EPC 中的 MME，不同本地网的 IP RAN 连接到 EPC 的方法上已述及。

（2）中国联通推荐的 IP RAN 次优组网结构

中国联通推荐的 IP RAN 次优组网结构如图 8-39 所示。

与中国联通推荐的 IP RAN 最优组网结构相比，次优组网结构的汇聚层可组成环形，环形上连核心层设备。

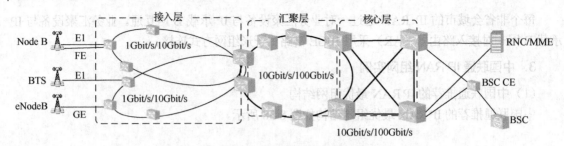

图 8-39　中国联通推荐的 IP RAN 次优组网结构

为了承载 LTE 业务，在光纤满足要求的情况下，可通过增加到核心节点直达链路的方式提高网络容量，优化路由组织和转发效率，逐步达到口字形或树形双归结构。

汇聚层环形组网的优点是节省光纤，但缺点是一旦链路坏掉，整个汇聚环上至少一半基站要切换，影响很大；而且链路汇聚整个汇聚环基站的流量，链路带宽消耗严重，扩容压力大，不利于运维。

第9章　有线接入网

随着通信技术的突飞猛进，电信业务向 IP 化、宽带化、综合化和智能化方向迅速发展，如何满足用户需求、将多样化的电信业务高效灵活地接入到核心网，是业界普遍关注、迫切需要解决的问题，因此接入网成为网络应用和建设的热点。

本章首先概括介绍接入网的基本概念，然后具体论述混合光纤/同轴电缆（Hybrid Fiber-Coaxial，HFC）接入网、PON 和 FTTx+LAN 接入网的相关内容。

9.1　接入网概述

9.1.1　接入网的定义与接口

1. 接入网的定义

电信网按网络功能分为 3 个部分：接入网、交换网和传输网。其中，交换网和传输网合在一起称为核心网。

接入网是电信网的组成部分之一，负责将电信业务透明地传送到用户，即用户通过接入网的传输，能灵活地接入到不同的电信业务节点上。接入网在电信网中的位置如图 9-1 所示。

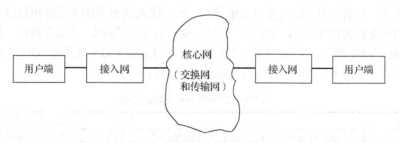

图 9-1　接入网在电信网中的位置

ITU-T 13 组于 1995 年 7 月通过了关于接入网框架结构方面的标准——G.902 标准，其中对接入网（Access Network，AN）的定义是：接入网由业务节点接口（Service Node Interface，SNI）和用户网络接口（User Network Interface，UNI）之间的一系列传送实体（如线路设施和传输设施）组成，为供给电信业务而提供所需传送承载能力的实施系统。

业务节点（Service Node，SN）是提供业务的实体，是一种可以接入各种交换型或半永久连接型电信业务的网元，可提供规定业务的 SN 可以是本地交换机、租用线业务节点，也可以是路由器或特定配置情况下的点播电视和广播电视业务节点等。

接入网包括业务节点与用户端设备之间的所有实施设备与线路。

2. 接入网的接口

接入网有 3 种主要接口，即 UNI、SNI 和维护管理接口（Q3 接口）。接入网所覆盖的范围就由这 3 个接口定界，如图 9-2 所示。

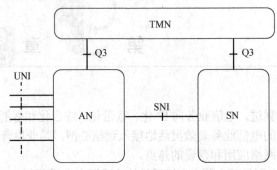

图9-2　接入网的接口

（1）UNI

UNI 是用户与 AN 之间的接口，主要包括模拟 2 线音频接口、64kbit/s 接口、2.048Mbit/s 接口、ISDN 基本速率接口（Basic Rate Interface，BRI）和基群速率接口（Primary Rate Interface，PRI）等。

（2）SNI

SNI 是 AN 和 SN 之间的接口。

AN 允许与多个 SN 相连，既可以接入分别支持特定业务的单个 SN，又可以接入支持相同业务的多个 SN。如果 AN-SNI 侧和 SN-SNI 侧不在同一地方，还可以通过透明传送通道实现远端连接。

SNI 主要有以下两种。

① 模拟接口（即 Z 接口）

它对应于 UNI 的模拟 2 线音频接口，提供普通电话业务或模拟租用线业务。

② 数字接口（即 V5 接口）

V5 接口作为一种标准化的、完全开放的接口，用于接入网数字传输系统和数字交换机之间的配合。V5 接口能支持公用电话网、ISDN（窄带、宽带）、帧中继网、分组交换网、DDN 等业务。

V5 接口包括 V5.1 接口、V5.2 接口、V5.3 以及支持宽带 ISDN 业务接入的 VB5 接口（包括 VB5.1 和 VB5.2）。各种 V5 接口的特点及支持的业务如表 9-1 所示。

表 9-1　　　　　　　　　　　　各种 V5 接口的特点及支持的业务

分类	特点	支持接入的业务
V5.1 接口	由一个 2.048Mbit/s 链路组成，AN 不含集线功能，没有通信链路保护功能	PSTN（包括单用户和 PABX）接入、ISDN 基本速率接入等
V5.2 接口	支持 1～16 个 2.048Mbit/s 链路，AN 具有集线、时隙动态分配功能，可提供专门的保护协议进行通信链路保护	除了支持 V5.1 接口的业务外，还可支持 ISDN 基群速率接入
V5.3 接口	—	STM-1 速率业务的接入
VB5 接口	包括 VB5.1 和 VB5.2	窄带 ISDN 业务的接入；宽带 ISDN 业务的接入；广播业务的接入；不对称多媒体业务的接入（如 VOD）

（3）Q3 接口

Q3 接口是电信管理网（Telecommunication Management Network，TMN）与电信网各部分的标准接口。接入网作为电信网的一部分也是通过 Q3 接口与 TMN 相连，便于 TMN 实施管理功能。

9.1.2 接入网功能结构

ITU-T G.902 标准定义的接入网功能结构如图 9-3 所示。

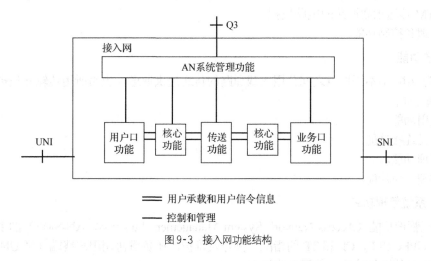

图 9-3 接入网功能结构

接入网的功能结构分成用户口功能（User Port Function，UPF）、业务口功能（Service Port Function，SPF）、核心功能（Core Function，CF）、传送功能（Transfer Function，TF）和 AN 系统管理功能（System Management Function，SMF）这 5 个基本功能组。

1. 用户口功能

UPF 的主要作用是将特定的 UNI 要求与核心功能和管理功能相适配，用户口所完成的主要功能如下。

（1）终结 UNI 功能。

（2）A/D 转换和信令转换。

（3）UNI 的激活/去激活。

（4）UNI 承载通路/承载能力的处理。

（5）UNI 的测试和 UPF 的维护。

（6）管理和控制功能。

2. 业务口功能

SPF 的主要作用是将特定 SNI 规定的要求与公用承载通路相适配，以便核心功能处理；同时负责选择有关的信息以便在 AN 系统管理功能中进行处理，其主要功能如下。

（1）终结 SNI 功能。

（2）将承载通路的需要和即时的管理及操作需要映射进核心功能。

（3）对特定的 SNI 所需要的协议作协议映射。

（4）SNI 的测试和 SPF 的维护。

（5）管理和控制功能。

3．核心功能

CF 处于 UPF 和 SPF 之间，主要作用是负责将个别用户承载通路或业务口承载通路的要求与公用传送承载通路相适配，还包括对 AN 传送所需要的协议适配和复用所进行的对协议承载通路的处理，具体的核心功能如下。

（1）接入承载通路的处理。

（2）承载通路集中。

（3）信令和分组信息复用。

（4）ATM 传送承载通路的电路模拟。

（5）管理和控制功能。

4．传送功能

TF 是为 AN 中不同地点之间公用承载通路的传送提供通道，也为所用传输介质提供适配功能，主要功能如下。

（1）复用功能。

（2）交叉连接功能。

（3）管理功能。

（4）物理介质功能。

5．AN 系统管理功能

AN 系统管理功能（Access Network System Management Function，AN-SMF）的主要作用是协调 AN 内 UPF、SPF、CF 和 TF 的指配、操作及维护，还负责协调用户终端（经 UNI）和业务节点（经 SNI）的操作功能，主要功能如下。

（1）配置和控制功能。

（2）指配协调功能。

（3）故障检测和指示功能。

（4）用户信息和性能数据收集功能。

（5）安全控制功能。

（6）对 UPF 和 SN 协调的即时管理和操作功能。

（7）资源管理功能。

AN-SMF 经 Q3 接口与 TMN 通信，以便接受监视或接受控制，同时为了实时控制的需要也经 SNI 与 SN-SMF 进行通信。

上面介绍了接入网的定义与接口以及接入网的功能结构。这里有一点需要说明，ITU-T G.902 标准是基于电信网的接入网（称为电信网接入网）的总体框架结构标准。随着 IP 网络技术与应用的迅猛发展，接入 IP 网络的业务需求量越来越大，2000 年 11 月，ITU-T 在 Y 系列标准中针对 IP 接入网体系结构发布了 Y.1231 标准。

Y.1231 标准从体系、功能模型的角度描述了 IP 接入网，提出了 IP 接入网的定义、功能模型、承载能力、接入类型、接口等。

虽然 IP 接入网与电信网接入网的接口定义和功能结构有所不同，但是所采用的接入技术是一样的。

9.1.3　接入网的特点

接入网具有以下主要特点。

（1）成本敏感

接入网直接面向用户，数量较多、规模庞大，其建设和维护成本与所选技术有很大的相关性。

（2）业务类型多样化、数据化

目前应用比较广泛的是宽带接入网，它可以承载语音接入、数据接入和多媒体接入等多种综合业务。

（3）业务特性体现的不对称性和突发性

宽带接入网传输的业务大量是数据业务和图像业务，这些业务是不对称的，而且突发性很大，上行下行需要采用不等的带宽，因此，如何动态分配带宽是接入网的关键技术之一。

（4）接入手段多样化

接入技术种类繁多，总体上可分为有线接入技术、无线接入技术、有线与无线综合的接入技术。

9.1.4　接入网的分类

接入网可以从不同的角度分类。

1. 按照传输介质分类

根据所采用的传输介质分类，接入网可以分为有线接入网和无线接入网。

（1）有线接入网

接入网采用有线传输介质，又进一步为以下几种。

① 铜线接入网

铜线接入网采用双绞铜线作为传输介质，具体包括高速率数字用户线（High-speed Digital Subscriber Line，HDSL）、不对称数字用户线（Asymmetric Digital Subscriber Line，ADSL）、ADSL2、ADSL2+及超高速数字用户线（Very High Speed Digital Subscriber Line，VDSL）接入网。

② 光纤接入网

光纤接入网（Optical Access Network，OAN）是指在接入网中采用光纤作为主要传输介质来实现信息传送的网络形式。光纤接入网根据传输设施中是否采用有源器件分为有源光网络（Active Optical Network，AON）和无源光网络（Passive Optical Network，PON）。

③ 混合接入网

混合接入网采用两种或两种以上传输介质，如光纤、电缆等。目前主要有以下两种。

● HFC 接入网：是在 CATV 网的基础上改造而来的，干线部分采用光纤，配线网部分采用同轴电缆。

● FTTx+LAN 接入网：也称为以太网接入，是指光纤加交换式以太网的方式实现用户高速接入互联网。以太网内部的传输介质大都采用双绞线（个别地方采用光纤），而以太网出口的传输介质使用光纤。

（2）无线接入网

无线接入网是指从业务节点接口到用户终端全部或部分采用无线方式，即利用卫星、微波及超短波等传输手段向用户提供各种电信业务的接入系统。

无线接入网又可分为固定无线接入网和移动无线接入网。

① 固定无线接入网

固定无线接入网主要为固定位置的用户或仅在小区内移动的用户提供服务，主要包括本地多点分配业务（Local Multipoint Distribution Services，LMDS）、无线局域网（Wireless Local Area Network，WLAN）、微波存取全球互通（Worldwide Interoperability for Microwave Access，WiMAX）等。

② 移动无线接入网

移动无线接入网是为移动用户提供各种电信业务，主要包括蜂窝移动通信系统（2G/3G/LTE等）、卫星移动通信系统和 WiMAX 系统等。

其中，WiMAX 既可以实现固定无线接入，也可以实现移动无线接入。

2. 按照传输的信号形式分类

按照传输的信号形式分类，接入网可以分为数字接入网和模拟接入网。

（1）数字接入网

接入网中传输的是数字信号，如 HDSL、光纤接入网、以太网接入等。

（2）模拟接入网

接入网中传输的是模拟信号，如 ADSL、VDSL 等。

3. 按照接入业务的速率分类

按照接入业务的速率分类，接入网可以分为窄带接入网和宽带接入网。

对于宽带接入网，不同的行业有不同的定义，一般将接入速率大于或等于 1Mbit/s（理论上）的接入网称为宽带接入网。

近些年，我国电信运营商针对有线接入网实施"光进铜退"策略，ADSL 等铜线接入网将逐渐失去原有的作用。目前应用比较广泛的宽带接入网主要有 HFC 接入网、FTTx+LAN 接入网、光纤接入网等有线宽带接入网，以及 LMDS、WLAN、WiMAX 等无线宽带接入网。

9.1.5 接入网支持的接入业务类型

接入网支持的接入业务类型可以从两个角度分类。

1. 按照业务本身的特性分类

接入网支持的接入业务按照业务本身的特性可分为语音类业务、数据类业务、图像通信类业务和多媒体业务。

（1）语音类业务

语音类业务是利用电信网为用户实时传送双向语音信息以进行会话的电信业务。具体包括普通电话业务、程控电话新业务（如缩位拨号、呼叫等待、三方通话、呼叫转移、呼出限制等）、磁卡、IC 卡电话业务、可视电话业务、会议电话业务、移动电话业务、智能网电话业务等。

（2）数据类业务

数据类业务主要包括数据检索业务、数据处理业务、电子信箱业务、电子数据互换业务、无线寻呼业务等。

（3）图像通信类业务

图像类业务具体包括普通广播电视业务、卫星电视业务、有线电视业务等。

（4）多媒体业务

多媒体业务主要有居家办公业务、居家购物业务、VOD（按需收视）业务、多媒体会议业务、远程医疗业务、远程教学业务等。

2. 按照业务的速率分类

接入网支持的接入业务按照传输速率可分为窄带业务和宽带业务。

（1）窄带业务

接入网支持的窄带业务主要有普通电话等电话业务、模拟租用线业务、低速数据业务、$N\times64$kbit/s 数据租用业务等。

（2）宽带业务

接入网支持的宽带业务主要有高速数据业务（ATM 业务、以太网业务、IP 数据业务等）、视频点播（VOD）业务、数字电视分配业务、交互式图像业务、多媒体业务、远程医疗业务、远程教育业务等。

9.2 HFC 接入网

9.2.1 HFC 接入网的概念

HFC 接入网是一种结合采用光纤与同轴电缆的宽带接入网，由光纤取代一般电缆线，作为 HFC 接入网中的主干。HFC 接入网是在 CATV 网的基础上改造而来的，是以模拟频分复用技术为基础，综合应用模拟和数字传输技术、光纤和同轴电缆技术、射频技术以及高度分布式智能技术的宽带接入网络。

HFC 接入网是三网融合的重要技术之一，除了支持 CATV 业务外，还支持语音、数据和其他交互型业务，称之为全业务网（Full Service Network，FSN）。

9.2.2 HFC 接入网的网络结构

HFC 接入网的网络结构如图 9-4 所示。

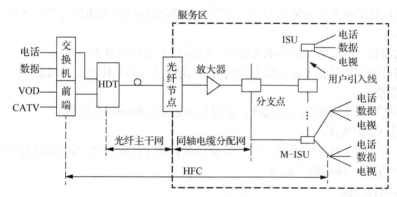

图 9-4 HFC 接入网的网络结构示意图

HFC 接入网由信号源、前端（可能包括分前端）、主数字终端（Host Digital Terminal，HDT）、光纤主干网（馈线网）、同轴电缆分配网（配线网）和用户引入线等组成。需要说明的是，HFC 线路网的组成包括馈线网、配线网和用户引入线 3 部分。

HFC 接入网干线部分采用光纤以传输高质量的信号，而配线网部分仍基本保留 CATV 原有的树形—分支型模拟同轴电缆网，这部分同轴电缆网还负责收集来自用户的回传信号，经若干双向放大器到光纤节点再经光纤传送给前端。下面具体介绍各部分的作用。

1. 前端

前端设备主要包括天线放大器、频道转换器、卫星电视接收设备、滤波器、调制/解调器、混合器和导频信号发生器等。

前端是对各种不同的视频信号源进行处理变换，其功能主要有调制/解调、频率变换、电平调整、信号编解码、信号处理、低噪声放大、中频处理、信号混合、信号监测与控制、频道配置和信号加密等。

2. 主数字终端

HDT 的主要功能如下。

（1）对下行信号进行传输频谱的分配。

（2）下行对交换机送来的电话、数据信号进行射频调制，上行进行解调。

（3）下行对射频调制后的各种信号（CATV 前端输出的已调信息流、由 HDT 调制后的电话和数据业务流）进行频分复用，上行进行分解。

（4）下行进行电/光转换与光发送，上行完成光接收与光/电转换。

（5）与电话交换机采用 V5.2 接口进行信令转换。

（6）提供对 HFC 接入网进行管理的管理接口。

3．光纤主干网

HFC 接入网的光纤主干网（馈线网）指 HDT 至服务区 SA（服务区的范围如图 9-4 所示）的光纤节点之间的部分。

（1）光纤主干网的组成

光纤主干网主要由光发射机、光放大器、光分路器、光缆、光纤连接器和光接收机等组成（其中光发射机和光接收机设置在主数字终端和光纤节点）。各部分的作用如下。

① 光发射机的作用是把被传输的信号经过调制处理后得到强度随输入信号变化的已调光信号，送入光纤网中传输。

② 光接收机是把从光纤传来的光信号进行解调，还原成射频电信号后送入用户电缆分配网而到达各用户。

③ 光放大器是一种放大光信号的光器件，以提高光信号的电平。

④ 光分路器的作用是将 1 路光信号分为 N 路光信号，$N=2$ 称为 2 分路器，$N=4$ 称为 4 分路器……，依此类推。

⑤ 光纤连接器用于实现光纤与光纤、光纤与光设备之间的相互连接。

（2）光纤主干网的结构

根据 HFC 接入网所覆盖的范围、用户多少和对 HFC 网络可靠性的要求进行分类，光纤主干网的结构主要有星形、环形和环星形。

4．同轴电缆分配网

在 HFC 接入网中，同轴电缆分配网（配线网）指服务区光纤节点与分支点之间的部分，一般采用与传统 CATV 网基本相同的树形—分支同轴电缆网，有些情况可为简单的总线结构，其覆盖范围可达 5km～10km。

同轴电缆分配网主要包括同轴电缆、干线放大器、线路延长放大器、分配器和分支器等部件。各部分的作用如下。

（1）同轴电缆：是配线网中的传输介质。

（2）干线放大器：用于补偿干线电缆的损耗，使信号进行长距离传输，其增益一般在 20dB～30dB。

（3）线路延长放大器：用于补偿支路损耗，每个为几十至二百个用户提供足够的信号电平。

（4）分配器：其作用是将一路信号电平（电压或功率）平均分成几路输出，常见的有 2、3、4、6、8、18 几种分配器。

（5）分支器：是由信号分路器和方向耦合器相结合的无源器件，其作用是将一路信号分成多路输出。与分配器平均分配信号电平不同，分支器多路输出的信号电平可以不相同，例如大电平信号分配给主干线路，小电平信号分配给支路。在配线网上一般平均每隔 40m～50m 就有一个分支器，常用的有 4 路、16 路和 32 路分支器。

5. 用户引入线

用户引入线指分支点至用户之间的部分，因而与传统 CATV 网相同，分支点的分支器是配线网与用户引入线的分界点。

用户引入线的作用是将射频信号从分支器经无源引入线送给用户，与配线网使用的同轴电缆不同，引入线电缆采用灵活的软电缆以便适应住宅用户的线缆敷设条件及作为电视、机顶盒之间的跳线连接电缆。用户引入线的传输距离一般为几十米。

6. 综合业务单元

综合业务单元（Integrated Service Unit，ISU）分为单用户的 ISU 和多用户的 ISU（M-ISU），ISU 提供各种用户终端设备与网络之间的接口。ISU 装有微处理器、存储器和控制逻辑，是一个智能的射频调制解调器。ISU 的主要功能如下。

（1）实现对各种业务信号进行射频调制（上行）与解调（下行）。

（2）对各种业务信号进行合成与分解。

（3）信令转换等。

在此有个问题需要说明：电缆调制解调器（Cable Modem，CM）是一种可以通过 HFC 接入网实现高速数据接入（如高速 Internet 接入）的设备，其作用是在发送端对数据信号进行调制，将其频带搬移到一定的频率范围内（射频），利用 HFC 接入网将信号传输出去；接收端再对这一信号进行解调，还原出原来的数据信号等。

CM 放在用户家中，属于用户端设备。一般 CM 至少有两个接口，一个用来接墙上的有线电视端口，另一个与计算机相连。根据产品型号的不同，CM 可以兼有普通以太网集线器功能、桥接器功能、路由器功能或网络控制器功能等。

CM 的引入，对从 CATV 网络发展为 HFC 接入网起着至关重要的作用，所以有时将 HFC 接入网也叫作 CM 接入网。一般将 CM 的功能内置在 ISU 中。

9.2.3 HFC 接入网的工作过程

1. 下行方向

由前端将模拟电视和数字电视信号调制到射频上，送到 HDT；由 HDT 首先将交换机送来的电话和数据信号调制到射频上，然后将所有下行业务（包括已调到射频上的电视、电话和数据信号）进行综合（频分复用），再由其中的光发射机进行电/光转换后发往光纤传输至相应的光纤节点。在光纤节点处，由光接收机将下行光信号变换成射频信号（光/电转换）送往配线网。射频信号经配线网、用户引入线传输到 ISU，由 ISU（含 CM）将射频信号解调还原为模拟电视和数字电视信号、电话和数据等信号，最后传送给不同的用户终端。

2. 上行方向

从用户来的电话和数据信号在 ISU 处进行调制、合成为上行射频信号，经用户引入线、配线网传输到达光纤节点。光纤节点通过上行发射机将上行射频信号变换成光信号（电/光转换），通过光纤传回 HDT。由 HDT 中的光接收机接收上行光信号并变换成射频信号（光/电转换），再进行射频解调并分解后，将电话信号送至电话交换机与 PSTN 互连，将数据信号送到数据交换机或路由器与数据网互连，将 VOD 的上行控制信号送到 VOD 服务器。

9.2.4 HFC 接入网双向传输的实现

1. HFC 接入网的双向传输方式

在双向 HFC 接入网中下行信号包括广播电视信号、电话信号及数据信号等；上行信号有 VOD 信令、电话信号、数据信号和控制信号上传等。

在 HFC 接入网中实现双向传输，需要从光纤通道和同轴电缆通道这两方面来考虑。

（1）光纤通道双向传输方式

从前端到光纤节点这一段光纤通道中实现双向传输可采用空分复用（Space Division Multiplexing，SDM）和波分复用（Wavelength Division Multiplexing，WDM）两种方式，用得比较多的是 WDM。对于 WDM 来说，通常是采用 1 310nm 和 1 550nm 这两个波长。

（2）同轴电缆通道双向传输方式

同轴电缆通道实现双向传输方式主要有空间分割方式、频率分割方式和时间分割方式等。在 HFC 接入网中一般采用空间分割方式和频率分割方式。

① 空间分割方式

空间分割法是采用双电缆完成光纤节点以下信号的上下行传输。可是对有线电视系统来说，敷设双同轴电缆完成双向传输的成本太高，所以这几乎是不可能的。实际上，空间分割法的实施是采用有线电视网与普通电话网相结合，即传送下行信号采用 HFC 网络，而利用电话模拟调制解调器通过 PSTN 传送交互式上行信号，甚至光节点以下直接采用 5 类 UTP 进户，单独构成与同轴电缆无关的数据通信线路。

尽管这种混合双向接入方式有助于加快高速 Internet 接入和交互电视业务的开展，但用一个电话模拟调制解调器通过 PSTN 提供上行通道还存在许多问题。目前解决双向传输的主要手段是频率分割方式。

② 频率分割方式

频率分割方式将 HFC 接入网的频谱资源划分为上行频带（低频段）和下行频带（高频段），上行频带用于传输上行信号，下行频带用于传输下行信号。以分割频率高低的不同，HFC 接入网的频率分割可分为低分割（分割频率为 30MHz～42MHz）、中分割（分割频率为 100MHz 左右）和高分割（分割频率为 200MHz 左右）。

高、中、低 3 种分割方式的选取主要根据系统的功能和所传输的信息量而定。通常，低分割方式主要适用于节点规模较小、上行信息量较少的应用系统（如点播电视、Internet 接入和数据检索等）；中、高分割方式主要适用于节点规模较大、上行信息量较多的应用系统（如可视电话、会议电视等）。

2. HFC 接入网的频谱分配方案

各种图像、数据和语音信号通过调制解调器同时在同轴电缆上传输。建议的频谱方案有多种，其中一种低分割方式如图 9-5 所示。

图 9-5 中各频段的作用如下。

（1）5MHz～42MHz 为上行通道，即回传通道。其中，5MHz～8MHz 传状态检视信息，8MHz～12MHz 传 VOD 信令，15MHz～40MHz 传电话信号、数据信号。

（2）50MHz～1 000MHz 为下行信道，细分如下。

① 50MHz～550MHz 频段传输现有的模拟 CATV 信号，每路 6MHz～8MHz，总共可以传输各种不同制式的电视节目 60 路～80 路。

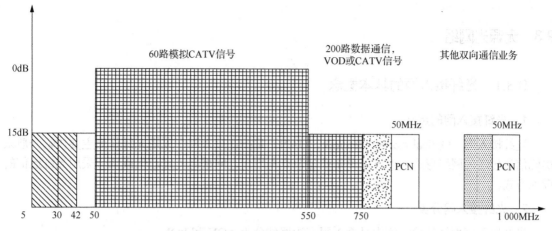

图 9-5 HFC 接入网的频谱分配方案之一（低分割方式）

② 550MHz～750MHz 频段传输传统的电话信号及数据信号，也可以传输附加的模拟 CATV 信号或数字电视信号，也有建议传输双向交互式通信业务，特别是点播电视业务。

③ 高端 750MHz～1 000MHz 频段，传输各种双向通信业务，有 2×50MHz 用于个人通信业务，其他用于未来可能的新业务等。

3．HFC 接入网的调制技术

HFC 接入网采用副载波频分复用方式，即采用模拟调制技术。副载波复用（SubCarrier Multiplexing，SCM）是将各路信号分别调制到不同的射频（即副载波）上，然后再将各个带有信号的副载波合起来，调制一个光波转换为光信号（光调制）。

HFC 接入网的下行信号所采用的调制方式（电信号的调制）主要为 64QAM 或 256QAM，上行信号所采用的调制方式主要是 QPSK 和 16QAM。

9.2.5　HFC 接入网的优缺点

1．HFC 接入网的优点

（1）HFC 接入网的频带较宽，可满足综合业务和高速数据传输需要，能适应未来一段时间内的业务需求。

（2）HFC 接入网的灵活性和扩展性都较好。HFC 接入网在业务上可以兼容传统的电话业务和模拟视频业务，同时支持 Internet 访问、数字视频、VOD 以及其他未来的交互式业务。在结构上，HFC 接入网具有很强的灵活性，可以平滑地向 FTTH 过渡。

（3）HFC 接入网适合当前模拟制式为主体的视像业务及设备市场，用户使用方便。

（4）HFC 接入网与铜线接入网相比，运营、维护及管理的费用较低。

2．HFC 接入网的缺点

（1）HFC 接入网成本虽然低于光纤接入网，但需要对 CATV 网进行双向改造，投资较大。

（2）拓扑结构需进一步改进，以提高网络可靠性，一个光纤节点为 500 用户服务，出问题时影响面大。

（3）漏斗噪声难以避免。

（4）HFC 接入网用户共享同轴电缆带宽，当用户数多时每户可用的带宽下降。

9.3 无源光网络

9.3.1 光纤接入网的基本概念

1. 光纤接入网的定义

光纤接入网（Optical Access Network，OAN）是指在接入网中采用光纤作为主要传输介质来实现信息传送的网络形式，也可以说是业务节点与用户之间采用光纤通信或部分采用光纤通信的接入方式。

2. 光纤接入网分类

光纤接入网根据传输设施中是否采用有源器件分为 AON 和 PON。

（1）AON

AON 的传输设施采用有源器件。

（2）PON

PON 中的传输设施是由无源光器件组成。根据采用的技术不同，PON 又可以分为以下几种。

① ATM 无源光网络（ATM Passive Optical Network，APON）——基于 ATM 技术的无源光网络，后更名为宽带 PON（Broadband Passive Optical Network，BPON）。

② 以太网无源光网络（Ethernet Passive Optical Network，EPON）——基于以太网技术的无源光网络。

③ 吉比特无源光网络（Gigabit Passive Optical Network，GPON）——GPON 是 BPON 的一种扩展。

AON 比 PON 传输距离长，传输容量大，业务配置灵活，但不足之处是成本高、需要供电系统、维护复杂。而 PON 结构简单，易于扩容和维护，所以 PON 得到越来越广泛的应用。

3. 光纤接入网的功能参考配置

ITU-T G.982 建议给出的 OAN 的功能参考配置如图 9-6 所示。

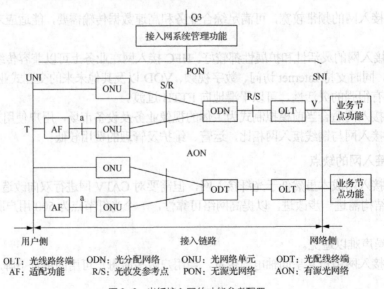

图 9-6　光纤接入网的功能参考配置

光纤接入网主要包含如下配置。

- 4 种基本功能模块：光线路终端（Optical Line Terminal，OLT）、光网络单元（Optical Network Unit，ONU）、光分配网络（Optical Distribution Network，ODN）/光配线终端（Optical Distribution Terminal，ODT）、AN 系统管理功能模块。
- 5 个参考点：光发送参考点 S，光接收参考点 R，与业务节点间的参考点 V，与用户终端间的参考点 T，AF 与 ONU 间的参考点 a。
- 3 个接口：Q3 接口、UNI 和 SNI。

各基本功能模块的功能分述如下。

（1）OLT

OLT 的作用是为光纤接入网提供网络侧与业务节点之间的接口，并经过一个或多个 ODN/ODT 与用户侧的 ONU 通信，OLT 与 ONU 的关系为主从通信关系。OLT 对来自 ONU 的信令和监控信息进行管理，从而为 ONU 和自身提供维护与供电功能。

（2）ONU

ONU 位于 ODN/ODT 和用户之间，ONU 的网络侧具有光接口，而用户侧为电接口，因此需要具有光/电和电/光变换功能，并能实现对各种电信号的处理与维护管理功能。

（3）ODN/ODT

ODN/ODT 是光纤接入网中的传输设施，为 ONU 和 OLT 提供光传输通道作为其间的物理连接。

① AON 的传输设施为 ODT（含有源器件），即 AON 由 OLT、ONU、ODT 构成。ODT 可以是一个有源复用设备，远端集中器，也可以是一个环网。

AON 通常用于电话接入网，其传输体制有 PDH 和 SDH，一般采用 SDH/MSTP 技术。网络结构大多为环形，ONU 兼有 SDH 环形网中 ADM 的功能。

② PON 中的传输设施为 ODN，全部由无源光器件组成，主要包括光纤、光连接器、无源光分路器（Optical Branching Device，OBD）（分光器）和光纤接头等。

（4）AN 系统管理功能模块

AN 系统管理功能模块负责对光纤接入网进行维护管理，其管理功能包括配置管理、性能管理、故障管理、安全管理及计费管理。

4. PON 的拓扑结构

在光纤接入网中 ODN/ODT 的配置一般是点到多点方式，即指多个 ONU 通过 ODN/ODT 与一个 OLT 相连。多个 ONU 与一个 OLT 的连接方式即决定了光纤接入网的结构。

由于 PON 比 AON 应用范围更广，所以这里介绍的是 PON 的拓扑结构，一般为星形、树形和总线型。

（1）星形结构

星形结构包括单星形结构和双星形结构。

① 单星形结构

单星形结构是指用户端的每一个 ONU 分别通过一根或一对光纤与 OLT 相连，形成以 OLT 为中心向四周辐射的连接结构，如图 9-7 所示。

此结构的特点如下。

- 在光纤连接中不使用光分路器（即分光器），不存在由分光器引入的光信号衰减，网络覆盖范围大。

- 采用相互独立的光纤信道，ONU 之间互不影响且保密性能好，易于升级。
- 光缆需要量大，光纤和光源无法共享，所以成本较高。

② 双星形结构

双星形结构是单星形结构的改进，多个 ONU 均连接到 OBD，然后通过一根或一对光纤再与 OLT 相连，如图 9-8 所示。

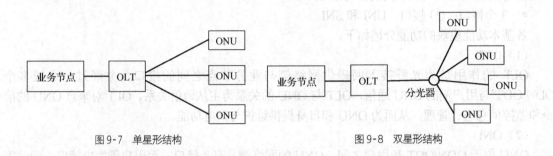

图 9-7　单星形结构　　　　　　　　　　图 9-8　双星形结构

双星形结构适合网径更大的范围，而且具有维护费用低、易于扩容升级、业务变化灵活等优点，是目前采用比较广泛的一种拓扑结构。

（2）树形结构

树形结构是星形结构的扩展，如图 9-9 所示。连接 OLT 的第 1 个 OBD 将光信号分成 n 路，下一级连接第 2 级 OBD 或直接连接 ONU，最后一级的 OBD 连接 n 个 ONU。

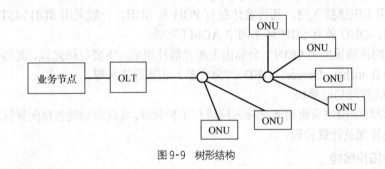

图 9-9　树形结构

树形结构的特点如下。

① 线路维护容易。

② 不存在雷电及电磁干扰，可靠性高。

③ 由于 OLT 的一个光源提供给所有 ONU 光功率，光源的功率有限，这就限制了所连接 ONU 的数量以及光信号的传输距离。

树形结构的光分路器可以采用均匀分光（即等功率分光，分出的各路光信号功率相等）和非均匀分光（即不等功率分光，分出的各路光信号功率不相等）两种。

（3）总线型结构

总线型结构的光纤接入网如图 9-10 所示。这种结构适合于沿街道、公路线状分布的用户环境。它通常采用非均匀分光的 OBD 沿线状排列。OBD 从光总线中分出 OLT 传输的光信号，将每个 ONU 传出的光信号插入到光总线。这种结构的特点如下。

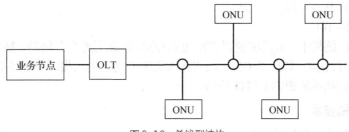

图 9-10 总线型结构

① 非均匀的分光器给总线只引入少量的损耗，并且只从光总线中分出少量的光功率。

② 由于光纤线路存在损耗，使在靠近 OLT 和远离 OLT 处接收到的光信号强度有较大差别，因此，对 ONU 中光接收机的动态范围要求较高。

以上介绍了 PON 的几种基本拓扑结构，在实际建设光纤接入网时，采用哪一种拓扑结构，要综合考虑当地的地理环境、用户群分布情况、经济情况等因素。

5. 光纤接入网的应用类型

按照光纤接入网的参考配置，根据光网络单元设置的位置不同，光纤接入网可分成不同的应用类型，主要包括光纤到路边（Fiber To The Curb，FTTC）、光纤到大楼（Fiber To The Building，FTTB）、光纤到家（Fiber To The Home，FTTH）或光纤到办公室（Fiber To The Office，FTTO）等。图 9-11 表示出了 3 种不同应用类型。

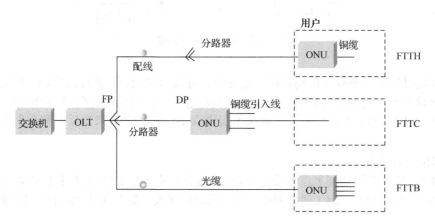

图 9-11 光纤接入网的 3 种应用类型

（1）FTTC

在 FTTC 结构中，ONU 设置在路边的人孔或电线杆上的分线盒处，即 DP 点。从 ONU 到各用户之间的部分仍用铜双绞线对。若要传送宽带图像业务，则除距离很短的情况之外，这一部分可能会需要同轴电缆。

FTTC 结构主要适用于点到点或点到多点的树形-分支拓扑结构，用户为居民住宅用户和小企事业用户。

（2）FTTB

FTTB 也可以看作是 FTTC 的一种变形，不同处在于将 ONU 直接放到楼内（通常为居民住宅公寓或小企事业单位办公楼），再经多对双绞铜线将业务分送给各个用户。FTTB 是一种点到多点结构，通常不用于点到点结构。

（3）FTTH 和 FTTO

在前述的 FTTC 结构中，如果将设置在路边的 ONU 换成无源光分路器，然后将 ONU 移到用户房间内即为 FTTH 结构。如果将 ONU 放置在大企事业用户的大楼终端设备处并能提供一定范围的灵活的业务，则构成所谓的 FTTO 结构。

6. PON 的传输技术

（1）双向传输技术（复用技术）

PON 的传输技术主要提供完成连接 OLT 和 ONU 的手段。这里的双向传输技术（复用技术）是指上行信道（ONU 到 OLT）和下行信道（OLT 到 ONU）的区分。

PON 常用的双向传输技术主要包括光空分复用（Optical Spatial Division Multiplexing，OSDM）、光波分复用（Optical Wavelength Division Multiplexing，OWDM）、时间压缩复用（Time Compression Multiplexing，TCM）和光副载波复用（Optical Sub Carrier Multiplexing，OSCM）。其中用得最多的是 OWDM，下面重点介绍 OWDM。

对于双向传输而言，OWDM 是将两个方向的信号分别调制在不同波长上，然后利用一根光纤传输，即可实现单纤双向传输的目的，其双向传输原理如图 9-12 所示。

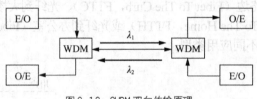

图 9-12 OWDM 双向传输原理

光波分复用的优点是双向传输使用一根光纤，可以节约光纤、光纤放大器、再生器和光终端设备。但缺点是单纤双向 WDM 需要在两端设置波分复用器件来区分双向信号，从而引入至少 6dB(2×3dB) 损耗，而且利用光纤放大器实现双工传输时会有来自反射和散射的多径干扰影响。

（2）多址接入技术

在典型的光纤接入网点到多点的系统结构中，通常只有一个 OLT 却有多个 ONU，为了使每个 ONU 都能正确无误地与 OLT 进行通信，反向的用户接入，即多点用户的上行接入需要采用多址接入技术。

多址接入技术主要有光时分多址（Optical Time Division Multiple Access，OTDMA）、光波分多址（Optical Wavelength Division Multiple Access，OWDMA）、光码分多址（Optical Code Division Multiple Access，OCDMA）和光副载波多址（Optical SubCarrier Multiple Access，OSCMA）。目前光纤接入网一般采用光时分多址接入方式，下面仅介绍此种多址接入技术。

光时分多址接入方式是指将上行传输时间分为若干时隙，在每个时隙只安排一个 ONU 发送的信息，各 ONU 按 OLT 规定的时间顺序依次以分组的方式向 OLT 发送。为了避免与 OLT 距离不同的 ONU 所发送的上行信号在 OBD（分光器）处合成时发生重叠，OLT 需要有测距功能，不断测量每一个 ONU 与 OLT 之间的传输时延（与传输距离有关），指挥每一个 ONU 调整发送时间使之不致产生信号重叠。OTDMA 方式的原理如图 9-13 所示。

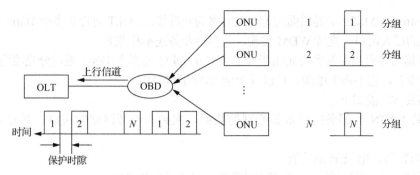

图 9-13 OTDMA 方式的原理示意图

以上介绍了光纤接入网的基本概念，我们已知 PON 比 AON 应用更广泛，而 PON 中 EPON 和 GPON 则比 APON 更占据优势，所以下面主要介绍 EPON 和 GPON。

9.3.2 以太网无源光网络

EPON 是基于以太网技术的无源光网络，即采用 PON 的拓扑结构实现以太网帧的接入，EPON 的标准为 IEEE 802.3ah。

1. EPON 的网络结构

EPON 的网络结构一般采用双星形或树形，如图 9-14 所示。

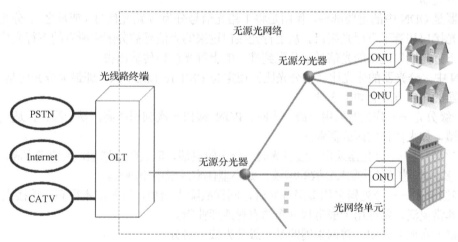

图 9-14 EPON 的网络结构示意图

EPON 中设备分无源网络设备和有源网络设备两种。

（1）无源网络设备指的是 ODN，包括光纤、无源分光器、连接器和光纤接头等。ODN 一般放置于局外，称为局外设备。

（2）有源网络设备包括 OLT、ONU 和设备管理系统（Equipment Management System，EMS）。

EPON 中较为复杂的功能主要集中于 OLT，而 ONU 的功能则较简单，这主要是为了尽量降低用户端设备的成本。

2. EPON 的设备功能

（1）光线路终端

在 EPON 中，OLT 既是一个交换机或路由器，又是一个多业务提供平台（Multiple Service

Providing Platform，MSPP），提供面向无源光网络的光纤接口。OLT 可提供多个 1Gbit/s 和 10Gbit/s 等多个速率的以太网口，支持 WDM 传输，与多种业务速率相兼容。

OLT 根据需要可以配置多块光线路卡（OLC），OLC 与多个 ONU 通过分光器连接，分光器是一个简单设备，它不需要电源，可以置于全天候的环境中。

OLT 的具体功能如下。

① 提供 EPON 与服务提供商核心网的数据、视频和语音网络的接口，具有复用/解复用功能。

② 光/电转换、电/光转换功能。

③ 分配和控制信道的连接，并有实时监控、管理及维护功能。

④ 可具有以太网交换机或路由器的功能。

OLT 的布放位置有以下 3 种方式。

- OLT 放置于局端中心机房（交换机房、数据机房等）——这种布放方式，OLT 的覆盖范围大，便于维护和管理，节省运维成本，利于资源共享。

- OLT 放置于远端中心机房——这种布放方式，OLT 的覆盖范围适中，便于操作和管理，同时兼顾容量和资源。

- OLT 放置于户外机房或小区机房——此种布放方式节省光纤，但管理和维护困难，OLT 的覆盖范围比较小，需要解决供电问题，一般不建议采用这种方式。

OLT 位置的选择，主要取决于实际的应用场景，一般建议将 OLT 放置于局端中心机房。

（2）分光器

分光器是 ODN 中的重要部件，作用是将 1 路光信号分为 N 路光信号（或反之）。分光器带有一个上行光接口和若干下行光接口。从上行光接口过来的光信号被分配到所有的下行光接口传输出去，从下行光接口过来的光信号被分配到唯一的上行光接口传输出去。

EPON 中，分光器的分光比（总分光比）规定为 1:8/1:16/1:32/1:64，即最大分光比是 1:64。

分光器的布放方式有如下 3 种。

① 一级分光——分光器采用一级分光时，PON 端口一次利用率高，易于维护，适用于需求密集的城镇，如大型住宅区或商业区。

② 二级分光——分光器采用二级分光时，分布较灵活，但故障点增加，维护成本高，而且熔接点/接头多。典型应用于需求分散的城镇，如小型住宅区或中小城市。

③ 多级分光——分光器采用多级分光时，同样故障点增加，维护成本很高，熔接点/接头增加，分布非常灵活，常应用于成带状分布的农村或商业街。

分光器的布放方式中，普遍采用的是一级分光或二级分光。

（3）光网络单元

① ONU 的功能

ONU 放置在用户侧，其功能如下。

- 给用户提供数据、视频和语音与 PON 之间的接口（若用户业务为模拟信号，ONU 应具有模/数、数/模转换功能）。

- 光/电（以太网帧格式）转换、电/光转换功能。

- 提供以太网二层、三层交换功能——在中带宽和高带宽的 ONU 中，可实现成本低廉的以太网二层、三层交换功能。此类 ONU 可以通过层叠来为多个最终用户提供共享高带宽。在通信过程中，不需要协议转换就可实现 ONU 对用户数据透明传送。ONU 也支持其他传统的 TDM 协议，而且不增加设计和操作的复杂性。

② ONU 布放的位置

根据 ONU 布放的位置，可将 EPON 分为 FTTH、FTTB 和 FTTC。

（4）设备管理系统

EPON 中的 OLT 和所有的 ONU 被 EMS 管理，管理功能包括故障管理、配置管理、计费管理、性能管理和安全管理。

3. EPON 的工作原理及帧结构

EPON 采用 WDM 技术，实现单纤双向传输。使用 2 个波长时，下行（OLT 到 ONU）使用 1 510nm 波长，上行（ONU 到 OLT）使用 1 310nm 波长，用于分配数据、语音和 IP 交换式数字视频（SDV）业务。

使用 3 个波长时，下行使用 1 510nm 波长，上行使用 1 310nm 波长，增加一个下行 1 550nm 波长，携带下行 CATV 业务。

（1）下行通信

EPON 下行采用 TDM+广播的传输方式，其传输原理如图 9-15 所示。

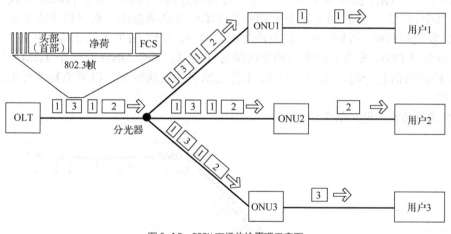

图 9-15 EPON 下行传输原理示意图

具体工作过程如下。

① OLT 首先将发给各个 ONU 的以太网 MAC 帧（电信号）进行时分复用封装为下行传输帧，然后调制一个光载波（1 510nm 波长）将其转换为光复用信号（电/光转换），并馈入光纤发给分光器。

② 分光器采用广播方式将光复用信号发给所有的 ONU，各个 ONU 将光复用信号转换为电复用信号。ONU 如何从复用信号中识别哪个数据包是发给自己的呢？在 EPON 中，根据以太网 IEEE 802.3 标准，传的是可变长度的数据包（以太网 MAC 帧），每个数据包带有一个 EPON 包头（逻辑链路标识 LLID），唯一标识该数据包是发给哪个 ONU 的（也可标识为广播数据包发给所有 ONU 或发给特定的 ONU 组）。所以各 ONU 可根据此标识（通过地址匹配）识别并接收发给它的数据包，丢弃发给其他 ONU 的数据包。

EPON 下行传输的数据流被组成固定长度的帧，其帧结构如图 9-16 所示。

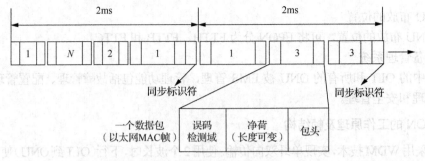

图 9-16 EPON 下行传输帧结构

　　EPON 下行传输速率为 1.25Gbit/s，每帧帧长为 2ms，可以携带多个可变长度的数据包（以太网 MAC 帧）。含有同步标识符的时钟信息位于每帧的开头，用于 ONU 与 OLT 的同步，同步标识符占 1 个字节。从图 9-16 可以看出，下行传输的帧结构中包含的 ONU 数据分组（即以太网 MAC 帧）没有顺序，而且长度也是可变的。

　　（2）上行通信

　　EPON 中一个 OLT 携带多个 ONU，在上行传输方向，EPON 采用 TDMA 方式。具体来说，就是每个 ONU 只能在 OLT 已分配的特定时隙中发送数据帧，而且每个特定时刻只能有一个 ONU 发送数据帧，否则 ONU 间将产生时隙冲突，导致 OLT 无法正确接收各个 ONU 的数据，所以要对 ONU 发送上行数据帧的时隙进行控制。每个 ONU 有一个 TDMA 控制器，它与 OLT 的定时信息一起，控制各 ONU 上行数据包的发送时刻，以避免复合时相互间发生碰撞和冲突。

　　EPON 上行传输原理如图 9-17 所示。

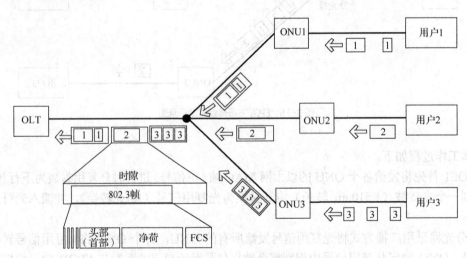

图 9-17 EPON 上行传输原理示意图

　　连接于分光器的各 ONU 将要发送的数据包（以太网 MAC 帧）转换为光信号，然后将上行数据流发送给分光器，经过分光器耦合到共用光纤，以 TDM 方式复合成一个连续的数据流，此数据流组成上行帧，其帧长也是 2ms，每帧有一个帧头，表示该帧的开始。每帧进一步分割成可变长度的时隙，每个时隙分配给一个 ONU。EPON 上行帧结构如图 9-18 所示。

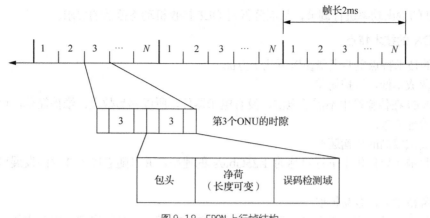

图 9-18 EPON 上行帧结构

假设一个 OLT 携带的 ONU 个数是 N，则在 EPON 的上行帧结构中会有 N 个时隙，每个 ONU 占用一个时隙，但时隙的长度并不是固定的，它是根据 ONU 发送的最长消息，也就是 ONU 要求的最大带宽和 IEEE 802.3 帧来确定的。ONU 可以在一个时隙内发送多个 IEEE 802.3 帧，图中 ONU3 在它的时隙内发送 2 个可变长度的数据包和一些时隙开销。时隙开销包括保护字节、定时指示符和信号权限指示符。当 ONU 没有数据发送时，就用空闲字节填充自己的时隙。

4．EPON 的关键技术

EPON 属于共享带宽的无源光网络，多个 ONU 与一个 OLT 相连。由于不同 ONU 到 OLT 所经过的路径长度不同，信道特性和传输时延也不相同，EPON 系统采用了测距技术和光功率动态调节等技术保证 OLT 正确地接收各个 ONU 的数据。

EPON 的关键技术包括时分多址接入的控制（测距技术）、光功率动态调节、快速比特同步、突发信号的收发和动态带宽分配等等，在此主要介绍时分多址接入的控制（测距技术）和光功率动态调节技术。

（1）时分多址接入的控制（测距技术）

EPON 中，一个 OLT 可以接 16～64 个 ONU，ONU 至 OLT 的距离有长有短，最短的可以是几米，最长的可以达 20km。EPON 采用 TDMA 方式接入，必须使每一个 ONU 的上行信号在公用光纤汇合后，插入指定的时隙，彼此间既不发生碰撞，也不要间隔太大。所以 OLT 必须要准确知道数据在 OLT 和每个 ONU 之间的传输往返时间（Round Trip Time，RTT），即 OLT 要不断地对每一个 ONU 与 OLT 的距离进行精确测定（即测距），以便控制每个 ONU 发送上行信号的时刻。

测距具体过程为：OLT 发出一个测距信息，此信息经过 OLT 内的电子电路和光电转换延时后，光信号进入光纤传输并产生延时到达 ONU，经过 ONU 内的光电转换和电子电路延时后，又发送光信号到光纤并再次产生延时，最后到达 OLT。OLT 把收到的传输延时信号和它发出去的信号相位进行比较，从而获得传输延时值。OLT 以距离最远的 ONU 的延时为基准，算出每个 ONU 的延时补偿值 Td，并通知 ONU。该 ONU 在收到 OLT 允许它发送信息的授权后，延时 Td 补偿值后再发送自己的信息，这样各个 ONU 采用不同的 Td 补偿时延调整自己的发送时刻，以便使所有 ONU 到达 OLT 的时间都相同。G.983.1 建议要求测距精度为 ±1bit。

（2）光功率动态调节技术

不同 ONU 到 OLT 间的信道特性是不同的，因此 ONU 到 OLT 的光功率衰减不一样，OLT 光接收机需要有大的动态范围，并能设定和改变门限，以便用最快的速度进行判决。可以通过预先对每个 ONU 的输出功率进行调节，从而降低对 OLT 接收机动态范围的要求。

5. EPON 的技术特点

EPON 的技术特点主要表现在以下几个方面。

（1）运营成本低，维护简单

由于 EPON 在传输途中不需要电源，没有电子器件，所以容易敷设，维护简单，可节省长期运营成本和管理成本。

（2）可提供较高的传输速率

EPON 目前可以提供上下行对称的 1.25Gbit/s 的速率，并且随着以太技术的发展可以升级到 10Gbit/s。

（3）服务范围大，容易扩展

EPON 作为一种点到多点网络，可以利用局端单个光模块及光纤资源，服务大量终端用户，而且网络容易扩展。

（4）技术实现简单

EPON 基于以太网技术，除了扩充定义多点控制协议（Multi-Point Control Protocal，MPCP）外，没有改变以太网数据帧（MAC 帧）格式，因此技术实现简单。

（5）带宽分配灵活，服务有保证

EPON 可以通过 DBA 算法来实现对每个用户进行带宽分配，并采取 DiffServ 等措施保证每个用户的 QoS。

9.3.3 吉比特无源光网络

1. GPON 的概念

在 2001 年 1 月左右，在第一英里以太网联盟（Ethernet in the First Mile Alliance，EFMA）提出 EPON 概念的同时，全业务接入网络（Full-Services Access Network，FSAN）组织也开始进行 1Gbit/s 以上的 PON——GPON 标准的研究。

GPON 是 BPON（APON）的一种扩展，相对于其他的 PON 标准而言，GPON 标准提供了前所未有的高带宽（下行速率接近 2.5Gbit/s），上、下行速率有对称和不对称两种，其非对称特性更能适应宽带数据业务市场。

与 EPON 直接采用以太网帧不同，GPON 标准规定了一种特殊的封装方法：GPON 封装方式（GPON Encapsulation Method，GEM）。GPON 可以同时承载 ATM 信元和（或）GEM 帧，有很好的提供服务等级、支持 QoS 保证和全业务接入的能力；在承载 GEM 帧时，可以将 TDM 业务映射到 GEM 帧中，使用标准的 8kHz（125μs）帧能够直接支持 TDM 业务。作为一种电信级的技术标准，GPON 还规定了在接入网层面上的保护机制和完整的 OAM 功能。

2. GPON 的技术特点

归纳起来，GPON 具有以下技术特点。

（1）业务支持能力强，具有全业务接入能力

相对 EPON 技术，GPON 更注重对多业务的支持能力。GPON 用户接口丰富，可以提供包括 64kbit/s 业务、E1 电路业务、ATM 业务、IP 业务和 CATV 等在内的全业务接入能力，是提供语音、数据和视频综合业务接入的理想技术。

（2）可提供较高带宽和较远的覆盖距离

GPON 可以提供 1 244Mbit/s、2 488Mbit/s 的下行速率和 155Mbit/s、622Mbit/s、1 244Mbit/s

和 2 488Mbit/s 的上行速率，能灵活地提供对称和非对称速率。

此外，GPON 中一个 OLT 可以支持最多 128 个 ONU，GPON 的逻辑传输距离最长可达到 60km。

（3）带宽分配灵活，服务质量有保证

与 EPON 一样，GPON 采用 DBA 算法可以灵活调用带宽，而且能够保证各种不同类型和等级业务的服务质量。

（4）具有保护机制和 OAM 功能

GPON 具有保护机制和完整的 OAM 功能，此外，ODN 的无源特性减少了故障点，便于维护。

（5）安全性高

GPON 下行采用高级加密标准 AES 加密算法，对下行帧的负载部分进行加密，可以有效地防止下行数据被非法 ONU 截取。同时，GPON 通过 PLOAM 通道随时维护和更新每个 ONU 的密钥。

（6）网络扩展容易，便于升级

GPON 模块化程度高，对局端资源占用很少，树形拓扑结构使系统扩展容易。

（7）技术相对复杂，设备成本较高

GPON 承载有 QoS 保障的多业务和强大的 OAM 能力等优势很大程度上是以技术和设备的复杂性为代价换来的，从而使得相关设备成本较高。但随着 GPON 技术的发展和大规模应用，GPON 设备的成本可能会有所下降。

3. GPON 协议层次模型与标准

（1）GPON 协议层次模型

GPON 协议层次模型如图 9-19 所示。

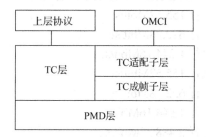

图 9-19 GPON 协议层次模型

GPON 协议层次模型主要包括 3 层：物理介质相关（Physical Media Dependent，PMD）层、传输汇聚（Transmission Convergence，TC）层和光网络单元管理控制接口（ONU Management and Control Interface，OMCI）层。各层主要功能如下。

① PMD 层

PMD 层提供了在 GPON 物理介质上传输信号的手段，其要求参见 G.984.2 标准。G.984.2 标准中规定了光接口的规范，包括上下行速率、工作波长、双工方式、线路编码、链路预算以及光接口的其他详细要求。

② TC 层

TC 层是 GPON 技术的核心，G.984.3 标准中规定了帧结构、动态带宽分配 DBA、ONU 激活、OAM 功能、安全性等方面的要求。TC 层包括两个子层：成帧子层（Framing Sublayer）和适配子层（Adaptation Sublayer）。

- 成帧子层的主要作用是提供 GPON 传输汇聚（GPON Transmission Convergence，GTC）净荷和物理层操作管理维护（Physical Layer OAM，PLOAM）信息的复用与解复用、GTC 帧头的生成和解码（即在发送端封装成 GTC 帧，在接收端进行帧拆卸）以及嵌入式 OAM 的处理；另外，成帧子层还完成测距、带宽分配、保护倒换等功能。

- 适配子层的主要作用是利用 GEM 提供对上层协议和 OMCI 的适配（即 GEM 帧的封装和拆卸），同时还提供 DBA 控制等功能。

③ OMCI 层

OMCI 层提供了对 ONU 进行远程控制和管理的手段，其要求在 G.984.4 和 G.988 标准中进行了规定。

（2）GPON 的标准

2003 年 3 月 ITU-T 颁布了描述 GPON 总体特性的 G.984.1 标准和 ODN PMD 子层的 G.984.2 标准；2004 年 2 月和 6 月发布了规范 TC 层的 G.984.3 和 OMCI 的 G.984.4 标准；2008 年 3 月 ITU-T 发布了新的 G.984.1 和 G.984.3 标准。

各种 GPON 标准的具体内容如下。

① G.984.1（G.gpon.gsr）标准

G.984.1 标准的名称是吉比特无源光网络的总体特性，该标准主要规范了 GPON 系统的总体要求，包括 OAN 的体系结构、业务类型、SNI 和 UNI、物理速率、逻辑传输距离以及系统的性能目标。

G.984.1 标准对 GPON 提出了总体目标，要求 ONU 的最大逻辑距离差可达 20km，支持的最大分路比为 16、32、64 或 128，不同的分路比（分光比）对设备的要求不同。从分层结构上看，ITU 定义的 GPON 由 PMD 层和 TC 层构成，分别由 G.984.2 标准和 G.984.3 标准进行规范。

② G.984.2（G.gpon.pmd）标准

G.984.2 标准规定了 GPON 系统的上、下行速率，有对称和不对称几种，具体如下：

- 下行 1 244.16Mbit/s，上行 155.52Mbit/s；
- 下行 1 244.16Mbit/s，上行 622.08Mbit/s；
- 下行 1 244.16Mbit/s，上行 1 244.16Mbit/s；
- 下行 2 488.32Mbit/s，上行 155.52Mbit/s；
- 下行 2 488.32Mbit/s，上行 622.08Mbit/s；
- 下行 2 488.32Mbit/s，上行 1 244.16Mbit/s；
- 下行 2 488.32Mbit/s，上行 2 488.32Mbit/s。

值得说明的是：GPON 演进到 XGOPN，上、下行速率均可达到 10Gbit/s（FSAN 为此制定了相应的标准）。

③ G.984.3（G.gpon.gtc）标准

G.984.3 标准的名称为吉比特无源光网络的 TC 层规范，于 2003 年完成。该标准规定了 GPON 的 TC 子层的 GTC 帧格式、封装方法、适配方法、测距机制、QoS 机制、安全机制、DBA、操作维护管理功能等。

G.984.3 标准是 GPON 系统的关键技术要求，它引入了一种新的传输汇聚子层，用于承载 ATM 业务流和 GEM 业务流。GEM 是一种新的封装结构，主要用于封装那些长度可变的数据信号和 TDM 业务。

④ G.984.4（GPON OMCI 规范）标准

G.984.4 标准的名称为 GPON 系统管理控制接口规范，2004 年 6 月正式完成。该标准提出了对 OMCI 的要求，目标是实现多厂商 OLT 和光网络终端（Optical Network Terminal，ONT）设备的互通性。该标准指定了协议无关的 MIB 管理实体，模拟了 OLT 和 ONT 之间信息交换的过程。

4．GPON 的网络结构

GPON 与 EPON 相同，也是由 OLT、ONU、ODN 3 部分组成，GPON 可以灵活地组成树形、星形、总线型等拓扑结构，其中典型结构为树形结构。GPON 的网络结构示意图如图 9-20 所示。

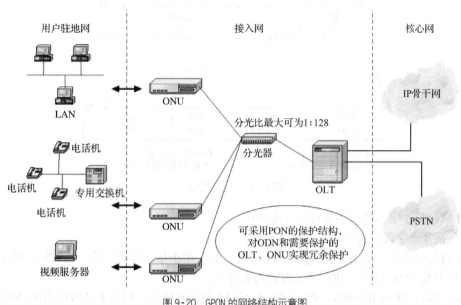

图 9-20　GPON 的网络结构示意图

GPON 的工作原理与 EPON 一样，其设备功能与 EPON 类似，主要是帧结构、上下行速率有所不同。

5．GPON 的设备功能

（1）OLT

OLT 位于局端，是整个 GPON 的核心部件，具体功能如下。

① 向上提供广域网接口（包括吉比特以太网、ATM 和 DS-3 接口等）。

② 集中带宽分配、控制光分配网（ODN）。

③ 光/电转换、电/光转换。

④ 实时监控、运行维护管理光网络系统的功能。

（2）ONU

ONU 放置在用户侧，具体功能如下。

① 为用户提供 10/100 Base-T、TI/EI 和 DS-3 等应用接口。

② 光/电转换、电/光转换。

③ 可以兼有适配功能。

（3）ODN

ODN 是一个连接 OLT 和 ONU 的无源设备，其中最重要的部件是分光器，其作用与 EPON 中的一样。GPON 支持的分光比为 1:16//1:32/1:64/1:128。

6．GPON 的帧结构

GPON 的上、下行帧结构均包括首部（头部）及净荷部分。其中，首部为控制信息，净荷部

分主要承载的是 GEM 帧，下面主要介绍 GEM 帧结构。（由于篇幅所限，不再具体介绍 GPON 的上、下行帧结构）

GEM 帧结构如图 9-21 所示。

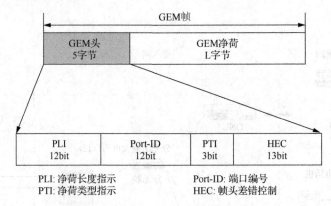

PLI：净荷长度指示　　　　　　　Port-ID：端口编号
PTI：净荷类型指示　　　　　　　HEC：帧头差错控制

图 9-21　GEM 帧结构

GEM 帧包括 5 字节的帧头和可变长度净荷。

帧头包括 4 个字段，各字段的作用如下。

① 净荷长度指示（Payload Length Indication，PLI）用于指示净荷长度，共 12bit，即 GEM 净荷的长度最多是 4 095 字节，超过此长度就需要分片。

② 端口标识（Port-IDentity，Port-ID）是 GEM 端口的标识，相当于 APON 中的 VPI。12bit 的 Port-ID 可以提供 4 096 个不同的端口，用于支持多端口复用，由 OLT 分配。

③ 净荷类型指示（Payload Type Indication，PTI（3bit）用于指示净荷类型，同时用于指示在净荷分片时是否为一帧中最后一片。

④ HEC（13bit），用于帧头的错误检测和纠正。

9.4　FTTx+LAN 接入网

9.4.1　FTTx+LAN 接入网的概念及网络结构

1. FTTx+LAN 接入网的概念

FTTx+LAN 接入网是指光纤加交换式以太网的方式（也称为以太网接入），可实现用户高速接入互联网，支持的应用类型有 FTTC、FTTB、FTTH，泛称为 FTTx。目前一般实现的是 FTTC 或 FTTB。

2. FTTx+LAN 接入网的网络结构

FTTx+LAN 接入网（以太网接入）的网络结构采用星形或树形，以接入宽带 IP 城域网的汇聚层为例，如图 9-22 所示（图中省略了以太网出口的相应设备）。

以太网接入的网络结构可以根据用户数量及经济情况等采用图 9-22（a）所示的一级接入或图 9-22（b）所示的两级接入。

图 9-22（a）所示的 FTTx+LAN 接入网，适合于小规模居民小区，交换机只有一级，采用以太网三层交换或二层交换都可以（建议采用三层交换机）。二/三层交换机上行与汇聚层节点利用

光纤相连，速率一般为 100Mbit/s；下行与用户之间一般采用双绞线连接，速率一般为 10Mbit/s 或 100Mbit/s，若用户数超过交换机的端口数，可采用交换机级联方式。

图 9-22（b）所示的 FTTx+LAN 接入网，适合于中等或大规模居民小区，交换机分两级，第一级交换机采用具有路由功能的三层交换机，第二级交换机采用二层交换机。

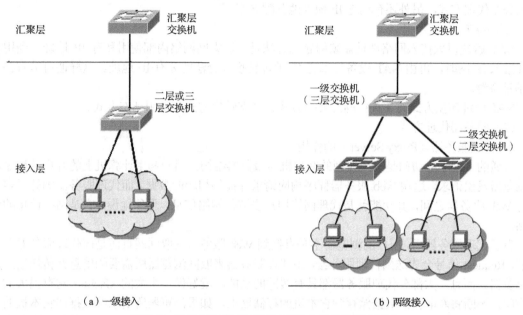

（a）一级接入　　　　　　　　　　　　　　　　（b）两级接入

图 9-22　FTTx+LAN 接入网（以太网接入）的网络结构示意图

对于中等规模居民小区来说，三层交换机具备一个千兆或多个百兆上联光口，上行与汇聚层节点采用光纤相连（光口直连，电口经光电收发器连接）；三层交换机下联口既可以提供百兆/千兆电口（100m 以内），也可以提供百兆/千兆光口。下行与二层交换机相连时，若距离大于 100m，采用光纤；距离小于 100m，则采用双绞线。二层交换机与用户之间通常采用双绞线连接，速率一般为 10Mbit/s 或 100Mbit/s。

对于大规模居民小区来说，三层交换机具备多个千兆光口直联到宽带 IP 城域网汇聚层，下联口既可以提供百兆光口，也可以提供千兆光口，其他情况与中等规模居民小区相同。

9.4.2　FTTx+LAN 接入网的地址管理

FTTx+LAN 接入 IP 网的方式覆盖面非常大，将要延伸到千家万户，必将消耗大量的地址资源。在未完成由 IPv4 升级到 IPv6，IP 地址并不充裕的情况下，对 IP 地址进行管理是至关重要的。

这里的 IP 地址管理指的是公有 IP 地址的管理。基于以太网的接入网公有 IP 地址有两种分配方式：静态分配方式和动态分配方式。

1. 静态分配方式

静态公有 IP 地址分配一般用于专线接入，上网机器 24h 在线，用户固定连接在网络端口上。采用静态分配时，建议设备有 IP 地址和 MAC 地址的静态 ARP 绑定、IP 地址和物理端口的对应绑定、IP 地址和 VLAN ID 的对应绑定等绑定功能。设备只允许符合绑定关系的 IP 数据包通过，这样可大大加强对用户的管理。

2. 动态分配方式

动态公有 IP 地址分配一般对应于账号应用，要求用户必须每次均建立连接，认证通过后才分配一个动态 IP 地址，终止连接时收回该地址。

动态分配公有 IP 地址时，地址管理方案有网络地址转换（Network Address Translation，NAT）和服务器代理方式，另外还有动态 IP 地址池分配方案。

（1）NAT

NAT 解决以太接入网络地址短缺问题的办法是：以太网网络内部使用私有 IP 地址，当用户需要接入 IP 网时，再由 NAT 设备将私有 IP 地址转换为合法的公有 IP 地址。这样便可节省公有 IP 地址资源。

NAT 地址转换方式有 3 种：静态转换方式、动态转换方式和复用动态方式。

（2）服务器代理方式

① 代理服务器（Proxy Server）的作用

普通的 Internet 访问是一个典型的客户机与服务器结构：用户利用计算机上的客户端程序，如浏览器发出请求，远端 Web 服务器程序响应请求并提供相应的数据。而代理服务器则处于客户机与 Web 服务器之间，其功能就是代理网络用户去取得网络信息。形象地说：它是网络信息的中转站。

有了代理服务器后，用户的浏览器不是直接到 Web 服务器去取回网页而是向代理服务器发出请求，Request 信号会先送到代理服务器，由代理服务器来取回浏览器所需要的信息并传送给用户的浏览器。而且，大部分代理服务器都具有缓冲的功能，就好像一个大的 Cache，它有很大的存储空间，不断将新取得的数据储存到它本机的存储器上，如果浏览器所请求的数据在它本机的存储器上已经存在而且是最新的，那么它就不需要重新从 Web 服务器取数据，而直接将存储器上的数据传送给用户的浏览器，这样就能显著提高浏览速度和效率。

例如，以太网中一个用户访问了 Internet 上的某一站点后，代理服务器便将访问过的内容存入 Cache 中，当以太网的其他用户再访问同一个站点时，代理服务器便将其缓存中的内容传输给该用户。

② 代理服务器的功能

代理服务器的主要功能如下。

- 节省 IP 地址：以太网内的众多机器可以通过内网的一台代理服务器（代理服务器同时有一个公有 IP 地址和一个宽带小区内部私有 IP 地址）连接到外网，用户的所有处理都是通过代理服务器来完成。这样，以太网所有用户对外只占用一个公有 IP 地址，而不必租用过多的 IP 地址，即节省 IP 地址，又降低网络的维护成本，大大减少了费用。所以，我们说服务器代理方式是地址管理的一种方案。

- 具有防火墙功能：代理服务器可以保护以太网内部网络不受入侵，也可以对某些主机的访问能力进行必要限制，这实际上起着代理防火墙的作用。

- 提高访问速度：由于代理服务器一般都设置一个较大的硬盘缓冲区（可能高达几个 GB 或更大），外界的信息通过时会将其保存到缓冲区中，当其他用户再访问相同的信息时，则直接从缓冲区中取出信息，传给用户，从而达到提高访问速度的目的。

（3）动态 IP 地址池分配

动态 IP 地址池分配是从 IP 地址池（IP Pool）动态地为用户分配 IP 地址，动态地址分配设备一般选用基于 IP 的宽带接入服务器。

宽带接入服务器对用户的 PPP 连接申请进行处理，解读用户送出的用户名、密码和域名，通过 Radius 代理将用户名和密码经 IP 网络送到相应的 Radius 服务器进行认证。对通过认证的用户，宽带接入服务器在用户侧的 IP Pool 动态为其分配 IP 地址。

从地址分配的角度看，宽带接入服务器可以节约一定的 IP 地址资源，通过账号、密码等合法性信息鉴别用户身份，实现动态地址占用，以杜绝非法用户占用网络资源。

9.4.3 FTTx+LAN 接入网的接入业务控制管理

以太网接入方式除了要解决地址管理和用户之间的广播隔离问题以外，还需要考虑实现对以太网接入方式的业务控制管理。接入业务控制管理主要包括接入带宽控制、用户接入认证和计费、接入业务的服务质量保证等。

1. 接入带宽控制

对于以太网接入方式，不同用户业务对带宽有不同的需求，应该能够将带宽根据用户的实际需要分成多个等级，即要进行接入带宽控制。

接入带宽控制的方法有以下两种。

（1）在分散放置的客户管理系统上对每个用户的接入带宽进行控制。此方法的优点是网络中对客户管理系统以下的设备没有任何要求，普通的二层以太网交换机就可以了。缺点是在客户管理系统以下的设备没有严格的带宽高低区别，使得资源不能充分利用。

（2）在用户接入点上对用户接入带宽进行控制。此方法的优点是能够充分利用接入层的网络资源，保证每个用户都能够得到其所需要的带宽和服务质量。缺点是需要接入层的设备支持。

2. 用户接入认证和计费

以太网用户接入认证和计费方式，目前主要采用 PPPoE 技术和 DHCP+技术。

（1）PPPoE 技术

PPPoE 通过把以太网和 PPP 的可扩展性及管理控制功能结合在一起（它基于两种广泛采用的标准：以太网和 PPP），实现对用户的接入认证和计费等功能。采用 PPPoE 方式，用户以虚拟拨号方式接入宽带接入服务器，通过用户名密码验证后才能得到 IP 地址并连接网络。

（2）DHCP+技术

传统的 DHCP 是用一台 DHCP 服务器集中地进行按需自动配置 IP 地址。DHCP+是为了适应网络发展的需要而对传统的 DHCP 进行了改进，主要增加了认证功能，即 DHCP 服务器在将配置参数发给客户端之前必须将客户端提供的用户名和密码送往 Radius 服务器进行认证，通过后才将配置信息发给客户端。

3. 接入业务的服务质量保证

以太网可以提供的接入业务种类主要有高速上网业务、带宽租用业务、网络互联、视频业务和 IP 电话业务等。

以太网接入业务强调良好的服务质量 QoS 保证，即在带宽、时延、时延抖动、吞吐量和包丢失率等特性的基础上提供端到端的 QoS。

以太网提供的不同的接入业务需要分配不同的带宽。利用 DiffServ 模型可针对某种服务类型，提供不同级别的服务。将区分服务与带宽保证结合起来，可以限定某个用户的确保带宽，从而将用户不同的业务进行分类，提供差异化服务。

具体做法是在业务接入控制点可根据物理端口或逻辑子端口完成对接入业务的分类和三层 QoS 段标记（IP Precedence 或 EXP），并实现用户上行流量的限速和用户下行流量的限速、整形。

9.4.4 FTTx+LAN 接入网的优缺点

1. FTTx+LAN 接入网的优点

（1）高速传输

用户上网速率目前为 10Mbit/s 或 100Mbit/s，以后根据用户需要升级。

（2）网络可靠、稳定

各级交换机之间可以通过光纤相连，网络稳定性高、可靠性强。

（3）用户投资少、价格便宜

用户只需一台带有网络接口卡（Network Interface Card，NIC）的 PC 即可上网。

（4）安装方便

小区、大厦、写字楼内采用综合布线，用户端采用五类网线方式接入，即插即用。

（5）应用广泛

通过 FTTx＋LAN 方式即可实现高速上网，远程办公、VOD 点播、VPN 等多种业务。

2. FTTx+LAN 接入网的缺点

（1）五类线布线问题

五类线本身只限于室内使用，限制了设备的摆设位置，使工程建设难度成为阻碍以太网接入的重要问题。

（2）故障定位困难

若以太网接入采用多级结构，则网络层次复杂，而网络层次多导致故障点增加且难以快速判断排除，使得线路维护难度大。

（3）用户隔离问题

用户隔离方法较繁琐且广播包较多。

第**10**章 光网络的测试

随着通信新业务的发展，网络带宽需求逐年增加。这些通信新业务对光传输网络提出了新的容量、功能和性能上的要求。为保证光传输网络及设备正常运行，在相关的维护作业计划中规定了测试仪表的使用方法、光传输设备测试指标和测试方法。

本章首先介绍常用仪表的使用，然后介绍光接口、光接口的测试及针对各种光传输设备的基本测试。

10.1 光网络测试仪表简介

10.1.1 OTDR 测试

OTDR 的英文全称是 Optical Time Domain Reflectometer，中文意思为光时域反射仪。OTDR 是利用光线在光纤中传输时的瑞利散射和菲涅尔反射所产生的背向散射而制成的精密的光电一体化仪表，它是光缆施工和维护工作中最基本的测试工具。

1. 概述

OTDR 测试仪通过发射光脉冲到光纤端面作为探测信号。在光脉冲沿着光纤传播时，各处瑞利散射的背向散射部分将不断返回光纤入射端。当光信号遇到裂纹时，就会产生菲涅尔反射，其背向反射光也会返回光纤入射端。仪表将发送信号与反射回来的信号进行比较，计算出响应数据并在仪表的屏幕上显示相关曲线。

OTDR 用途包括：测试光传输系统中的接头损耗、光纤的距离、链路损耗、光纤衰减，测试光纤故障点，测试反射值和回波损耗。

2. 工作原理

从发射信号到返回信号所用的时间，再确定光在光纤中的速度，就可以计算出距离。以下公式说明了 OTDR 是如何测量距离的。

$$d = (c \times t) / 2 \, (\text{IOR}) \tag{10-1}$$

式（10-1）中，c 是光在真空中的速度，t 是信号发射后到接收到信号（双程）的总时间（两值相乘除以 2 后就是单程的距离）。因为光在光纤中的速度要比在真空中的慢，所以为了精确地测量距离，必须知道被测光纤的折射率（IOR），IOR 由光纤生产商标明。

OTDR 的工作原理是通过合适的光耦合和高速响应的光电检测器检测到输入端的背向光的大小及到达时间，从而定量测量出光纤的传输特性、长度及故障点等。

3. OTDR 测试

（1）背向散射：光纤自身反射的光信号称为背向散射。产生背向散射的主要原因是瑞利散射。瑞利散射是由光纤中的折射率不同引起的，散射会作用于整个光纤。瑞利散射将光信号散射向四面八方，我们把其中沿着光纤原路返回 OTDR 的散射光称为背向散射。

OTDR 正是利用其背向散射光强度的变化来衡量被测光纤的各事件损耗的大小。OTDR 不仅能对各个事件点上的反射光信号进行测量，也可以对光纤本身的反射光信号进行测量。

（2）非反射事件：光纤中的熔接接头和微弯都会带来损耗，但不会引起反射。由于反射较小，我们称为非反射事件。非反射事件在背向散射的电平值上附加一突然下降的台阶的形式表现出来。在纵轴上的改变即为该事件的损耗大小。在纵轴上的改变为该事件的损耗大小，如图 10-1 所示。

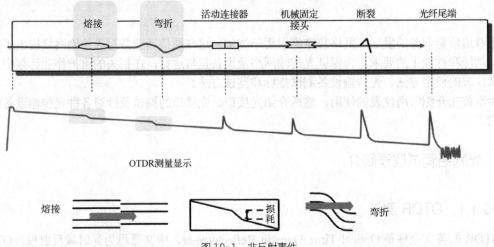

图 10-1 非反射事件

（3）反射事件：机械固定接头、活动连接器和光纤断裂都会引起光的反射和衰耗，我们把这种反射幅度较大的事件称为反射事件。反射事件损耗的大小同样用背向散射的电平值的改变来决定。反射值通常以回波的形式表示，是由背向散射上反射峰值的幅度来决定的，它们在 OTDR 上有相似的显示结果，我们称之为反射事件，如图 10-2 所示。

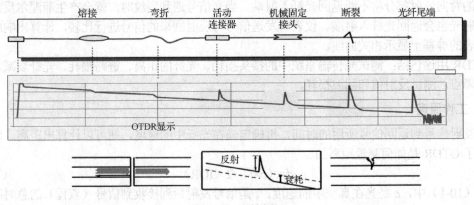

图 10-2 反射事件

（4）光纤末端：光纤末端有两种表示。其一，光纤末端是平整的端面或在末端有活动连接器（平整、抛光），在光纤的末端存在反射率为 4%的非涅尔反射。其二，光纤末端是破溃的端面，用于光纤末端端面的不规则性会使光线不规则的漫射而不是反射，如图 10-3 所示。

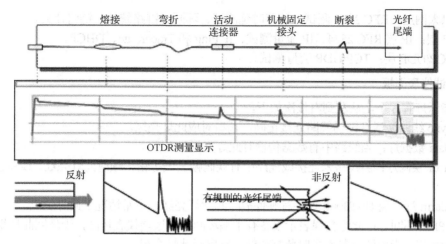

图 10-3 光纤末端

由图 10-3 可见，第一种情况是一个反射幅度较高的菲涅尔反射。第二种情况光纤末端显示的信号曲线从背向反射电平降到 OTDR 噪声电平以下。有时破溃的端面也会引起反射，但反射的峰值不会像平整的端面和活动连接器带来的峰值那么大。

4. 性能参数

（1）动态范围

我们把初始背向散射电平与噪声底电平的差值定义为 OTDR 的动态范围。动态范围的大小决定了 OTDR 可测光纤的最大长度。

影响动态范围的因素如下。

① 脉宽：选择更大的脉冲宽度，可获得更大的功率，即可获得更大的动态范围。

② 平均时间：由于更长的平均时间减少了 OTDR 的噪声电平，所以增大了测试的动态范围 。

（2）盲区

盲区是指 OTDR 分辨两个事件所需的最短距离，它决定了两个可测特征点的靠近程度，所以盲区也叫两点分辨率，对 OTDR 来说其盲区越小越好。

影响盲区的因素如下。

① 脉宽：选择更小的脉冲宽度，可获得更好的分辨率，即更小的盲区。

② 反射大小：反射越大，造成光检测器饱和越严重，恢复时间越长，盲区越大。

由上分析可知：OTDR 发送短脉冲会提供更好的盲区，同时也会使得其动态范围更小；OTDR 发送长脉冲会提供更好的动态范围，同时也会带来更长的盲区。

需要说明的是 OTDR 的动态范围和盲区都与仪表的设计有关。

10.1.2 以太网测试仪

目前运营商使用的以太网测试仪种类较多，在此以 HST3000 为例进行介绍。此款以太网测试仪采用模块化设计，可选配多种功能，如以太网、E1/DATA、XDSL、PON 等测试功能，可以测试视频、语音、数据业务等。在此介绍配置以太网模块测试仪。

1. 仪表特点

该测试仪支持一到四层测试。

（1）物理层：光口用于光功率测试，电口用于网线测试。

（2）以太网层：RFC 2544 测试、环路时延测试、环回、链路统计、链路计数。

（3）IP 层：IP 层 RFC 2544、IP 流量测试、IP Ping 和 Traceroute、DHCP。

（4）TCP/UDP 层：TCP/UDP 流量测试。

2. 测试仪表面板

状态指示灯有 6 个，从左到右依次如下。

（1）Sync 线路激活灯：当线路连接正确，端口对应此灯亮绿。

（2）Data 数据灯：当线路中有数据传输时此灯亮绿。

（3）Error 误码灯：当线路未连接或线路中有误码帧丢失等错误帧时此灯亮红，线路正常时此灯熄灭。

（4）Alarm 灯：当 HST3000 设备有硬件故障时此灯亮红，正常情况下此灯熄灭。

（5）LPBK 环回灯：此灯亮绿表示设备有本端环回或被远端仪表环回，无环回此灯熄灭。

（6）Batt 灯：当电池电量不足时此灯亮红，充电时此灯亮绿。

设备左侧两个以太电口：测以太网电口时用左侧这两个接口，通过测试时用两个接口，终端测试时用左上接口。仪表外观如图 10-4 所示。

设备顶上两个光口：当测试以太网光口时用这两个接口，通过测试时用两个接口，终端测试用终端测试用左一接口。设备顶上一个以太网口：当设备作为以太网模拟终端设备时用此接口。设备左下角浅绿色按键为电源开关键。右

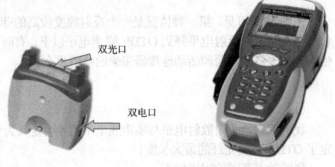

双光口

双电口

图 10-4　仪表外观

下角浅蓝色按键为背景灯常亮键。屏幕下方对应的 4 个按键，对应屏幕上内容的按键。此键功能随屏幕内容需要而变化。方向键左边 Cancel 键为取消键，方向键右边 OK 键为确认选择键。Configure 键为设置键，按此键可以改变仪表测试设置。Home 键为返回键，按此键可以返回主界面。Autotest 键为自动测试键。System 键为系统键，按该键可以对仪表做基本设置，如时间、背景灯、语言等。此键还可以查看、存储测试结果。

3. 测设功能

测试仪配置了双电口和双光口，可以进行 10/100/1 000 光电以太网的终端测试和通过测试。测试仪分为三大部分：光口以太网测试、电口以太网测试和以太网终端设备。

光口可作为光功率计和光源来使用。

电口可通过线缆测试查找网线故障，发现短路、开路、极性错误等故障并定位故障距离。

以太网终端设备可以通过"ping"命令简单判断被测链路的通断情况。

4. 测试方法

测试方法一般采用环回测试，包括硬环测试和软环测试。

（1）硬环测试

硬环测试用于透传网络，即不经过交换或路由的网络。

测试非交换网络时，硬环对以太网业务为透传，单台仪表可完成测试，远端可以通过网管配置环回或在远端端口做硬环将收发对接进行环回，实现网络性能测试。

近端用一台以太网测试发送流量，远端采用设备端口硬环回，测试网络性能。

环回方法如下。

① 对于光口：光纤收发直接对接。

② 对于 RJ45 电接口：将 RJ-45 水晶头的 1、2、3、6 线序对接。

③ 网管做环。

（2）软环测试

软环测试用于经过交换或路由的网络。

测试交换或路由网络时，测试人员需要在远端利用仪表对帧的源和目的 MAC 地址，或包的源和目的 IP 地址进行倒换，即"打软环"。否则，交换机或路由器会丢弃数据帧，无法进行测试。

软环测试需要用两台仪表对测，近端用一台以太网测试仪发送流量，远端用另外一台进行端口环回，测试网络性能。

5．测试内容

（1）吞吐量：交换设备能够无丢失地转发接收到的帧信号的最大速率。

（2）时延：是指一个帧从源点到目的点的总传输时间。这个时间包括网络节点的处理时间和在传输介质上的传播时间。时延门限小于 80ms。

（3）丢帧率：当输入的信号超过设备的处理能力时，评价其中有多少帧丢失。门限是小于或等于 2%。例如：如果收到 1 000 个帧，但只有 900 个帧被转发，那么帧丢失率=（1 000-900）/1 000=10%。

6．仪表设置

通常我们用的测试设置有手动测试和 RFC2544 自动测试两种。

因维护部门仪表配置型号较多，测试仪表的使用方法及具体操作会受到生产厂商及型号限制，在此不做具体介绍。

10.2　光接口参数及测试

10.2.1　光接口分类

SDH 最具特色的特点是具有统一规范的光接口，由于光接口实现了标准化，使得不同网元可以经光路直接相连，节约了不必要的光/电转换，避免了信号由此带来的损伤（如脉冲变形等），节约了网络运行成本。

根据 SDH 系统是否使用光放大器以及速率是否达到 STM-64，可将光接口分为两大类系统：

第 I 类系统不包括放大器或速率低于 STM-64。

第 II 类系统包括放大器，速率为 STM-64、STM-256 的系统。

第 I 类、第 II 类系统光接口可以按照应用场合和传输距离分为 3 种：局内通信光接口、短距离局间通信光接口和长距离局间通信光接口。

不同种类的光接口用不同的代码来表示，代码由一个字母和两个数字组成。第一个字母表示应用场合和传输距离，第一个数字表示 STM-*N* 的等级，第二个数字表示光纤类型。

第一个字母的含义如下。

① I 表示局内通信。

② S 表示局间短距离通信。

③ L 表示局间长距离通信。

④ V 表示局间很长距离通信。

⑤ U 表示局间超长距离通信。

第一个数字的含义如下。

① 1 表示 STM-1。

② 4 表示 STM-4。

③ 16 表示 STM-16。

④ 64 表示 STM-64。

第二个数字的含义如下。

① 1 和空白表示工作窗口为 1 310nm，所用光纤为 G.652 光纤。

② 2 表示工作窗口为 1 550 nm，所用光纤为 G.652 光纤。

③ 3 表示工作窗口为 1 550nm，所用光纤为 G.653 光纤。

④ 5 表示工作窗口为 1 550nm，所用光纤为 G.655 光纤。

不同的应用场合用不同的代码表示，具体如表 10-1 所示。

表 10-1　　　　　　　　　　　光接口代码一览表

应用场合	局内	短距离局间		长距离局间		
工作波长/nm	1 310	1 310	1 550	1 310	1 550	—
光纤类型	G.652	G.652	G.652	G.652	G.652	G.653
传输距离/km	≤2	～15	—	～40	～80	—
STM-1	I—1	S—1.1	S—1.2	L—1.1	L—1.2	L—1.3
STM-4	I—4	S—4.1	S—4.2	L—4.1	L—4.2	L—4.3
STM-16	I—16	S—16.1	S—16.2	L—16.1	L—16.2	L—16.3

10.2.2 第 I 类光接口参数

SDH 网络系统的光接口位置如图 10-5 所示。

图中 S 点是紧挨着光发送机（Transmitter, TX）的活动连接器后的参考点；R 是紧挨着光接收机（Receiver, RX）的活动连接器前的参考点。光接口的参数可以分为三大类：参考点 S 处的发送机光参数，参考点 R 处的接收机光参数，S-R 点之间的光

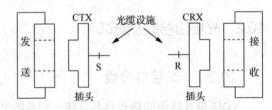

图 10-5　SDH 网络系统的光接口位置

参数。在规范参数的指标时，均规范为最坏值，即在极端（最坏）的光通道衰减和色散条件下，仍然要满足每个再生段（光缆段）的误码率不大于 $1×10^{-10}$ 的要求。

1. 光线路码型

在 SDH 系统中，由于帧结构中安排了丰富的开销字节来用于实现系统的 OAM 功能，所以线路码型不必像 PDH 那样通过线路编码加上冗余字节以完成端到端的性能监控。SDH 系统的线路码型采用加扰的 NRZ 码，线路信号速率等于标准 STM-N 信号速率。

ITU-T 规范了对 NRZ 码的加扰方式，采用标准的 7 级扰码器，扰码生成多项式为 1+X6+X7，扰码序列长为 $2^7-1=127$（位）。这种方式的优点是：码型最简单，不增加线路信号速率，无须线路编码，发端只需一个扰码器即可，收端采用同样标准的解扰器即可接收发端业务，可实现多厂商设备之间的光路互连。

采用扰码器是为了防止信号在传输中出现长连"0"或长连"1"，易于收端从信号中提取定时信息（SPI 功能块）。另外，当扰码器产生的伪随机序列足够长时，也就是经扰码后的信号的相关性很小时，可以在相当程度上减弱各个再生器产生的抖动相关性（也就是使扰动分散或部分抵消），

使整个系统的抖动积累量减弱。

2. S点参数——光发送机参数

（1）最大-20dB带宽

由于单纵模激光器主要能量集中在主模，所以它的光谱宽度是按主模的最大峰值功率跌落到-20dB时的带宽来定义的。单纵模激光器的光谱特性如图10-6所示。

（2）最小边模抑制比（Side Mode Suppression Ratio，SMSR）

主纵模的平均光功率 P_1 与最显著的边模的平均光功率 P_2 之比的最小值，被定义为最小边模抑制比。

$$SMSR=10lg（P_1/P_2）$$

SMSR 的值应不小于30dB。

（3）平均发送光功率

在S参考点处所测得的发送机发送的伪随机信号序列的平均光功率。

（4）消光比（EX）

EX 定义为信号"1"的平均光功率 P_1 与信号"0"的平均光功率 P_0 比值的最小值：

$$EX=10lg（P_1/P_0）$$

3. R点参数——光接收机参数

（1）接收灵敏度

在R点处达到 $1×10^{-10}$ 的BER值所需要的平均接收功率电平的最小值被定义为接收灵敏度。一般开始使用并处于正常温度条件下的接收机和寿命终了并处于最恶劣温度条件下的接收机相比，灵敏度余度为 2dB～4dB。一般情况下，对设备灵敏度的实测值要比指标最小要求值（最坏值）大3dB左右（灵敏度余度）。

（2）接收过载功率

在R点处为达到 $1×10^{-10}$ 的BER值所需要的平均接收光功率电平的最大值被定义为接收过载功率。当接收光功率高于接收灵敏度时，由于信噪比的改善使BER变小。但随着光接收功率的继续增加，接收机进入非线性工作区，反而会使BER劣化，如图10-7所示。图中 A 点处的光功率是接收灵敏度，B 点处的光功率是接收过载点，A、B 之间的范围是接收机可正常工作的动态范围。

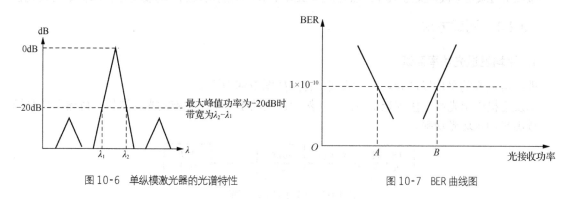

图 10-6 单纵模激光器的光谱特性 　　　　　图 10-7 BER 曲线图

10.2.3 第Ⅱ类光接口参数

第Ⅱ类光接口的位置如图 10-8 所示，其中 MPI-S 点是主光通道的发送端，MPI-R 点是主光通道的接收端。

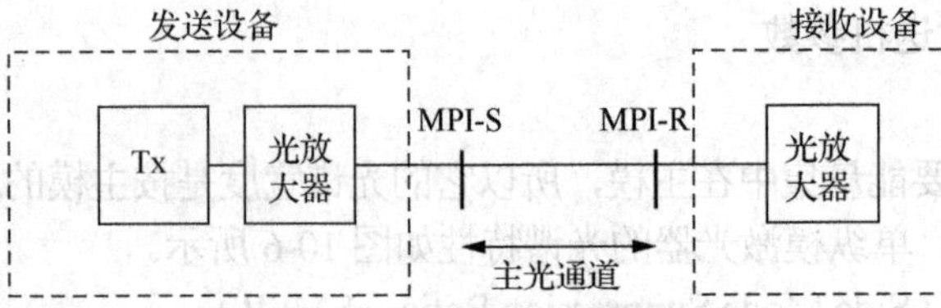

图 10-8　第 Ⅱ 类光接口的位置

1. 发射机参数

（1）光谱特性

由于光谱测量本身并不能保证横向兼容性，目前只给定了很少的几个光谱参数值。在所有这些参数值被确定之前，系统的横向兼容性不能得到保证。

① 最大谱宽：对于单纵模光源，最大谱宽度被定义为最大峰值功率跌落至 20 dB 时的最大全宽。

② SMSR：SMSR 被定义为总光源光谱的最大峰值与第二大峰值之比值。

（2）平均发送光功率

平均发送光功率被定义为发送机发送伪随机序列信号时，在参考点 MPI-S 所测得的平均光功率。

（3）消光比

消光比被定义为最坏反射条件时，全调制条件下传号平均光功率与空号平均光功率比值的最小值。

（4）光信噪比

发送机的光信噪比被定义为在点 MPI-S 的光信号功率与光噪声功率的比值，在光带宽内进行测量。这个参数只适用于在发送机侧使用光放大器的系统。

2. 接收机参数

（1）接收机灵敏度

接收机灵敏度被定义为 MPI-R 点处达到 $BER=1\times10^{-12}$ 时所需要的平均接收功率的最小可接收值。

（2）接收机过载功率

接收机过载功率被定义为 MPI-R 点处达到 $BER=1\times10^{-12}$ 时所需要的平均接收功率的最大可接收值。

10.2.4　测试方法

1. 平均发送光功率测试

即参考点 S 的平均发送光功率，测试配置图如图 10-9 所示。

从发送机引出光纤，接到光功率计上；然后在光功率计上设置被测光的波长，待输出功率稳定，读出平均发送光功率。

图 10-9　平均发送光功率测试

2. 最大-20dB 谱宽

这是单纵模（Single Longitudinal Mode，SLM）激光器的参数，是用中心波长的幅度下降到 20dB 处对应的波长宽度来表示的。测试配置如图 10-10 所示。

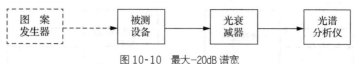

图 10-10　最大−20dB 谱宽

测试时需注意将光纤接到光谱仪时光功率不能太大，必要时要加一定的衰减。

3. 接收机灵敏度测试

这个参数指接收机在 R 点达到规定的比特差错率所能接收到的最低平均光功率。

测试配置如图 10-11 所示。

调节光衰减器，逐步增大衰减值，使 SDH 分析仪测到的误码尽量接近但不能大于规定的 BER（通常规定 BER=10^{-10}）的指标，然后断开 R 点，接上光功率计，得到光功率，此时就是接收机的灵敏度。

4. 接收机过载功率测试

接收机过载功率被定义为 R 参考点处接收机在达到规定的比特差错率所能接收到的最高平均光功率。测试配置如图 10-12 所示。

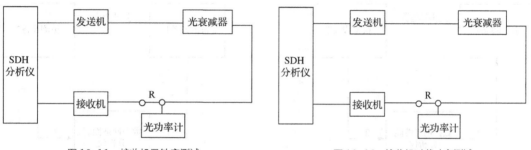

图 10-11　接收机灵敏度测试　　　　　图 10-12　接收机过载功率测试

调节光衰减器，逐步减少衰减值，使 SDH 分析仪测到的误码尽量接近但不能大于规定的 BER（通常规定 BER=10^{-10}）指标，然后断开 R 点，接上光功率计，得到光功率，此时就是接收机的过载功率。

10.3　MSTP Ethernet 测试

10.3.1　以太网透传功能测试

1. 最小帧长度

最小帧长度指设备所能够处理的最小的帧长度。测试配置如图 10-13 所示。

配置被测设备正常业务，数据网络性能分析仪对发送帧长度从大到小进行调节，直到找到设备能够正常处理的最小帧长度。

2. 最大帧长度

最大帧长度指设备所能够处理的最大帧长度。测试配置如图 10-14 所示。

配置被测设备正常业务，数据网络性能分析仪对发送帧长度从小到大进行调节，直到找到设备能够正常处理的最大帧长度。

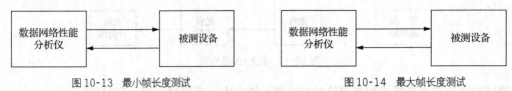

图 10-13　最小帧长度测试　　　　　　　　图 10-14　最大帧长度测试

3．吞吐量测试

该测试在指定包长下，测量没有包丢失时，被测系统所能转发包的最大速率。测试配置如图 10-15 所示。

配置被测设备正常业务，对数据网络性能分析仪进行吞吐量测试设置，测试采用 7 个典型字节：64、128、256、512、1 024、1 280、1 518。测试允许的丢包率设置为 0%，分辨率设置为 0.1%，测试时间设置为 10s。

4．过载丢包率

在一稳定的流量下，由于设备的资源缺乏（如设备上行带宽不足）等原因，导致不能被转发的流量所占的百分数，表现了设备在超负荷情况下的转发能力。测试配置如图 10-16 所示。

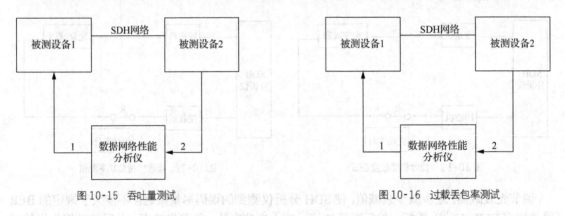

图 10-15　吞吐量测试　　　　　　　　图 10-16　过载丢包率测试

配置被测设备正常业务，对数据网络性能分析仪进行丢包率测试设置，测试采用 7 个典型字节：64、128、256、512、1 024、1 280、1 518。测试的流量以吞吐量为起点，递增到 100%流量，步长为 10%，测试时间设置为 10s。

5．长期丢包率

在正常负荷的情况下，设备长时间（24h）运行下的丢包性能。测试配置如图 10-17 所示。

配置被测设备正常业务，数据网络性能分析仪发送等于吞吐量 90%的固定流量。测试持续 24h，记录丢包结果。

6．时延

对于存储转发设备来说，时延指输入帧的最后一位到达输入端口，到该帧的第一位出现在输出端口的时间间隔。对于位转发设备来说，时延指输入帧的第一位到达输入端口到该帧的第一位出现在输出端口的时间间隔。测试配置如图 10-18 所示。

配置被测设备正常业务，对数据网络分析仪进行时延测试设置，测试采用 7 个典型字节：64、128、256、512、1 024、1 280、1 518。测试的流量设置为 90%吞吐量，测试时间设置为 10s。注意：该项测试在吞吐量测试后执行，根据设备选用的转发模式记录相应结果数据，被测设备间要用尽可能短的光纤相连，以减少测试误差。

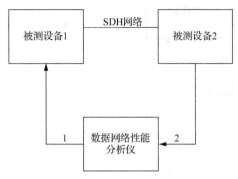

图 10-17　长期丢包率测试

图 10-18　时延测试

7. 背靠背

长度固定的数据包以最小间隔的速率（即对应介质的最大速率）向设备发包，不丢包的最大数目。测试配置如图 10-19 所示。

配置被测设备正常业务，对数据网络性能分析仪进行背靠背测试设置，测试采用 7 个典型字节：64、128、256、512、1 024、1 280、1 518。测试的流量设置为线速，测试时间设置为 10s。

10.3.2　以太网二层交换功能测试

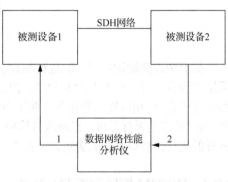

图 10-19　背靠背测试

以太网二层交换功能的一些测试项目与透传部分的测试项目相似，测试参数包括最小帧长度、最大帧长度、异常帧检测等。

1. VLAN 功能测试

通过以太环网可以实现透明 VLAN 服务：可以在 MSTP 传输系统中为拥有多个分支机构的大客户提供虚拟城域网的互联业务，实现大客户的同城互联；可以提供多个大客户共享一个虚拟通道，通过 VLAN ID 把大客户安全隔离。在测试时，应该针对不同的业务测试端口的转发性能（吞吐量、时延、丢包率等），测试在同一端口开设多个 VLAN 的能力。

VLAN 功能测试是测试设备对 802.1Q VLAN 功能的支持情况。测试配置如图 10-20 所示。

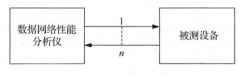

图 10-20　LAN 功能测试

数据网络分析仪与被测设备的多个端口相连，验证设备支持的 VLAN ID 的数量以及支持的 VLAN ID 的范围，并向其发送 802.1Q 帧或非 802.1Q 帧，以验证被测设备的 VLAN 广播域的正确性以及端口 VLAN 的隔离情况或对默认 VLAN ID 的支持情况。

2. LCAS 功能验证测试

LCAS 功能验证测试是验证 LCAS 的互通性。测试配置如图 10-21 所示。

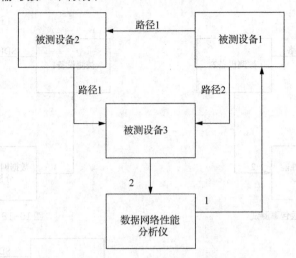

图 10-21　LCAS 功能验证测试

如上图连接测试配置。配置被测设备 1 的业务颗粒分别经由路径 1、路径 2 到达被测设备 3。采用虚级联方式，启用 LCAS 功能。控制数据网络性能分析仪发送数据业务。分析 2 端口是否能够完整接收 1 端口发送的业务。在不中断业务的情况下，通过网管在 MSTP1 上增加/减少一个 VC-N，观察是否有丢包，记录测试结果。断开一条光纤，观察是否有丢包，记录测试结果。恢复断开的光纤，观察是否有丢包。注意在进行该测试时，应禁止 SDH 环网保护的启动。

10.4　DWDM 传输网/OTN 测试

10.4.1　基本配置及测试参考点

1. DWDM 系统光接口参考点

DWDM 系统光接口参考点如图 10-22 所示。

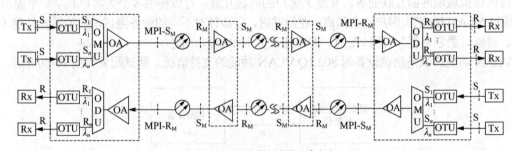

图 10-22　DWDM 系统光接口参考点

图 10-22 中，OTU 为波长转发器，OMU 为光波分复用器，ODU 为光解波分复用器，OA 为光放大器。

通常在对 DWDM 系统进行测试时，需要根据技术规范提供的测试参考点进行测试。DWDM 系统的测试参考点主要有：S 表示客户信号发射机输出接口之后光纤连接处的参考点；S_n 表示 OUT（连接到 OMU）的输出接口之后光纤连接处的参考点；MPI-S_M 表示 OMU 后面 OA（光功率放大器）的光输出接口之后光纤连接处的参考点；R_M 表示 OA（光线路放大器）的输入接口之前光纤连接处的参考点；S_M 表示 OA（光线路放大器）输出接口之后光纤连接处的参考点；MPI-R_M 表示 ODU 前面 OA（光前置放大器）输入接口之前光纤连接处的参考点；R_n 表示 ODU 后面（连接 OTU 的输入接口）光纤连接处的参考点；R 表示客户信号接收机输入接口之前光纤连接处的参考点。

2. OTN 系统参考点

（1）OTN 终端复用设备

OTN 终端复用设备系统参考点如图 10-23 所示。

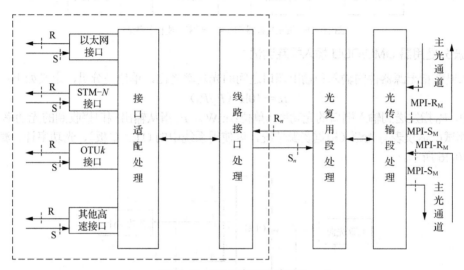

图 10-23　OTN 终端复用设备系统

注：图中虚框的含义是部分设备实现方式可采用将接口适配处理、线路接口处理合一的方式完成。

（2）OTN 光电混合交叉设备

OTN 光电混合交叉设备系统参考点如图 10-24 所示。

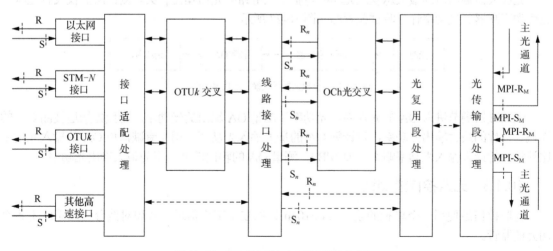

图 10-24　OTN 光电混合交叉设备系统参考点

注：图中虚线的含义是设备实现方式可选为终端复用功能与光电混合交叉功能功能单元集成的方式。

10.4.2 单板性能测试

1. 波长转换器 OTU 中心频率（波长）测试

波分复用系统应工作在以 193.1THz 为中心，以 100GHz 为间隔的频率上（G.652 和 G.655 光纤）。这是对发送端和再生中继 OTU 的要求，接收端 OTU 的中心波长不需要满足 G.692。所需测试仪表为多波长计等。测试配置图如图 10-25 所示。

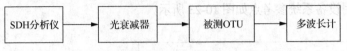

图 10-25　波长转换器 OTU 中心频率（波长）测试

2. 波分复用器 OMU/ODU 插入损耗测试

插入损耗指无源器件的输入和输出端口之间的光功率之比，单位是分贝，定义如下：

$$IL=-10\lg（P_1/P_0）$$

其中，P_0 指发送到输入端口的光功率（单位：mW），P_1 指从输出端口接收到的光功率（单位：mW）。测试所需仪表有光源（根据资源情况，可使用系统中的 OTU 单板）、光功率计。测试配置图如图 10-26 所示。

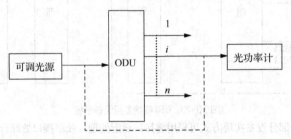

图 10-26　波分复用器 OMU/ODU 插入损耗测试

3. 光放大器最大输出光功率的测试

光放大器输出口的最大总发送光功率与整个光链路的光信噪比有关。测试所需仪表有光源、光可调衰减器、光功率计。测试配置图如图 10-27 所示。

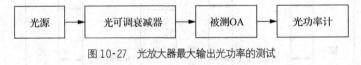

图 10-27　光放大器最大输出光功率的测试

光衰减器调节进入 OA 的光功率，光功率计测量 OA 输出的光功率。需预先知道被测 OA 的增益和标称的最大输出光功率，可计算 OA 的最大输入光功率。用光衰减器使 OA 的输入光功率比计算出的最大输入光功率略大（如 1dB），测量 OA 的输出的光功率为最大输出光功率。

10.4.3 光监控信道测试

光监控信道使用一个单独的波长（1 510nm）独立于工作信道，实现对波分复用系统上各个网元的监管。

1. 光监控信道波长

光监控信道波长测试配置如图 10-28 所示。

2．光监控信道发送光功率测试

光监控信道发送光功率测试配置如图 10-29 所示。

图 10-28　光监控信道波长测试　　　　　图 10-29　光监控信道发送光功率测试

10.4.4　主光通道测试

DWDM 系统的主光通道是指波分复用器和功率放大器的输出端参考点 MPI-S 与接收端光前置放大器和解复用器之前的参考点 MPI-R 点之间的通道。

1．MPI-S 点每通路输出功率与光信噪比

每通路输出光功率指的是每通路的平均发送光功率；每通路光信噪比是指每通路的信号功率和噪声功率之比。测试配置如图 10-30 所示。

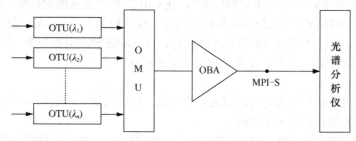

图 10-30　MPI-S 点每通路输出光功与光信噪比测试

2．MPI-S 点总发光功率

总发送功率指的是在参考点 MPI-S 的平均发送光功率。测试配置如图 10-31 所示。

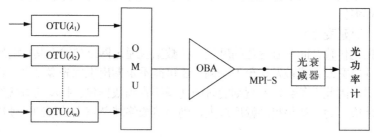

图 10-31　MPI-S 点平均发送光功率测试

MPI-R 点每通路输入功率、光信噪比及 MPI-R 点总输入光功率的测试与前类同。

10.5　PTN 设备测试

10.5.1　PTN 网络性能指标评价体系

1．数据业务性能评价

新业务如 VoIP 业务、IPTV 业务、3G 业务、存储业务及 3D 网络游戏、可视电话、远程医疗、远程教育、视频会议等，都是以分组交换为特征，一般用网络时延、时延抖动、丢包率和包误差

率等参数来体现数据类业务和网络所需要的 QoS。

QoS 的量化指标主要有两个方面：一方面是由呼叫与连接建立的速度，包括端到端时延和时延变化；另一方面是网络数据的吞吐量，吞吐量的主要指标可以表明可用的带宽大小，吞吐量决定着网络传输的流量，与带宽、丢包率、缓冲区容量和处理机的能力等因素有关。

（1）吞吐量（带宽）

吞吐量是指可以转发的最大数据量，通常表示为每秒钟传递的数据量，带宽是一种最基本的网络评价指标（网络 KPI）。TDM 带宽通常是固定的，无论有效数据的量有多大，它可以转发的数据量始终是固定的。在这种情况下，当有效数据量少于带宽时，通常会利用填补信息进行填补，以确保数据流始终达到带宽容量。

在采用分组技术的情况下，测量带宽的依据不止一种且相对复杂得多。由于有效数据量各不相同，并且数据包的大小可能不同，或者数据包可能以突发的形式传输，因此特定业务的带宽可能随时间而显著不同。通常依据 CIR 和超额信息速率 EIR 来表征分组环境下的带宽。

- CIR 是指对于特定业务，在确保性能的前提下，在任何时间都可以保证获得的最大带宽
- EIR 是指根据网络负载和网络使用情况，在 CIR 以外可能获得的带宽，但不保证性能。

带宽测量的另一种形式是通过 CAR 指标来进行。在这种情况下，CAR 是指任何时间都可以确保获得的带宽量，其中带宽包括数据包和帧间隙。可以将这种测量视为第一层测量，而将 CIR 视为第二层测量，因为 CIR 才是真正基于数据包大小对应的带宽。

（2）时延

时延是对数据包发送和接收之间时间延迟的度量。时延测量通常采用环回测量，即同时测量包括近端到远端和远端到近端两个方向。

时延是网络非常重要的属性，必须控制在一个合适的范围之内。虽然以太网并没有相关的标准，但从语音业务本身来讲在 ITU-T G.114 中规定了在一个国家或地区内时延应在 150ms 以内。如果超过这个限值，用户将会感到声音的时延，将会导致语音质量的明显下降。不同的协议对 VoIP 数据包时延的要求不太一样，例如 H.322 和 SIP 协议对时延的要求要比其他协议（如 MGCP 协议）对时延的要求低得多。

（3）包抖动（时延变化）

抖动是对数据包传输之间时延变化的度量。在数据包通过网络传输至其目的地期间，它们通常会排队等待，并以突发方式被发送至下一跳。还可能不定期出现优先级排序，这也会导致数据包以随机速率发送。因此设备会以不规则的时间间隔接收到数据包。抖动的直接结果是对终端节点的接收缓冲区造成压力，如果抖动幅度过大，则会造成终端节点上的缓冲区使用过度或使用不充分。

时延变化（一般称为包抖动）对语音质量的影响非常大，所以数据包抖动本身对语音的影响与丢包率的影响是相同的。在典型的测试中，整个网络要求抖动值低于 20ms 或 30ms。

（4）丢包率（帧丢失）

造成数据包丢失的原因有很多，例如传输期间产生的错误或网络拥塞。在帧的传输过程中可能出现物理现象所引起的错误，这些错误会致使网络设备（如交换机和路由器）根据帧校验序列字段比较结果选择丢弃数据包。由于在拥塞状态下网络设备必须丢弃帧以保证链路不至于饱和，所以网络拥塞也会导致帧被丢弃。

VoIP 业务质量在一定程度上可以允许固定的时延和固定的包抖动量，但丢包率会对语音质量造成极其重大的影响。丢包率会造成语音质量严重恶化，小的丢包率会造成语音的间歇中断，同时丢包率对传真的影响将比语音业务还要严重得多，甚至可以导致业务中断。

各种新业务由于自身特性不同，对于网络的要求也不尽相同，如语音业务对于时延、抖动要

求比较高；视频流业务对带宽、吞吐量的要求相当高，对于时延、抖动要求相对不高；游戏类业务对时延的要求相当高。

2. PTN 网络的性能指标要求

（1）端到端业务时延指标要求

① 处理时延

两端节点处理电路仿真业务的时延：单节点为 2.5ms。

中间节点或两端节点处理以太网业务的时延：单节点为 100μs。

②传输时延：200km 约需要 1ms。

（2）网络可靠性要求（服务恢复时间）

MPLS-TP/T-MPLS 定义了明确的线形保护、环形保护功能，能够支持 1+1、1∶1、环保护等多种网络保护技术，适应各种网络拓扑的需要。

服务恢复时间是服务中断到完全恢复所需的时间，即从检测到故障的时刻直到转换到备用路径这一过程完成的时刻之间的时间。执行该测量的目的是确保网络能正确检测链路故障，并在设定的时间内恢复至保护路径。

10.5.2　光口指标测试

1. 平均发送光功率

用于测试光口发送的平均光功率符合标准要求。测试配置如图 10-32 所示。

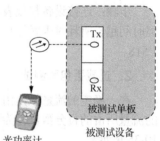

图 10-32　平均发送光功率测量

测试时首先拔下发送端设备发送端口的尾纤。然后将光功率计的测试尾纤连接到发送端设备光接口板的"Tx"口，并将尾纤的另一端连接到光功率计上。最后将光功率计的中心波长选择与端口相同。

选择光功率计的"dBm"单位，待输出功率稳定后，从光功率计读出平均发送光功率值。

2. 接收光功率

用于测试接收光功率大于标准要求的最小灵敏度，保证可靠接收数据。测试配置如图 10-33 所示。

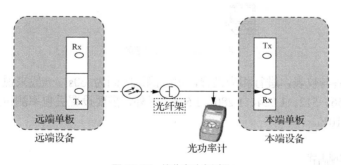

图 10-33　接收光功率测量

测试时首先拔下接收端设备接收端口的尾纤。然后将光功率计的使用测试尾纤与接收端光纤连接。最后将光功率计的中心波长选择与端口相同。

选择光功率计的"dBm"单位，待输出功率稳定后，从光功率计读出平均接收光功率值。

10.5.3 以太网性能测试

1. 吞吐量

吞吐量是指被测设备不丢包的最大速率。测试配置如图 10-34 所示。

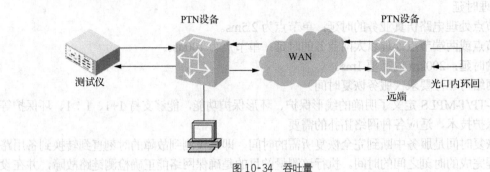

图 10-34 吞吐量

步骤：连接设备与仪表，进行相应的设置，更改测试时间为 60s（虽然时间越长误差越小，但时间越长所耗时也就越长），一般来说可以只测试典型包长，如 64、128、256、512、1 024、1 280、1 518。

2. 过载丢包率测试

在一稳定的流量下，由于设备的资源缺乏（如设备上行带宽不足）等原因，导致不能被转发的流量所占的百分数，称为过载丢包率。表现了设备在超负荷情况下的转发能力。测试配置如图 10-35 所示。

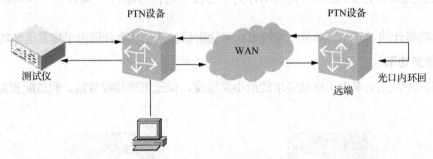

图 10-35 过载丢包率测试

步骤：连接设备与仪表，进行相应设置，更改测试时间为 60s，一般来说可以只测试典型包长，如 64、128、256、512、1 024、1 280、1 518。另外，需要设置丢包率测试的带宽以吞吐量为起点，步长最大为 10%。

10.6 IP RAN 的测试

10.6.1 单机性能测试

目前国内三大通信运营商对于分组传送网的定位和建设各有不同,中国移动较早建设 PTN,

在 IP RAN 出现后开始对原有 PTN 的核心层进行 IP 化升级改造，建网模式为 PTN 独立组网；中国电信较早进行 IP RAN 的试点商用，目前采用与城域网共同规划组网的建网模式；中国联通不管在 PTN 和 IP RAN 上均起步较晚，但建设推进速度较快，建网模式推荐 IP RAN 独立组网。针对 FE 业务，IP RAN 独立组网采用 MPLS-TE 技术，国内厂商主推两种组网模式：一种是 2+3 组网模式，即接入层采用 PW 伪线技术，汇聚层以上采用 L3 VPN 技术；一种是全三层组网模式，即接入层和汇聚层均采用 L3 VPN 技术。目前中国联通在实际组网中两种模式均有使用。

IP RAN 设备单机性能测试如表 10-2 所示。

表 10-2   **IP RAN 单机性能测试**

测试目的	测试单机性能，包括单机设备的吞吐量、时延、过载丢包率、背靠背等性能指标
验收连接图	 数据网络性能分析仪 被测设备
测试步骤	① 连接测试配置，数据网络性能分析仪与被测设备分别通过 FE、GE、10GE 接口连接； ② 在被测设备上分别配置 FE、GE、10GE 接口的以太网专线业务，配置 CIR=PIR=100M、1 000M、10 000M； ③ 控制数据网络性能分析仪分别执行 RFC2544 基准测试，采用 7 个典型以太网包长，即 64、128、256、512、1 024、1 280、1 518； ④ 记录各种设备的 FE、GE、10GE 的吞吐量、时延、过载丢包率、背靠背等指标
预期结果	① 吞吐量应为 100%； ② 时延应小于 150μs； ③ 过载丢包率应为 0； ④ 背靠背指标应满足接口线速处理的要求
测试结果	

10.6.2   IP RAN 网络验收测试

验收测试通常考虑结果的精细程度和测试的复杂度，其测试项目归纳如下。

1. 端到端测试

- 不需要仪表；
- 可获取 RFC2544 完整数据；
- 可以用于辅助故障处理。

2. 快速测试

- 网管上直接操作；
- PW/VRF，ping/tracert；
- 反映网络侧的可通性。

3. 倒换测试

- 以实际基站业务进行测试；

- 对关键链路和节点模拟故障进行倒换测试；
- 反映端到端业务的可通性；
- 反映故障保护倒换时间是否满足无线业务要求。

4. 仪表测试

- 挂仪表端到端进行测试；
- 精确测试端到端时延、抖动、吞吐量等数据（RFC2544）；
- 精确测试故障倒换时间（单位为 ms）；
- 通过其相关测试以确保 IP RAN 网络的业务承载能力和网络的可靠性。

第11章 光网络的维护

光网络设备运行维护工作的基本任务是保证网络设备正常运行及设备的性能与技术指标、机房环境条件符合标准。当光网络设备出现故障时，维护人员应能迅速、准确排除各种设备故障，缩短故障历时。

本章首先介绍了光网络日常维护，然后介绍了光网络的故障处理。

11.1 光网络日常维护

在不同的运行环境中，要确保系统可靠地运行，必须进行有效的日常维护，及时发现问题并妥善解决问题就是例行维护的目的。

11.1.1 维护的分类

按照维护周期的长短，将维护分为以下几类。

（1）突发性维护：突发性维护是指由于设备故障、网络调整等带来的维护任务。如用户申告故障、设备损坏、线路故障时需进行的维护。同时在日常维护中发现并记录的问题也是突发性维护的业务来源之一。

（2）日常例行维护：日常例行维护是指每天必须进行的维护项目。它可以帮助维护人员随时了解设备运行情况，以便及时解决问题。在日常维护指导中发现问题时必须详细记录相关故障发生的具体物理位置、故障现象和过程，以便及时维护和排除隐患。

（3）周期性例行维护：周期性例行维护是指定期进行的维护，通过周期性维护，维护人员可以了解设备的长期工作情况。周期性例行维护分为季度维护和年度维护。设备例行维护周期和维护项目如表 11-1 所示。

表 11-1　　　　　　　　　　　　设备例行维护周期和维护项目

周期	维护项目
每日	检查机房电源
	检查机房的温度和湿度
	检查机房的清洁度
	检查机柜指示灯
	检查单板指示灯
	检查设备声音告警
每月	检查风机盒和清洗防尘网
	检查公务电话
	测试误码

周期	维护项目
每季度	测试 MPI-S 点信噪比
	测试 MPI-R 点信噪比
	检查机柜的清洁度
每年	检查接地线和电源线

11.1.2 维护注意事项

在日常维护中有针对地进行预防性维护，及时发现并妥善解决问题，可以确保系统正常稳定的运行。

1. 机房日常维护

（1）机房管理的一般要求

保持机房整齐、清洁，设备应排列正规，布线应整齐，各类物品应定位存放；配备的备品备件柜、仪器仪表柜、工器具柜和资料文件柜等应符合阻燃要求。照明应能够满足设备的维护检修要求，并配备应急照明设备；各类照明设备应由专人负责，定期检查。机房温度应保持在20℃±5℃范围内，相对湿度为30%～75%。机房内应预留足够的空间确保维护工作的开展；门内外、通道、路口、设备前后和窗户附近不得堆放物品和杂物，以免妨碍通行和工作。机房应采取有效的防尘措施，备有工作服和工作鞋，门窗要严密；有防静电措施，如防静电地板、防静电手环等。机房的控制操作室应保持空气新鲜，运维人员在进行显示终端操作时应有防辐射措施。定期对磁带（光盘）进行检测，不符合指标要求或超出使用期限的应及时淘汰。存放和运输各种计费带、后备带、软盘等应有防磁屏蔽保护设施。

（2）机房安全管理规定

机房内严禁从事与工作无关的各项活动。运维人员必须遵守有关安全管理制度，认真执行用电、防火的规定，做好防火、防盗、防爆、防雷、防冻、防潮、防鼠害等工作，确保人身和设备安全。机房内应备有灭火设备、防火系统和安全防护用具，应装设烟雾报警器，应有专人负责定期检查。维护人员均应熟悉一般的消防和安全操作方法。机房内禁止吸烟，严禁存放和使用易燃易爆物品及其他可能影响设备安全运行的物品。运维人员应掌握机房各类消防装置的使用方法。机房一旦发生火情，运维人员应按相关管理流程进行处理，并立即逐级上报。各机房应具备紧急通信手段，制订应急故障处理预案，保证紧急情况下的对外正常联系与故障处理。各专业机房应执行安全保卫管理规定，外来人员不得擅自进入机房。外部人员因公进入机房，应经上级批准并由有关人员带领方可入内。外籍人员因工作需要进入机房，必须严格履行涉外手续，经主管部门领导批准后，指定中方陪同人员并详细记录进出机房人员的姓名、时间、批准人及工作情况。各专业运维人员应遵守动力维护部门的相关制度与管理规定，非专业人员禁止对动力设备进行操作，发现问题应立即通知动力维护部门。当机房的交流供电系统全部停止工作或蓄电池的直流工作电压降到最低时，运维人员应立即向主管部门报告，并采取必要措施保证设备安全。

（3）无人值守机房的安全要求

① 应安装配套的环境监控告警装置，由监控部门对机房内温度、湿度、烟雾、门禁、电源、空调等设备进行监控，并及时处理告警信息。

② 应实行封闭管理，并定期进行巡查，在洪水、高温、冰凌、台风、雷雨、严寒等恶劣天气，应在确保人员安全的条件下加大巡视强度，保证机房安全及设备正常运行。

③ 专人负责无人值守机房的出入管理。

2. 机房配套设备维护

为确保传输机房内各类通信设备的正常运转，提高维护管理工作的效率和水准，机房内配置有各类配套设施和设备，包括交直流电源供给、市电照明、空调设备、地线保护装置、信号设备（如铃流）、告警显示集中监测系统、各类配线架和头尾柜等。对上述配套设备的维护管理工作应与主机设备同等重视，并应将其维护责任落实到位，定期检查和考核。

（1）电源和地线

① 为保证对传输机房内设备的供电，各局站应有可靠的电源设备。

供电设备的熔丝额定电流数值规定如下。

- 分熔丝应符合用电设备出厂的规定；无规定时，一般不得超过最大负荷电流值的 130%。
- 总熔丝不得超过在用设备最大负荷电流总和的 150%。
- 各熔丝数量和容量按设计配置不得任意改动。

头尾柜与分支柜的电源熔丝和备件及其告警功能至少每年检查一次。机房除保持市电照明外，应备有紧急照明设备，并有专人负责定期检修。定期检查地线是否连接正确，接触是否可靠。传输机房中的各类设备，应将其交流零线、直流电源地、信号地、设备保护地和光缆保护地分开，采用独立引线连接至公用接地装置。机房布线应确保传输质量，布放要整齐，实现三线分离。

② 设备采用联合接地，接地电阻应良好，要求小于 1Ω。

（2）数字配线架（Digital Distribution Frame，DDF）光配线架（Optical Distribution Frame，ODF）管理规范

机房应分区集中设置 ODF 和 DDF，各级数字信号在 ODF 和 DDF 上进行转接时，应标明所转接电路的通达地点和电路代号。重要电路和大客户电路应以不同颜色作为明显标志进行区分。根据业务开放的增删、修改情况，及时更新 ODF 和 DDF 设备资料，确保资料的准确性。

- 进入机房的光缆和尾纤应采取保护措施，与电缆适当分开敷设以防挤压。
- 确保 ODF 设备资料的完整性、准确性、统一性。ODF 标签共分 4 种：ODF 设备位置标签、光缆路由标签、光纤连接位置标签、光跳线标签（两端）。

（3）标签管理规范

施工、维护人员应认真执行标签管理并注意以下问题。

① ODF 设备位置标签：包括列架位置和光纤框位置两部分。

② 光缆路由标签：光缆工程竣工后，由施工单位填写光缆路由标签。

③ 光纤连接位置标签：应贴在 ODF 连接端子框面板内。工程施工人员、机房维护人员必须将光纤连接下游设备位置标志清楚（包括纤芯号和开放电路系统号）。

④ 光跳线标签（两端）：按照 ODF 侧光跳线和设备侧光跳线分别注明所连接的 ODF 位置及设备位置。

11.1.3 日常维护基本操作

1. 风扇清理

值班人员应该每天检查散热风扇是否正常运转；在机房环境不能满足清洁度要求时，风扇的防尘网很容易堵塞，造成通风不良，因此应定期清洗风扇防尘网。风扇清理的主要工作就是清理防尘网，具体操作步骤如表 11-2 所示。

表 11-2 清理防尘网步骤

步骤	操作
1	抽出防尘网，防尘网的位置参照厂商设备手册
2	风扇防尘网抽出后可以拿到室外用水冲洗干净，然后用干抹布擦净，并在通风处吹干
3	清理工作完成后，应将防尘网插回原位置。具体方法是沿子架下部的滑入导槽将防尘网轻轻推入，不可强行推入

2. 单板的拔插和更换

对于可插式结构，一定要按照正确方法进行插拔单板操作，否则会对设备造成损坏。人体产生的静电会损坏单板上的静电敏感元器件，任何时候接触单板都要戴防静电手腕，禁止直接用手触摸单板的器件。

（1）插入单板的正确方法

首先要清楚单板各个部位的名称，如图11-1 所示。

确认单板插入的板位是否正确。

如果有多块单板需要插入，应该按照从右至左的顺序逐个插入。如果有周边板位的假拉手条挡住视线，应先卸下假拉手条，待插入单板之后，再重新装上。

插入单板时，先将单板沿上下导槽轻轻推入至本板位底部，使单板处于浮插状态。

调整单板位置使单板插头正好对准母板插座，然后再稍用力推单板的拉手条，至单板基本插入。在推入单板过程中如感觉单板插入有阻碍时严禁强行插入，此时可向后拔出单板，检查母板插针是否正常。

当单板插头与母板插座的位置完全配合时，再将拉手条的上、下扳手同时向里扣，直到单板完全插入。在插入位置不正确的情况下强行插入单板，会造成设备的永久损坏。

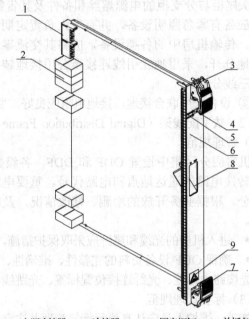

1—电源连接器　2—连接器　　3—固定螺钉　4—单板名称
5—指示灯　6—拉手条　7—拉手条扳手　8—光接口　9—提示符号

图 11-1　单板示意图

（2）拔出单板的正确方法

操作与插入单板顺序相反，步骤如下：在拔板时，同时向外扳动拉手条上下两端的扳手直至单板完全拔出。

插拔单板时禁止用手触摸单板的器件，拔出的单板应放在防静电袋内。

（3）单板的更换

更换单板前，确认换上的单板和换下的单板是同一种型号。注意：对于所有设备，各种速率的线路板都严格禁止带纤（缆）插拔。

3. 设备通电、断电

为保证维护人员和设备的安全，在进行设备维护前请务必明确下列注意事项。

（1）设备通电的顺序

首先确认传输设备的硬件安装和线缆布放完全正确，设备的输入电源符合要求，设备内部无短路现象。即接地端子间电阻为 0，电源与接地端子之间的电阻为无穷大。

拔上电源配电盒上的空气开关，给子架通电。此时子架上相应的板卡上绿灯亮，表示电源连接正常。

子架通电：打开子架电源开关。

（2）设备断电顺序

首先必须明确，设备断电将导致本网元业务全部中断，设备退出运行状态。

子架断电：关闭子架电源开关。

机柜断电：关断直流配电盒上与本子架相应的电源空气开关。

11.1.4　维护基本操作注意事项

1. 激光安全注意事项

光接口板的激光器发送的激光为不可见红外光，当照射到人的眼睛时，会对人的眼睛造成永久伤害。

当对尾纤和光接口板的光连接器进行操作时，最好佩戴过滤红外线的防护眼镜，可以避免操作过程中可能出现的不可见红外激光对眼睛的伤害。没有佩戴防护眼镜时，禁止眼睛正对光接口板的激光发送口和光纤接头。

（1）光接口和尾纤接头的处理

对于单板和尾纤上未使用的光接头一定要用光帽盖住；对于单板上正在使用的光接口，当需要拔下其上的尾纤时，一定要用光帽盖住光接口和与其连接的尾纤接头。这样做有以下益处。

① 防止激光器发送的不可见激光照射到人眼。

② 起到防尘的作用，避免沾染灰尘使光纤接口或者尾纤接头的损耗增加。

（2）光接口和尾纤接头的清洗

清洁光纤接头和光接口板激光器的光接口，必须使用专用的清洁工具和材料。对于大功率的激光接口，任何时候都必须使用清洁工具和材料进行清洁；对于小功率的激光接口，在不能够取得专门的清洁工具、材料的情况下，可以用无水酒精进行清洁。

清洗光接口板的光接口时，要先将连接在板上的光纤拔下来，再将光接口板拔出进行操作。

注意：绝对禁止使用任何未经证明适合于清洁光纤头和光接口板激光器的光纤接口的清洁工具及材料！使用不合格的光纤头和光纤接口的清洁工具及材料会损坏光纤接头与光纤接口。

（3）光接口板环回操作注意事项

用尾纤对光口进行硬件环回测试时一定要加衰耗器，以防接收光功率太强导致接收光模块饱和，甚至光功率太强损坏接收光模块。

（4）更换光接口板时的注意事项

在更换光接口板时，要注意在插拔光接口板前，应先拔掉线路板上的光纤，然后再拔线路板，不要带纤拔板和插板。

不要随意调换光接口板，以免造成参数与实际使用不匹配。

2. 电气安全注意事项

（1）防静电注意事项

在人体移动、衣服摩擦、鞋与地板的摩擦或手拿普通塑料制品等情况下，人体会产生静电电磁场，并较长时间地存在于人体中。人体产生的静电会损坏单板上的静电敏感元器件，如大规模集成电路（IC）等。所以在接触设备及手拿插板、单板、IC 芯片等之前，为防止人体静电损坏敏感元器件，必须佩戴防静电手腕，并将防静电手腕的另一端良好接地，如图 11-2 所示。

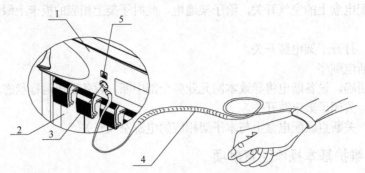

1—风机盒　2—子架　3—ESD 插孔　4—防静电手腕　5—ESD 标签

图 11-2　佩戴防静电手腕图

（2）单板电气安全注意事项

单板在不使用时要保存在防静电袋内；拿取单板时要戴好防静电手腕，并保证防静电手腕良好接地。注意单板的防潮处理。

备用单板的存放必须注意环境温度、湿度的影响。防静电保护袋中一般应放置干燥剂，用于吸收袋内空气的水分，保持袋内的干燥。将防静电袋装的单板从一个温度较低、较干燥的地方拿到温度较高、较潮湿的地方时，至少需要过 30min 以后才能拆封，否则会导致潮气凝聚在单板表面，容易损坏器件。

（3）电源维护注意事项

严禁带电安装、拆除设备。严禁带电安装、拆除设备电源线。电源线在接触导体的瞬间，会产生电火花或电弧，可导致火灾或造成人员受伤。在连接电缆之前，必须确认电缆、电缆标签与实际安装是否相符。

3．单板机械安全注意事项

单板在运输中要避免震动，震动极易对单板造成损坏。更换单板时要小心插拔并应严格遵循插拔单板步骤。

系统背板（母板）上对应每个槽位中有很多插针，若操作中不慎将插针弄歪、弄倒可能会影响整个系统的正常运行，严重时会引起短路，造成设备瘫痪，甚至损坏设备。

4．网管系统维护注意事项

网管软件在正常工作时不应退出，尽管退出网管系统不会中断网上的业务，但会使网管在关闭软件的时间内对设备失去监控能力，破坏对设备监控的连续性。

严禁在网管计算机上运行与设备维护无关的软件，特别注意严禁玩游戏；不允许向网管计算机拷入未经过病毒扫描的文件或软件。定期用最新版杀毒软件杀毒，防止计算机病毒感染网管系统，损坏系统。

11.1.5　环回

环回是使信息从网元发信端口发送出去再从自己的收信端口接收回来的操作，是检查传输通路故障的常用手段。环回操作必然会切断业务，使用时要特别慎重。

1．软件环回

利于网管软件进行软件环回。传输设备通常提供的环回方式包括外环回和内环回。

（1）外环回

SDH 光接口板和以太网接口板都支持外环回，如表 11-3 所示。

表 11-3　　　　　　　　　　　　　　外环回

SDH 光接口板	在光接口板内部，将来自光接收模块的信号环回至光发送模块。 这里的环回可以分为两种级别： VC-4 环回，可以选择环回某个 VC-4。 光口环回，将接入信号的所有通道全部环回	交叉单元　SDH光接口板　传输设备
以太网接口板	在以太网接口板内部，将接收端口的信号再送回其对应的发送端口	以太网接口板　交叉单元　SDH光接口板　传输设备

在单板上进行了外环回设置后，通过误码仪进行测试，根据观测到的测试结果，可以判断单板的数据处理模块与外部电缆连接是否工作正常。

（2）内环回

SDH 接口板、以太网接口板都支持内环回，如表 11-4 所示。

表 11-4　　　　　　　　　　　　　　内环回

SDH 光接口板	在光接口板内部，将来自交叉连接单元的信号再送回交叉单元。 这里的环回可以分为两种级别： VC-4 环回，可以选择环回某个 VC-4。 光口环回，将接入信号的所有通道全部环回	SDH接口板　交叉单元　SDH接口板　传输设备
以太网接口板	在以太网接口板内部，将来自交叉单元的信号再送回交叉单元方向	以太网接口板　交叉单元　SDH接口板　传输设备

在单板上进行了内环回设置后，通过误码仪进行测试，根据观测到的测试结果，可以判断交叉连接单元和业务路径是否正常。

2．硬件环回

硬件环回是采用手工方法用尾纤、自环电缆对物理端口（光接口、电接口）的环回操作。

硬件环回与软件环回的区别如图 11-3 所示，在故障定位的应用方法类似。

根据环回位置，SDH 接口的硬件环回又分为本板自环和交叉自环，如表 11-5 所示。

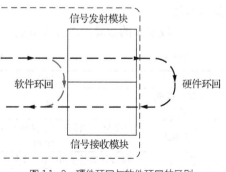

图 11-3　硬件环回与软件环回的区别

表 11-5   **本板自环和交叉自环**

本板自环	是指用一根尾纤将同一块光接口板上的收、发两个光接口连接起来	OUT IN OUT IN 光接口板 光接口板
交叉自环	是指用尾纤连接西向光接口板的输出端和东向光接口板的输入端，或者连接东向光接口板的输出端和西向光接口板的输入端。只能用于两块光接口板之间	OUT IN OUT IN 西向光接口板 东向光接口板

11.2 光网络的故障处理

11.2.1 故障定位的原则

故障定位的关键是将故障点准确地定位到单站。

故障定位的一般原则可总结为：先外部，后传输；先网络，后网元；先高速，后低速；先高级，后低级。

先定位外部，后定位传输：在定位故障时，应先排除外部的可能因素，如光纤断、对接设备故障或电源问题等。

先定位网络，后定位网元：在定位故障时，首先要尽可能准确地定位出是哪个站的问题。

先高速部分，后低速部分：从告警信号流中可以看出，高速信号的告警常常会引起低速信号的告警，因此在故障定位时，应先排除高速部分的故障。

先分析高级别告警，后分析低级别告警：在分析告警时，应首先分析高级别的告警，如紧急告警、主要告警，然后再分析低级别的告警，如次要告警和提示告警。

11.2.2 故障判断与定位的常用方法

故障定位的常用方法和一般步骤可简单地总结为："一分析，二环回，三换板"。

当故障发生时，首先通过对告警、性能事件、业务流向的分析，初步判断故障点范围；然后，通过逐段环回，排除外部故障或将故障定位到单个网元，以至单板；最后，更换引起故障的单板，排除故障。

对于较复杂的故障，进行故障定位和处理时需要综合使用的方法如表 11-6 所示。

表 11-6   **复杂故障的定位和处理**

常用方法	适用范围	操作特点
告警、性能分析法	通用	全网把握，可初步定位故障点；不影响正常业务；依赖于网管
环回法	分离外部故障，将故障定位到单站、单板	不依赖于告警、性能事件的分析；快捷；可能影响嵌入控制通路（Embedded Control Channel，ECC）及正常业务
替换法	将故障定位到单板，或分离外部故障	简单；对备件有需求；需要与其他方法同时使用
配置数据分析法	将故障定位到单站或单板	可查清故障原因；定位时间长；依赖于网管
更改配置法	将故障定位到单板	风险高；依赖于网管

续表

常用方法	适用范围	操作特点
仪表测试法	分离外部故障，解决对接问题	通用，具有说服力，准确度高；对仪表有需求；需要与其他方法同时使用
经验处理法	特殊情况	处理快速；易误判；需经验积累

1. 告警、性能分析法

传输设备信号的帧结构里定义了丰富的、包含系统告警和性能信息的开销字节。因此，当设备发生故障时，一般会伴随有大量的告警和性能事件信息，通过对这些信息的分析，可大概判断出所发生故障的类型和位置。

获取告警和性能事件信息的方式有以下两种。

- 通过网管查询传输系统当前或历史发生的告警和性能事件数据。
- 通过传输设备机柜和单板的运行灯、告警灯的闪烁情况，了解设备当前的运行状况。

（1）通过网管获取告警信息，进行故障定位

通过网管获取故障信息，定位故障的特点如下。

- 全面：能够获取全网设备的故障信息。
- 准确：能够获取设备当前存在哪些告警、告警发生时间，以及设备的历史告警；能够获取设备性能事件的具体数值。

如果告警、性能事件太多，可能会面临无从着手分析的困难。

完全依赖于计算机、软件、通信三者的正常工作，一旦以上三者之一出现问题，通过该途径获取故障信息的能力将大大降低，甚至于完全失去。

注意：通过网管获取告警或性能信息时，应注意保证网络中各网元的当前网元运行时间设置正确，倘若网元时间设置错误，将会导致告警、性能信息上报错误或根本不上报。在维护过程中，对某网元重下配置后，应特别注意将该网元的网元时间设为当前时间，否则网元会工作在缺省时间里，而缺省时间并不是当前时间。

（2）通过设备上的指示灯获取告警信息，进行故障定位

传输设备上有不同颜色的运行和告警指示灯，这些指示灯的亮、灭及闪烁情况，反映出设备当前的运行状况或存在告警的级别。维护人员应该仔细阅读相关厂商的设备手册。

通过设备和单板指示灯定位故障的特点如下。

- 维护人员就在设备现场，不依赖任何工具就可实时观察到哪块单板有什么级别的告警。
- 在现场可以方便进行各种操作。通过观察设备上指示灯的闪烁情况并使用相关仪表，维护人员可以对设备的基本故障进行分析、定位和处理。
- 故障信息有限。仅仅通过观察设备、单板指示灯的状态进行故障定位，其难度相对来说比较大，且定位难以细化、精确。

（3）告警、性能分析法的局限性

在组网、业务以及故障信息比较复杂的情况下，伴随故障的发生，可能会产生大量的告警和性能事件，由于告警和性能事件太多，使得维护人员无从着手分析。

某些故障发生时，可能没有明显的告警或性能事件上报，有时甚至查不到任何告警或性能事件。这种情况下，告警、性能分析法是无能为力的。

2. 环回法

环回法是传输设备定位故障最常用、最行之有效的一种方法。该方法最大的特色就是故障的定位可以不依赖于对大量告警及性能数据的深入分析。

环回操作分为软件、硬件两种，这两种方式各有所长。

硬件环回相对于软件环回而言环回更为彻底，但它操作不是很方便，需要到设备现场才能进行操作，另外，光接口在硬件环回时要避免接收光功率过载。

软件环回虽然操作方便，但它定位故障的范围和位置不如硬件环回准确。比如，在单站测试时，若通过光口的软件内环回，业务测试正常，并不能确定该线路板没有问题，但若通过尾纤将光口自环后，业务测试正常，则可确定该线路板是好的。

（1）环回法的步骤

在进行环回操作前，需确定对哪个通道及哪个时隙环回？应该在哪些位置环回？应该使用外环回，还是使用内环回？这可分以下4个步骤进行。

① 环回业务通道采样

通过咨询、观察和测试等手段，选取其中一个的确有故障的业务通道作为处理、分析的对象。环回业务通道采样简化的过程可以描述如下：从多个有故障的站点中选择其中一个站点。从所选择一个站点的多个有问题的业务通道中，选择其中一个业务通道。对于所选择出来的业务通道，先分析其中一个方向的业务。

② 画业务路径图

画出所选取业务一个方向的路径图。在路径图中表示出以下内容：该业务的源和宿；该业务所经过的站点；该业务所占用的 VC-4 通道和时隙。

③ 逐段环回，定位故障站点

根据所画出的业务路径图，采取逐段、逐站环回的方法，定位出故障站点。

④ 初步定位单板问题

故障定位到单站后，通过线路和交叉板环回，进一步定位可能存在故障的单板。最后结合其他方法，确认存在故障的单板，并通过换板等方法排除故障。

在环回过程中如发现某站业务不通，则可定位出是该站有问题。故障定位到站点后，则集中精力将该站的故障排除，然后继续检查是否还有存在故障的站点，直至将所有故障排除，使业务恢复。

（2）环回法小结

环回法不需要花费过多的时间去分析告警或性能事件，就可以将故障较快地定位到单站乃至单板。环回法操作简单，维护人员较容易掌握。

但是，假若所环回的通道内有其他正常的业务，环回法必然会导致正常业务的暂时中断，这是该方法的最大缺点。因此，一般只有出现业务中断等重大事故时，才使用环回法进行故障排除。

3. 替换法

替换法就是使用一个工作正常的物件去替换一个被怀疑工作不正常的物件，从而达到定位故障、排除故障的目的。这里的物件可以是一段线缆、一个设备或一块单板。

（1）替换法的使用

替换法既适用于排除传输外部设备的问题，如光纤、中继电缆、交换机、供电设备等；也适用于故障定位到单站后，用于排除单站内单板的问题。

利用"替换法"，我们还可以解决电源、接地等其他问题。

（2）替换法小结

简单，对维护人员的要求不高，是一种比较实用的方法。但该方法对备件有要求，且操作起来没有其他方法方便。插拔单板时，若不按规范执行，还有可能导致板件损坏等其他问题的发生。

4. 配置数据分析法

在某些特殊的情况下，如外界环境条件的突然改变，或由于误操作，可能会使设备的配置数据、网元数据和单板数据遭到破坏或改变，导致业务中断等故障的发生。此时，在将故障定位到单站后，可使用配置数据分析法进一步定位故障。

（1）配置数据分析法的使用

通过查询、分析设备当前的配置数据是否正确来定位故障。配置数据包括：逻辑系统及其属性、复用段的节点参数、线路板和通道追踪字节等。

对于网管误操作，还可以通过查看网管的操作日志来进行确认。

（2）配置数据分析法小结

配置数据分析法适用于故障定位到单站后故障的进一步分析。该方法可以查清真正的故障原因。但该方法定位故障的时间相对较长，且对维护人员的要求非常高。一般只有对设备非常熟悉且经验非常丰富的维护人员才使用。

5. 更改配置法

更改配置法所更改的配置内容可以包括：时隙配置、板位配置、单板参数配置等。因此，更改配置法适用于故障定位到单站后，排除由于配置错误导致的故障。另外，更改配置法最典型的应用就是用来排除指针调整问题。

（1）更改配置法的使用

若怀疑线路板的某些通道或某一块线路板有问题，可以更改时隙配置将业务下发到另外的通道或另一块线路板；若怀疑某个槽位有问题，可通过更改板位配置进行排除；若怀疑某一个 VC-4 有问题，可以将时隙调整到另一个 VC-4。另外，交叉板的自环也可以认为是"更改配置法"的一种。

在升级扩容改造中，若怀疑新的配置有错，可以重新下发原来的配置来定位是否配置问题。但需要注意的是，我们通过更改时隙配置，并不能将故障确切地定位到是哪块单板的问题——线路板、交叉板、还是母板问题。此时，需进一步通过"替换法"进行故障定位。因此，该方法适用于没有备板的情况下初步定位故障类型，并使用其他业务通道或板位暂时恢复业务。

应用更改配置法在定位指针调整问题时，可以通过更改时钟的跟踪方向以及时钟的基准源进行定位。

（2）更改配置法小结

由于更改配置法操作起来比较复杂，对维护人员的要求较高，因此，通常只在没有备板的情况下，为了临时恢复业务而使用，或在定位指针调整问题时使用。此外，在使用该方法前，应保存好原有配置，同时对所进行的步骤予以详细记录，以便于故障定位。

6. 仪表测试法

仪表测试法一般用于排除传输设备外部问题以及与其他设备的对接问题。

（1）仪表测试法的使用

若怀疑电源供电电压过高或过低，则可以用万用表进行测试；若怀疑传输设备与其他设备对接不上是由于接地的问题，则可用万用表测量对接通道发端和收端同轴端口屏蔽层之间的电压值，若电压值超过 0.5V，则可认为接地有问题；若怀疑对接不上是由于信号不对，则可通过相应的分析仪表观察帧信号是否正常，开销字节是否正常，是否有异常告警等。

（2）仪表测试法小结

通过仪表测试法分析定位故障，说服力比较强。缺点是对仪表有需求，同时对维护人员的要求也比较高。

7. 经验处理法

在一些特殊的情况下，如由于瞬间供电异常、低压或外部强烈的电磁干扰，致使传输设备某些单板进入异常工作状态。此时的故障现象，如业务中断、ECC 通信中断等，可能伴随有相应的告警，也可能没有任何告警，检查各单板的配置数据可能也是完全正常的。经验证明，在这种情况下，通过复位单板、单站掉电重启、重新下发配置或将业务倒到备用通道等手段，可有效地及时排除故障，从而恢复业务。

建议尽量少使用该方法来处理，因为该方法不利于故障原因的彻底查清。遇到这种情况，除非情况紧急，一般还是应尽量使用前面介绍的几种方法，或通过正确渠道请求技术支援，尽可能地将故障定位出来，以消除设备内外隐患。

故障定位过程中常用的方法各有特点。在实际的工作中，维护人员常常需综合应用各种方法，完成对故障的定位和排除。

11.2.3　SDH 设备故障处理基本思路

对于传输设备的故障处理来说，不管对于哪种类型的故障，其处理过程都是大致相同的，即首先排除传输外部设备的问题，然后将故障定位到单站，接着定位单板问题，并最终将故障排除。

1．通信类故障

通信故障泛指通道中断或存在误码的故障，还未判断是交换侧或传输侧的问题；在交换侧和传输侧均存在业务中断、误码超值、时钟同步等故障。

（1）故障原因

传输设备侧或交换机侧的故障导致通信业务的中断或者大量误码产生。

（2）处理步骤

① 启动备用通道保证现有通信业务的正常进行。

② 在交换设备和传输设备连接的 DDF 架上通过硬件环回的方式准确定界和定性故障，确定究竟是传输侧故障还是交换侧故障。

③ 如果定位在传输侧，进行传输故障的分类。

④ 判断种类后，按照相应的故障处理流程排除故障。

2．业务中断故障处理方法

（1）故障原因

① 外部原因：供电电源故障；光纤、电缆故障。

② 操作不当：由于误操作，设置了光路或支路通道的环回；由于误操作，更改、删除了配置数据。

③ 设备原因：单板失效或性能劣化。

（2）处理流程

① 通过测试法，逐级挂表环回来定位故障网元，如图 11-4 所示。

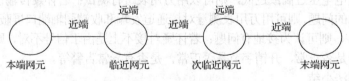

图 11-4　逐级环回

② 通过测试法定位出故障网元后，可通过观察设备指示灯的运行情况，分析设备故障。同时分析网管的告警和性能，根据故障反映出来的告警和性能定位故障单板并加以更换。这一过程可结合使用拔插法和替换法。

注意：环回操作要遵循由低到高的原则（低阶通道、高阶通道、复用段），对业务的影响小。

（3）常见故障及分析

① 业务不通，同时网管上报光信号丢失告警

● 检查光纤情况，检查光纤的槽位是否接错。

● 检查光线路板的收光功率，测试是否收发光不正常，调整光接口，观察告警是否消失。

● 检查上一点的光线路板收发光情况，测试是否收发光不正常，调整光接口，观察告警是否消失。

● 如经过以上检查后，告警仍未消失，按照业务中断故障处理流程将光线路板自环检测定位故障点并解决故障。

注意：当两站点过近时，必须添加衰减器。

② 业务不通，同时无任何告警

● 检查业务不通的站点之间是否被做环回，如果光线路板之间存在环回，取消环回并正确连接即可。

● 如果没有环回存在，按照业务中断故障处理流程将光线路板自环检测定位故障点。

● 确定故障光线路板，判断该板收发故障。因为当某块光线路板收不到光信号，同时自己也检测不到故障时，该光线路板可能不会告警，对端光线路板也无远端接收故障告警。

③ 光板发光功率正常，但业务中断

● 检查与此两点间的光缆。

● 检查对端光板的光缆是否插好，灵敏度是否正常。

● 检查时隙配置，并确认下发的配置与网管配置一致。

3. 误码类故障处理方法

误码的处理要根据严重程度选择处理时间，如较为严重，则需立即处理，如不严重，则可保持现状，等到业务量少时（如傍晚）再处理。

故障定位所采用的诊断手段，要遵循安全第一的原则。尽量缩小影响范围，尽量缩短影响时间。这里所描述的一些方法，有的只适合于工程调试期间使用。

（1）故障原因

① 外部原因：光纤接头不清洁或连接不正确；光纤性能劣化、损耗过高；设备接地不好；设备附近有强烈干扰源；设备散热不好，工作温度过高。

② 设备原因：交叉板与线路板、支路板配合不好；时钟同步性能不好；单板失效或性能不好等。

（2）定位故障点

① 查询故障网元的性能，如果网管上有 B1/B2 的性能，说明光路不好。

② 检查故障网元的性能，如果网管上没有 B1/B2，只有 B3 的性能，说明高阶通道不好，问题可能在交叉板或支路板上，可以通过网管的交叉板控制操作来倒换交叉板定位故障单板。另外，B1、B2、B3 也与时钟板有关。

③ 检查故障网元的性能，如果网管上只有 V5 的性能，表示低阶通道不好，说明支路板故障。可以通过改配时隙到临近网元下支路的办法或 AU 环回的办法来定位是本端还是对端支路板故障。

（3）处理流程

① 采用测试法，环回挂表，对误码的发源地进行定位。

② 如果是线路板误码，分析线路板误码性能事件，排除线路误码。

③ 首先排除外部的故障原因，如接地不好、工作温度过高、线路板接收光功率过低或过高等问题；然后观察线路板误码情况，若某站所有线路板都有误码，推断为该站时钟板问题，更换时

钟板；若只有某块线路板报误码，则可能是线路板问题，或对端光板或两端光纤的问题。

④ 如果是支路板误码，分析支路板误码性能事件，排除支路误码。若只有支路误码，则可能是支路板或交叉板的问题，应更换支路板或交叉板。

11.2.4　DWDM/OTN 设备故障处理基本思路

对于波分复用设备的故障定位来说，不管对于哪种类型的故障，其定位过程都是大致相同的，即首先排除接入 SDH 设备的问题，然后将故障定位到单站，接着定位单板或尾纤出现问题，并最终将故障排除。

1. 排除外部设备故障

在进行波分复用系统的故障定位前，首先得排除外部设备的问题。这些外部设备问题包括：外部纤缆故障、客户侧光口的光纤连接器或光衰减器污损、机房供电故障、设备运行环境恶化、设备状态检查、系统安全检查、客户侧光口的尾纤弯曲度过大、损坏或老化、客户端设备故障等。

（1）接入 SDH 设备故障的排除

方法 1：把 SDH 设备光口收发自环（注意自环时加装大小适当的光衰减器），检查该设备告警情况。如果依然存在告警，或采用仪表测试还是有误码，则说明故障发生在 SDH 设备上。

方法 2：在 DWDM 系统的波长转换板输入口、波长转换板输出口挂误码测试仪表进行误码测试，在对端站把相应波长转换板输出口用尾纤短接到相应波长转换板输入口，测试 24h。如果没有误码，则故障在接入的 SDH 设备。

方法 3：在条件允许的情况下，把接入的 SDH 设备直接接到光路上传输，然后在 SDH 设备侧挂表测试，看是否发生误码，如果发生误码，则故障在 SDH 设备。

方法 4：开放式 DWDM 系统配置有波长转换板，这些单板均有 B1 误码检测功能，首先检查波长转换板是否监测到 B1 数值，如果有则 DWDM 系统接收的信号已经产生误码，再检查对端站波长转换板监测到的 B1 数值，看与波长转换板的 B1 数值是否相同，如果相同说明 DWDM 系统没有新增加误码，整个 DWDM 系统运行正常，所以问题出在 SDH 设备。

（2）线路光纤故障的排除

当光功率明显下降时，单板必然有信号丢失告警。为进一步定位是单板问题还是光纤问题，可采取如下方法。

方法 1：使用 OTDR 仪表直接测量判断光纤是否发生故障。但需注意，OTDR 仪表在很近的距离内有一段盲区，无法准确测试。使用 OTDR 时要将尾纤和设备分开，否则 OTDR 的强光可能会损坏设备。

方法 2：测量告警单板的接收光功率和对端站相应单板的输出光功率，若对端站单板发送光功率正常，而本端接收光功率异常，则说明是光纤问题；若单板发光功率已经很低，则判断为该单板有问题或其输入光功率不正常。

方法 3：使用替换法。若有一根光纤是好的，则可用替代法判断是否的确是光纤的问题。

（3）供电电源故障的排除

如果一站点登录不上，且与该站相连的单板均有输入信号丢失的告警，则可能是该站的供电电源出现故障，导致该站掉电引起告警。若该站从正常运行中突然进入异常工作状态，出现光功率突然下降、某些单板工作异常、业务中断、登录不正常等情况，则需检查传输设备供电电压是否过低，或者曾经出现过瞬间低压的情况。

（4）接地问题的排除

如设备出现被雷击或对接不上的问题，则需检查接地是否存在问题。首先，检查设备接地是否符合规范，是否有设备不共地的情况，以及同一个机房中各种设备的接地是否一致。其次，可通过仪表测量接地电阻值和工作地、保护地之间的电压差是否在允许的范围内。

2. 故障定位到单站

故障定位中最关键的一步就是将故障尽可能准确地定位到单站。当多个站点同时上报告警，应该分析具体现象，逐步缩小诊断范围，最终锁定故障站点。将故障定位到单站最常用的方法就是"告警性能分析法"和"环回法"。告警性能分析法是先分析紧急告警和主要告警，再分析次要告警和提示告警。环回法通过逐站进行外环回和内环回，定位出可能存在故障的站点或单板。告警性能分析法通过网管逐站进行告警性能分析，查看各站的光功率，与已经保存好的性能数据（正常情况下）比较，分析差异，定位出可能存在故障的尾纤或单板。综合使用这两种方法，基本都可以将故障定位到单站。

3. 故障定位到单板并最终排除

故障定位到单站后，进一步定位故障位置最常用的方法就是替换法。通过替换法可定位出存在问题的单板和尾纤。另外，经验处理法也是解决单站问题比较常用和有效的方法。

（1）先分析多波信号，后分析单波信号

多波道信号同时出现故障，问题通常在合波部分。处理合波部分的故障后，单波道信号告警通常就随之消除了。

（2）先分析双向告警信号，后分析单向告警信号

该情况下，需要先检查"对端站收、本站发"的方向是否有类似的故障现象。若双方向都有告警，需要优先分析处理。

（3）先分析共性问题，后分析个体问题

分析告警时，需要判断是一块单板有问题，还是多块单板有类似问题。对于一块多光口单板，需要判断是一个光口有误码，还是多个光口都有误码。

11.2.5 DWDM/OTN 设备常见故障处理方法

1. 光功率异常情况下的故障处理

光功率值是波分系统的一项重要性能，输入光功率异常（过低和过高）会导致系统产生误码，甚至导致业务中断。

（1）常见故障原因

产生光功率异常的常见原因如表 11-7 所示。

表 11-7   光功率异常的常见原因

故障类别	故障原因
外部原因	尾纤衰耗过大（弯曲、挤压、绑扎、连接头脏）
	尾纤连接错误
	线路性能劣化
设备原因	OTU 单板失效或性能劣化
	光放大板失效或性能劣化

（2）故障定位技巧

为了能够及时地发现和定位光功率异常故障，在日常维护中，维护人员应当注意以下几点。

① 定期备份系统各点光功率。

② 定期备份重要单板的接收、发送光功率。

③ 记录各通道波长以及各接收点的信噪比。

④ 掌握不同类型 OTU 单板和光放板输入输出光功率典型值。

⑤ 做好系统光功率记录和备份工作，有利于对比不同时期的光功率，及时发现光功率异常点。

（3）故障定位分类与排除

① 外部原因故障定位与排除

• 尾纤衰耗过大导致光功率异常

在 DWDM 系统中，光功率异常除设备本身的原因外，较大的可能原因是尾纤连接头脏、尾纤受损导致衰耗增大、尾纤弯曲半径过小。因此，若出现不明原因光功率降低，请先检查尾纤的连接和衰耗；ODF、衰减器、法兰盘、光接口板的接口是否连接紧密；ODF、衰减器、法兰盘、光接口板的接口是否清洁；尾纤连接器的接口是否清洁；尾纤是否被挤压；尾纤盘纤的曲率半径是否过小，是否有打折；尾纤绑扎是否过紧。

以上情况都可能导致尾纤衰耗变大，接收端的光功率明显降低。

• 尾纤连接错误导致光功率异常

波分设备的调测过程应注意尾纤连接的正确性。某些情况下，不同尾纤中的信号是相同的，只是功率值不同，尾纤连接的错误更容易隐蔽起来。因此，调测和维护中连接光纤、置换光纤时一定要特别小心，连接完成后仔细检查。

• 线路性能劣化

系统产生的光功率下降可能是由于线路性能劣化导致的。设备运行一段时间后，如果光纤性能劣化或者受到物理损伤，会导致光纤上衰耗增大，接收端的光功率降低。

收端光功率降低一方面会导致 OTU 输入偏低，若低于灵敏度则会产生误码，甚至会关断输出激光器；另一方面光功率的下降会导致信噪比的下降，引起系统故障。解决线路性能劣化的方法：置换线路光纤；适当提高发送端的光功率；调节接收端最前方的可调光衰减器，使接收光功率恢复正常。

遇到线路性能劣化，优先采用置换光纤的方法，其次考虑后面两种方式。因为提高发送光功率可能带来非线性、信号不平坦等问题。

② 设备原因故障定位与排除

• 波长转换板器件失效

波分设备的 OTU 单板具有 3R（整形、重定时和数据再生）功能，因此，客户端信号在 OTU 单板上经过了光/电/光的复杂转换过程。若 OTU 光发送模块性能劣化或器件失效，可能会导致输出光功率异常，此时可以通过更换单板来解决故障。

• 光放大板器件失效

掺铒光纤放大器的泵浦激光器及驱动部分如果发生故障，可能会导致光放大板输出光功率异常。如果是由于光放大器器件失效导致光功率异常，只有通过更换单板来解决故障。

2. 误码故障处理

误码是指在传输过程中码元发生了错误。误码通常以比特位来表示。在 SDH 帧结构中，用于误码监测的字节是 B1、B2、B3、G1、V5。但在波分设备中，OTU 单元通常只对 B1、B2 字节进行非介入性的监测。

（1）故障原因

设备出现下列告警或性能事件意味着设备出现或曾经出现误码。

① B1_EXC（再生段 B1 误码越限）、B2_EXC（复用段 B2 误码越限）、B1_SD（再生段 B1 信号劣化）、B2_SD（复用段 B2 信号劣化）告警。

② BEFFEC_EXC（FEC 纠错前误码越限）告警、BEFFEC_SD（FEC 纠错前信号劣化）告警。

③ RSBBE（再生段背景误码块）、RSES（再生段误码秒）、RSSES（再生段严重误码秒）、

RSUAS（再生段不可用秒）、RSCSES（再生段连续严重误码秒）性能事件。

④ MSBBE（复用段背景误码块）、MSES（复用段误码秒）、MSSES（复用段严重误码秒）、MSUAS（复用段不可用秒）、MSCSES（复用段连续严重误码秒）性能事件。

产生误码的常见原因如表 11-8 所示。

表 11-8 产生误码的常见原因

故障类别	故障原因
外部原因	外界干扰
	设备接地问题
	光功率异常（过高、过低）、信噪比劣化
	色散容限问题
	光纤非线性效应
	环境问题（设备温度过高）
设备原因	OTU 单板失效或性能劣化
	光放大板失效或性能劣化

（2）故障定位技巧

判断误码涉及通道，误码出现有下面两种形式。

● 所有通道出现误码

如果是所有通道都出现误码，说明故障在线路上（MPI-*S* 和 MPI-*R* 之间），需要重点检查系统的主通道，包括光放大器、线路光缆及相关尾纤连接。

● 个别通道出现误码

如果是个别通道出现误码，可能是个别通道存在自身原因或者是系统正工作在临界状态，如 OTU 单元故障、接入客户侧信号异常、单站内的尾纤连接等。由此可以快速定位故障发生位置。

在排除误码类故障时，灵活运用一些分析技巧有助于迅速定位故障点。

① 巧用 B1 字节

OTU 单板上都具有 B1 字节监控的功能，对误码故障的定位应充分利用 OTU 单元对 B1 字节进行非介入性监测的特性。监测功能如图 11-5 所示。

在 A 站发送端的 OTU 监测到 B1 字节中误码的数量和产生时间，但不对误码进行处理，传输到 B 站。B 站接收端的 OTU 也监测到 B1 字节中误码的数量和时间，B 站与 A 站 B1 误码数量的差值

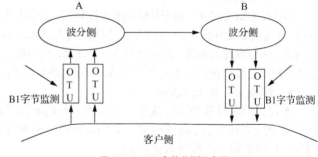

图 11-5 B1 字节监测示意图

就是在 A 站与 B 站间产生的误码数量，即波分设备传输过程中产生的误码。这样我们就可以判断误码是在 SDH 侧还是波分侧产生的，同时了解到客户侧的误码数量和波分侧产生的误码数量。

对于带 FEC 纠错功能的 OTU 单板，具有相应的纠错数据的性能事件，反映在波分线路上纠正的误码数量和未纠正的误码数量。

如果 24h 误码量在单板纠错范围内则系统能够正常工作，不会出现误码，但网管会上报 FEC 纠错性能事件，纠错数大小与波分系统产生的误码量一致。如果 24h 误码量超过单板纠错范围，则在接收端依然会上报 B1 误码性能事件或告警。

② 巧用替换法

如果系统仅单方向出现误码，而另一方向没有出现误码，建议采用替换法，观察误码或纠错

性能是否随替换发生变化，可以很方便地进行故障定位。替换内容包括下面3项。

- 替换光纤

可以利用双向线路对称的方法，用一个方向替换另一个方向的光缆，在光缆两端直接将光纤线路接口板板上"IN"和"OUT"接口尾纤同时互换即可。

- 替换OTU单板

接收端的OTU不区分波长，相互间可以替换，可以利用没上业务的通道OTU单板或备板替换怀疑有故障的单板。

发送端的OTU单板和收发一体的OTU单板都与波长一一对应，现场一般没有对应波长的备板，可以利用背靠背的OTM站的另一方向OTU板进行替换。

- 替换光放大板

采用另一方向的光放板进行替换，替换时要注意光放板的型号是否对应。

（3）故障定位分类与排除

① 外部原因故障定位与排除

- 检查外界干扰

造成误码的外部干扰主要包括：外界电子设备带来的电磁干扰；来自设备供电电源的电磁干扰；雷电和高压输电线产生的电磁干扰。

防止外部电磁干扰重点是做好预防工作。对于机房内的用电设备要进行良好的接地；对于射频器，其干扰程度应符合要求；传输设备最好使用独立的电源；供电电源要配置防浪涌和工频干扰的大电容器滤波；机房避免建在雷电多发和高压输电线的附近，并做好防雷措施。

主要工作如下：检查设备接地，机房内的各种设备、电缆接地不良也会引起误码，所以在定位误码原因时，还要注意检查以下接地情况：传输设备机柜的接地；传输设备机柜侧板的接地；子架接地；信号电缆的接地；DDF、ODF的接地；网管设备、各种用电设备的接地；对接设备是否共地。

- 检查环境温度

机房的环境温度必须达到规定的标准，机房的温度过高和过低，都有可能引起误码。

- 检查光功率

在DWDM系统中，由于传输的距离比较长，设备有大量跳接的尾纤和可调衰耗器件及法兰盘。尾纤接头接触不好、尾纤弯曲、尾纤绑扎过紧、外部环境的影响和细微的操作都有可能使光纤的光功率衰减增大。所以发现误码时，及时检查各点光功率，解决以上问题。如果是由于光缆性能劣化、接头损耗过大或尾纤连接错误导致系统产生误码，应及时修复光缆、调节光衰减器或正确连接单板间尾纤。

- 排除光纤非线性影响

不仅光功率过低会导致系统产生误码，光功率如果过高也会产生误码，这主要是由于光功率过高会导致信号产生非线性畸变。我们可以通过网管查询系统的发送光功率，使其保持在特定范围内，从而消除非线性导致的误码。

- 检查色散补偿

对于10Gbit/s速率的单波信号，需要注意系统的色散补偿是否合理。在系统设计时要考虑系统的色散预算，同时应注意以下问题：整个系统采用的光纤类型、色散补偿模块的类型和补偿距离、色散补偿模块的分布是否合理。

② 设备原因故障定位与排除

在此只分析由单板性能劣化引起的故障。

- 波长转换板性能劣化

客户端信号在OTU单板上经过了光/电/光的复杂转换，所经环节较多，任何一个环节出现故障都会造成性能劣化并进而造成误码。而且发端激光器波长不稳定、偏移过大或合波后相邻波长信号隔离度不够，也会导致产生误码。如果是由于波长转换板性能劣化导致误码，则可以通过换板来解决故障。

- 光放大器性能劣化

掺铒光纤放大器的泵浦激光源可能会引入很大的 ASE（自激辐射噪声），会使接收端的信噪比过低，从而导致误码。如果是由于光放大器性能劣化导致误码，通过更换单板来解决故障。

- 风扇异常

如果风扇出现异常情况，可能会造成设备温度升高，从而导致设备出现误码。风扇出现异常情况的一种可能原因是出风通道不畅，例如防尘网被堵塞，这时需要立即清洗防尘网；另一种可能原因是风扇本身故障，这就需要立即更换风扇来解决故障。

3. 业务中断故障处理

设备出现 R_LOS、R_LOF、R_OOF 等告警时，说明业务已经中断。业务中断的原因有很多，误码、线路阻断、光功率下降、设备对接等故障都会造成业务运行中断的重大事故。

业务中断的常见原因如表 11-9 所示。

表 11-9   业务中断的常见原因

故障类别	故障原因
外部原因	电源故障； 环境异常（温度、湿度）； 光纤或接头异常
设备硬件	单板性能劣化或失效
光功率异常	光功率异常导致业务中断
误码	误码过多导致业务中断
设备对接	DWDM 设备和其他设备对接异常

（1）外部原因故障定位与排除

① 故障原因详细说明如表 11-10 所示。

表 11-10   外部故障原因

故障类别	故障原因
电源故障	外部电源供电中断、电源波动较大； 电源设备熔断器损坏造成传输设备输入电压异常； 电源线接头松动或腐化
环境异常	设备环境温度、湿度异常
光纤、接头异常	光纤连接头脏； 光纤连接头松动，连接不良； 光纤、尾纤衰耗过大
线路故障	线路中断； 线路衰耗过大

② 光纤、连接头异常定位与排除

检查光纤和连接头是否有以下问题。

- 检查光纤是否断纤。
- 检查接头是否松动。
- 检查光纤的弯曲度是否在允许的范围内：弯曲半径≥40mm。

排除光纤和连接头问题的基本操作。

- 使用光功率计测量光接口的接收光功率，与工程安装时的记录值比较。
- 使用专用清洁材料，清洁尾纤的接口。
- 再次测量光功率，如果光功率仍低于最小接收灵敏度，清洁 ODF 等处的光接头。

- 确认光纤的弯曲度在允许的范围内。

③ 电源故障的定位与排除

- 测量供电电压是否异常

断开电源盒上的电源总开关，测量电源盒电源接线端子处的电压；设备的供电电压范围：直流-57.6V～-38.4V。

打开电源总开关，关闭子架开关，测量电源盒电源接线端子电压。如果两次测的电压都正常，可判断为传输设备的电源盒故障或供电设备的负载能力差。

- 排除电源盒的故障

如果故障定位到电源盒，可拆除电源盒上的电源接线，测量接线处的输入电阻。正常情况下：打开电源总开关，电阻无穷大；闭合电源总开关，电阻应是十几千欧姆；检查接线处的输入电阻，若电阻值不正常，则说明电源盒有问题。反之可确定是外部供电电源或线路问题。

- 排除外部供电电源故障

定位到外部故障时，需要电源工程师协助处理。

④ 环境异常的定位与排除

如果业务中断在时间上有规律性，应首先分析故障发生时的运行环境条件，如可能是由于外部干扰、温度异常、天气气候造成了业务中断。

⑤ 线路故障的定位与排除

采用逐段环回的方法和仪表测试方法可以帮助确定故障是否由于线路问题引起。当故障定位为线路故障，需要将重要业务从主用路由倒换到备用路由，尽快恢复业务运行。

（2）设备硬件原因故障定位与排除

设备硬件故障引起业务中断主要是因为各单板性能劣化或失效引起的。

性能劣化或失效的单板主要包括：波长转换单板、光放大单板、合波分波单板。

当故障定位到具体的单板时，需要用备板替换故障单板。因此，对影响业务的重要单板要做好备份工作。备板原则如下。

① OTU 单板的备份

对于没有采用 OADM 设备的组网，OTU 单板可以采用没有使用的业务通道的单板为备份。当网上的某一通道的 OTU 单板故障时，更换备板后，只需同时将接收和发送端尾纤同时跳接到备用通道即可。

对于采用 OADM 设备的组网，由于上下的是固定波长的业务，所以需要备份所有上下业务波长的 OTU 单板。

② 光放大单板的备份

全网不同类型和不同增益的光放大单板均需要备份一套以上。

（3）其他原因故障定位与排除

光功率异常、误码和接入设备异常也会导致出现业务中断问题。详细的故障原因如表 11-11 所示。

表 11-11 详细故障原因

故障类别	故障原因
光功率异常	光纤中断或熔接错误导致业务不通； 光缆衰耗过大
接入设备异常	接入设备故障导致业务不通
误码	单板故障和性能劣化； 色散容限； 光纤非线性

参考文献

[1] 全国通信专业技术人员职业水平考试办公室组编. 通信专业实务——传输与接入[M]. 北京：人民邮电出版社，2008.

[2] 迟永生，王元杰，杨宏博，等. 电信网分组传送技术 IPRAN/PTN[M]. 北京：人民邮电出版社，2017.

[3] 王元杰，杨宏博，万道铿，等. 电信网新技术 IPRAN/PTN[M]. 北京：人民邮电出版社，2014.

[4] 王健，魏贤虎，准易，等. 光传送网（OTN）技术、设备及工程应用[M]. 北京：人民邮电出版社，2016.

[5] 张杰，徐云斌，宋鸿升，等. 自动交换光网络 ASON[M]. 北京：人民邮电出版社，2004.

[6] 纪越峰，李慧，陆月明，等. 自动交换光网络原理与应用[M]. 北京：北京邮电大学出版社，2005.

[7] 陈运清，吴伟，闫璐，等. 电信级 IP RAN 实现[M]. 北京：电子工业出版社，2013.

[8] 孙学康，张金菊. 光纤通信技术（第 4 版）[M]. 北京：人民邮电出版社，2016.

[9] 孙学康，毛京丽. SDH 技术（第 3 版）[M]. 北京：人民邮电出版社，2015.

[10] 毛京丽. 宽带 IP 网络（第 2 版）[M]. 北京：人民邮电出版社，2015.

[11] 何一心，文杰斌，王韵，等. 光传输网络技术——SDH 与 DWDM（第 2 版）[M]. 北京：人民邮电出版社，2013.

[12] 许圳彬，王田甜，胡佳，等. 分组传送网技术[M]. 北京：人民邮电出版社，2012.

[13] 杨一荔，李慧敏，文化. PTN 技术[M]. 北京：人民邮电出版社，2014.

[14] 杨靖，代谢寅，刘俊，等. 分组传送网原理与技术[M]. 北京：北京邮电大学出版社，2015.

[15] 王晓义，李大为，田君，等. PTN 网络建设及其应用[M]. 北京：人民邮电出版社，2010.

[16] 徐荣，任磊，邓春胜. 分组传送技术与测试[M]. 北京：人民邮电出版社，2009.

[17] 唐剑峰，徐荣. PTN—IP 化分组传送[M]. 北京：北京邮电大学出版社，2009.

[18] 张海懿，赵文玉，李芳，等. 宽带光传输技术[M]. 北京：电子工业出版社，2014.

[19] 陈新桥，林金才. 光纤传输技术[M]. 北京：中国传媒大学出版社，2015.

[20] 李淑艳. 光传输网络与技术[M]. 北京：北京理工大学出版社，2017.

[21] 张中荃. 接入网技术（第 2 版）[M]. 北京：人民邮电出版社，2009.

[22] 毛京丽，胡怡红，张勖. 宽带接入技术[M]. 北京：人民邮电出版社，2012.

[23] 陶智勇. 综合宽带接入技术（第 2 版）[M]. 北京：北京邮电大学出版社，2011.

[24] 邓忠礼. 光同步传送网和波分复用系统[M]. 北京：清华大学出版社，2003.

[25] 孙桂枝，孙秀英. 光传输网络组建与运行维护[M]. 北京：机械工业出版社，2012.

[26] 孙桂枝. 光传输网络组建与维护案例教程[M]. 北京：机械工业出版社，2014.

[27] 龚倩，邓春胜，王强，等. PTN 规划建设与运维实战[M]. 北京：人民邮电出版社，2010.

[28] 李允博. 光传送网（OTN）技术的原理与测试[M]. 北京：人民邮电出版社，2013.

[29] 佟桌，谢宇晶，尹斯星. 宽带城域网与 MSTP 技术[M]. 北京：机械工业出版社，2007.